商業／文化／社區
香港企業家傳記系列八

香港園丁

——李耀祥傳

梁元生　卜永堅　／著

中華書局

目錄

總序

香港中文大學中國文化研究所於 1967 年成立，除了文物館的重點在於收藏文物和研究藝術外，開頭二十餘年研究所的研究方向較為着重於傳統文化和中國文獻與歷史方面，後來亦顧及近現代史和翻譯研究，先後設立了中國考古藝術研究中心、吳多泰中國語文研究中心、翻譯研究中心等多個研究中心，及至八九十年代之後，研究所在所長陳方正教授帶領下，創辦《二十一世紀》雙月刊，鼓吹知識份子對當前中國政治、社會和文化的反思，又設立當代中國文化研究中心，對現代中國文化和其他學術問題作深入的研究，至今又二十餘年矣！

總括而言，多年來當代中國文化研究中心所進行的學術和研究工作，關注點一直都放在下列幾個方面：

思考當代中國社會：淵源、困境與出路─聯絡及鼓勵當代知識份子，特別是青年學者，對中國當前問題作出深入的思考和分析，並以《二十一世紀》雙月刊為平台，發表他們的看法。

修正官方史學（黨八股）：鼓勵以檔案和史料為基礎發展出來的多元史觀，從不同的角度看問題，努力還原歷史的真相。由金觀濤、劉青峰組織、策劃的《中華人民共和國史》十卷，可以作為中心在這方面作出的嘗試。

近現代思想史數據庫的建設：主要是由前中心主任金觀濤教授及劉青峰女士建立的一個數據庫，搜羅 1830 至 1930 年代一些重要思想家的著作及期刊報章等，進行專業和系統性的搜查和展示，把思想和概念作量化分析，成為研究思想史和觀念史的一項重要工具。

誠如前面所說，上述幾個方面的工作，大都以現代中國為中心，對於「本土」的討論和研究，就相對甚少。我接任中心主任以來，很想把香港和台灣的議題納入研究範圍之內，也努力推動在《二十一世紀》雙月刊中增加港台和海峽兩岸互動的課題，因為這兩個地方的社會變革和文化形態，和當代中國的發展息息相關。故此，中心在思考未來的研究方向和釐定新計劃時，除了整固和優化原有的成果，也嘗試把部分研究重點重新放在「本土」（即香港和嶺南）與整個中國的關係上，也希望把研究重點由着重於「思想」和「觀念」，重新集中於「人」或「人物」上。在經過數年的醞釀和思考後，逐漸推出「香港家族與百年中國」，以及「港澳人物與中國變革」等研究課題。當中一個研究和出版的計劃，名為「商業 文化 社區：香港企業家傳記系列」（Commerce, Culture, and Community: A Biographical Series）。這個計劃預算出版一系列的香港人物傳記，而以企業家先行，包括莫仕堯、莫幹生、利榮森、利國偉、李耀祥、董浩雲等。

本來我們最初的意圖是集中於香港企業家和商人，以他們來代表近百年的香港文化，其後我們注意到所選擇作傳的人物，遠遠超過企業家和商人的身份，他們對於香港社會的發展，扮演着多元而重要的角色，對中國傳統文化的保留，對社會的革新和進步，對發展教育和文化，都有很大的貢獻。正由於此一原因，這套傳記撰寫時的重點，便會放在計劃主題標出的三個方面：他們在企業或商業（Commerce）上的地位、他們在保存中華文化或引入西方文化（Culture）的貢獻，以及他們在華人社區（Community），甚至參與政府管治時所扮演和擔任的角色。

香港中文大學中國文化研究所當代中國文化研究中心的香港人物傳記計劃，主要是出版專書。在這方面，我們得到中華書局（香港）有限公司成為合作夥伴，大量減輕了出版時的編輯和行政工作，使學者能夠專注於研究和寫作，是一種理想的配搭。我們對中華書局給予中心的幫助和信賴，表示由衷的感謝。

香港中文大學中國文化研究所
當代中國文化研究中心主任
梁元生

緣起

在過去百多年來，香港走過一段由英國殖民地統治到回歸祖國、由小漁村到國際大都會的漫長而複雜的歷史。在早期所寫的香港史中，出現的重要人物往往是英國派來的官員，再不然就是洋行的大班，或者教會派來的傳教士。能夠對本地社會作出重要貢獻的華人為數不多。[1] 原因很多：有時是官方有意的忽略，也有時是記載的資料不全。總之，在過往許多香港歷史研究的書籍中，華人的事蹟並不顯彰。

直至最近的十幾年，特別是在回歸之後，我們才看見一本本以華人為主體、關於香港社會發展的書籍，包括重要人物的傳記、企業的歷史，甚至是研究學校和機構的學術專著。香港歷史的締造、香港社會的轉變，以及香港經濟的騰飛等等，除了殖民地政府和外商的努力，其實與本地華人和中國移民的艱苦奮鬥和隨機應變，都有密不可分的關係。隨着這種覺醒，香港史的書寫方向，也漸漸地從英國人及殖民地史的角度，逐漸向華人及華社的方向轉移。香港史上知名華人領袖的傳記，特別是華人企業家，在在吸引了不少學者研究的興趣。香港大學的黃紹倫和鄭宏泰，從華人企業和家族特徵方面進行了多年的研究，在過去數年間連續出版了《周壽臣》、《何東》、《何世禮》、《何家女子》、《利希慎》、《利銘澤》等人的傳記，使我

1. Carl T. Smith, *Chinese Christians: Elites, Middlemen, and the Church in Hong Kong* (Hong Kong: Oxford University Press, 1985)。李金強：《自立與關懷：香港浸信教會百年史，1901-2001》〔香港：商務印書館（香港）有限公司，2002〕及《福源潮汕澤香江：基督潮人生命堂百年史述，1909-2009》〔香港：商務印書館（香港）有限公司，2009〕，邢福增：《願你的國降臨——戰後香港「基督教新村」的個案研究》（香港：建道神學院，2002）。

們對香港社會的望族及華人精英的活動和貢獻，因而有更多的認識。[2] 而對於香港華人基督教教會和信徒的研究，則有施其樂牧師（Carl T. Smith）開其先河。之後，李金強及邢福增等亦繼續以華人為主進行研究和寫作。[3] 至於關於本地華人社會機構的研究，則有冼玉儀、丁新豹、葉漢明和何佩然等人的著作。

本書的傳主李耀祥博士，論華洋人脈、政經影響、社會地位，比不上何啟、何東、周壽臣這樣的「香港大老」，但在香港的經濟發展、都市規劃、慈善救濟方面，自有其重要地位，但似乎迄今為止尚未得到應有的關注。本書因此而作，既是李耀祥博士的傳記，也探討香港現代歷史上的重要課題如政府與社會之互動、經濟與都市衛生之互動、社會與慈善救濟之關係等等。

本書除緣起、結論、參考書目之外，分為五章。第一章寫李耀祥博士的家世，包括他祖父來港定居、父親創業，他自己在香港出生、成長、求學及繼承父業的過程。第二章介紹李耀祥博士的商業經營，把他的李耀記與香港都市衛生制度之發展合併考察。第三章介紹李耀祥博士在東華三院的工作，主要是指他於 1940 至 1941 年間擔任東華三院董事局主席期間對院務工作之興革。第四章介紹李耀祥博士在東華三院以外的社會服務，主要是香港防癆會、九龍城區街坊福利會、香港平民屋宇公司三項。第五章介紹龍圃花園，探討李耀祥博士興建龍圃的過程，及龍圃發揮的社會與慈善功能。我們並於書末收錄岑維休《李耀祥先生事畧》、李耀祥博士幼子李韶博士伉儷的訪問錄。

本書之撰寫，得到許多熱心人士及機構的支持，首先要感謝李耀祥博士哲嗣李韶博士及其夫人，他們熱心提供資料，並給予我們充足的時間搜集資料及撰寫篇章；其次要感謝東華三院的贊助，而且該院的檔案及歷史文化辦公室總主任史秀英女士及其同事袁國是女士、許廷輝先生，為我們提供了李耀祥博士服務東華三院期間的寶貴史料和圖片。研究助理李春菊、趙浩柏、梁嘉禧等，不遺餘力，搜集大量史料，為本書各章內容打下堅實基礎。本書付印前夕，南京大學歷史系孫揚教授及時告知英國外交部一份檔案中有關李耀祥博士的資料，且提供原文電子圖檔。當

2. 可參考鄭宏泰、黃紹倫等合著的一系列香港名人傳記，包括《香港大老：周壽臣》〔香港：三聯書店（香港）有限公司，2006〕；《香港大老：何東》〔香港：三聯書店（香港）有限公司，2007〕；《香港將軍：何世禮》〔香港：三聯書店（香港）有限公司，2009〕；《何家女子：三代婦女傳奇》〔香港：三聯書店（香港）有限公司，2010〕；《一代煙王：利希慎》〔香港：三聯書店（香港）有限公司，2011〕；《香港赤子：利銘澤》〔香港：三聯書店（香港）有限公司，2012〕等。
3. Carl T. Smith, *Chinese Christians: Elites, Middlemen, and the Church in Hong Kong*。李金強：《自立與關懷：香港浸信教會百年史，1901-2001》及《福源潮汕澤香江：基督潮人生命堂百年史述，1909-2009》，邢福增：《願你的國降臨——戰後香港「基督教新村」的個案研究》。

然，本書一切謬誤，仍是筆者的責任。

最後，我要借此機會說明本書取名《香港園丁》的經過。本書經歷多年的資料搜集，數易書名，由《利溥群生》、《光耀百年》，到現在的《香港園丁》，原因是梁永泰博士為李家龍圃花園製作的一套紀錄片，這部影片用光影——動畫、照片和訪問——去展示出李耀祥博士璀璨的一生，稱讚他在香港勤耕努力，把香港建成一個繁華茂盛的宜居社會。李耀祥博士建設香港，出錢出力；打造龍圃，親力親為，與園丁工作真可謂異曲同工。因此，本書以《香港園丁》為名，向李耀祥博士致敬。

2018 年 8 月 30 日

書於香港中文大學馮景禧樓，是日適值李耀祥博士忌辰

第一章

李耀祥生平及其時代

李耀祥祖籍廣東中山市小欖鎮，1896年生，1976年卒，是香港著名商人及慈善家。像華南其他有名望的家族一樣，李氏家族的祖先可以追溯到中國古代的中原地區，但從現存的文字記載，我們可知在二百年以前，李氏族人已經在廣東省香山縣（即日後的中山市）小欖鎮定居。

中山古稱香山，位於珠江三角洲西面，與番禺、南海、順德合稱「四邑」。中山素以移民及其海外的聯繫、當地居民的經商意識和廣泛的商業網絡而聞名。此外，中山人與近代中國歷史上的革命運動也緊密相連。事實上，中山人身上的三種特性：移民、經商意識和革命聯繫，都與李氏家族的歷史緊緊纏繞在一起。以下讓我們看看推動李氏家族及很多其他中山名人成功的三個因素。

一、移民因素

中山和毗鄰的五邑地區（即台山、開平、恩平、鶴山、新會）自十六、十七世紀始已成為僑民出國之鄉。儘管來自福建省和廣東省一些地方如潮州、汕頭、嘉應以及惠州的大多數僑民已經在前些時移居到東南亞（俗稱南洋），但是大多數來自中山和五邑的僑民選擇東行至北美，或南下至澳洲。因此，中山和五邑居民與加拿大、美國和澳洲等國建立了緊密持久的海外聯繫。

從中山移民到美國的知名家族和個人有：三藩市的唐氏家族，家庭成員包含唐嘉祿、唐茂枝，著名的唐廷樞（唐景星），以及在夏威夷的陳芳、陳滾、程利、唐雄等。[1] 移民到澳洲的有：香港和上海四大公司的創始人——永安的郭氏家族（郭泉、郭樂），先施的馬氏家族（馬應彪），上海新新的李氏家族（李敏周）和劉氏家族（劉錫基），以及香港大新的蔡氏家族（蔡興、蔡昌），都是從中山移民到澳洲的早期移民。

很多早期移民因為經濟因素移居海外。例如，十九世紀中期，加利福尼亞和澳洲就有很多諸如開採金礦和修建鐵路的工作機會，所以許多從中山縣出來尋找工作的僑民都去加利福尼亞或墨爾本修鐵路，或當礦工。後來，他們當中有很多人在那裏定居，並開始經營自己的生意，比如洗衣店、餐館、理髮店以及一些其他小生意[2]，至於稍後移居海外的人，則大多數為了與在那裏做生意的家人團聚。

二、商業因素

很多中山人在出國之前並不富裕，不少更是因為窮困不堪、走投無路而出國謀生。然而，後來大部分人皆事業有成，積累了可觀的財富，無論是在他們的移居地，還是廣東南部的家鄉，他們的身份地位都有了提升。根據黎志剛對於二百年來中山商人及其網絡的研究，總體來說，大多數中山僑民具有冒險進取的精神、工作

1. 黎志剛：〈近代廣東香山商人的商業網絡〉，收入王遠明主編：《香山文化——歷史投影與現實鏡像》（廣州：廣東人民出版社，2006），頁 113-114。
2. 有關早期華人移民美國的歷史，參見麥禮謙：《從華僑到華人——二十世紀美國華人社會發展史》〔香港：三聯書店（香港）有限公司，1992〕。

勤奮、精明的經商手法，他們努力建立自己的商業網絡。[3] 中山人不僅不遠萬里離家尋找貿易機會，而且幾乎在中國各個省份都建立了商業基地。

在近代中國，中山走出了大量著名商人，他們都具有上述的品質和經歷。這些人包括：上海棉紡廠和一些中國近代企業的創始人鄭觀應（1842-1922），以及上文提到的、二十世紀早期在香港和上海成立先施公司的創始人馬應彪和永安公司的建立者郭氏兄弟（郭泉、郭樂）等等。這些中山的商人和企業家都是早期到澳洲和東南亞的移民。[4]

我們想要指出的是：移民、從商習性和商業網絡，是瞭解中山歷史的重要層面，同時也是掌握李氏家族在廣東的背景、分析其在香港和華南商業圈中崛起興業的重要角度。

三、革命因素

中山人歷史的第三個層面是它在中國近代革命運動中的角色。在十九世紀中期，許多中山人，與臨近地區的客家人、廣東人一起，捲入了太平天國戰爭。十九世紀末、二十世紀初，他們當中的大部分參與了中華民國創始人，亦是中山人的孫中山先生領導的革命運動。

李耀祥的家族歷史，印證了上述這三種因素的內在關聯。李耀祥的祖父李仁榮，在香山以經營棚業著名，同時有親友在中國其他城市和美國經商。李耀祥的叔祖父李英帶，在太平天國戰爭時期是當地民眾的領導人，名聲鶴立。後來，李英帶成為當地反清革命運動的領導人。也因此，李氏族人為逃避清政府的追究，就移居香港。李英帶的革命事蹟，應該對李耀祥產生很大影響。據岑維休撰寫的李耀祥傳記，李耀祥少年時深受孫中山反清革命理念的影響。1910 年，年僅 14 歲的李耀祥毅然離開香港，來到廣東西部的新興縣，參加反清運動，攻克縣城，是領隊入城的第一人。但隨即被家人勸服，回到香港繼續讀書（見本書〈附錄一〉）。

3. 黎志剛：〈近代廣東香山商人的商業網絡〉，收入王遠明主編：《香山文化——歷史投影與現實鏡像》，頁 109-121。
4. 關於中山商人的特性，參見胡波：〈近代中西文化碰撞中的香山買辦〉，收入王遠明主編：《香山文化——歷史投影與現實鏡像》，頁 58-90。

以上，我們交代了近代中山人歷史的三大層面。以下，我們開始敘述李耀祥家族的香港故事。

四、李耀祥生平

上文提到，李耀祥就在祖父李仁榮安排下，遷移到了香港。在移居香港的頭幾年，李仁榮和他的妻子劉寬（即李耀祥的祖母）住在九龍油麻地。他們努力工作，逐漸積累了一些財富，並且投資地產，成為當時油麻地一帶的領袖人物，在油麻地發展成為集市、市場、商店、街舖林立的商業區及住宅區的過程中，李仁榮發揮了關鍵作用。李仁榮有三個兒子，小兒子名叫李培基，就是李耀祥的父親，李培基太太名周五。李培基於 1896 年創立了「李基號」，主營建築材料，社會上因此一般稱呼李培基為「李基」。[5] 今天的九龍城賈炳達道 99 號，仍有一家「李基紀念醫局」，就是李耀祥伉儷為紀念李基而創立的。李基號規模不斷發展壯大，為李耀祥的商業發展奠定了有力的基礎（圖片 1.01、1.02、1.03）。

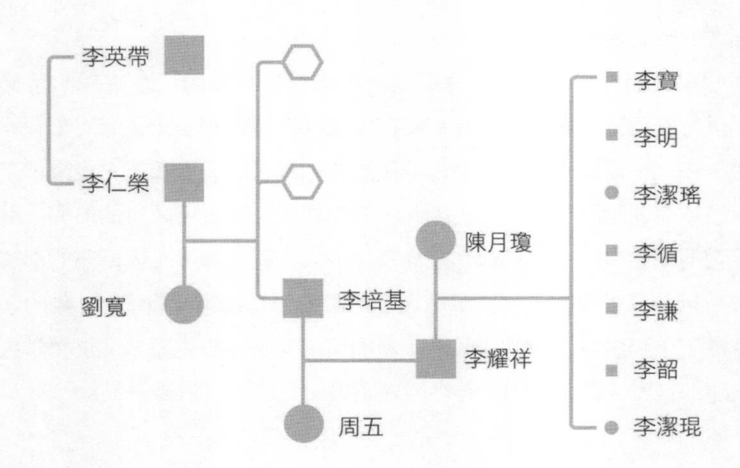

圖片 1.01：李耀祥家族譜系圖（資料來源：岑維休，《李耀祥先生事畧》及李韶）。

5. 岑維休：《李耀祥先生事畧》，參見〈附錄一〉。

圖片 1.02：李耀祥（資料來源：李韶）。

圖片 1.03：李耀祥夫人陳月瓊（資料來源：李韶）。

李耀祥的個人歷史，與香港從 1900 年代到 1970 年代的發展歷程互相呼應。李耀祥生於 1896 年，與李基號同歲。1905 年，李家搬至香港島的上環，李耀祥開始在育才書社（Ellis Kadoorie School）讀小學，而李基號也坐落於此。上文已經指出，14 歲的李耀祥於 1910 年一度成為反清革命黨黨員，參與攻打新興縣城，但隨即被父親勸服，回到香港，在育才書社繼續學習。李耀祥勤奮學習，成績優異，在 1911 年通過了牛津初級教育考試，獲得「盧押獎學金（Lugard Scholarship）」。1913 年，李耀祥 17 歲，考進香港大學，主修土木工程。[6] 李耀祥在港大的學生登記卡（圖片 1.04、1.05）告訴我們以下四項寶貴訊息：一、他於 1913 年 9 月入學，登記的家長姓名為「李基（Lee Kee）」，地址是「堅道 37 號（37, Caine Road）」；二、他於 1917 年以二等榮譽學士（Second Class Honour）畢業，1918 年 1 月正式獲得學位；三、他讀書期間，曾經在太古碼頭實習兩個月，又連續在 1915 至 1916、1916 至 1917 兩個年度擔任工程學會（Engineering Society）的幹事（Member of Committee）；四、他畢業之後，到美國繼續深造。

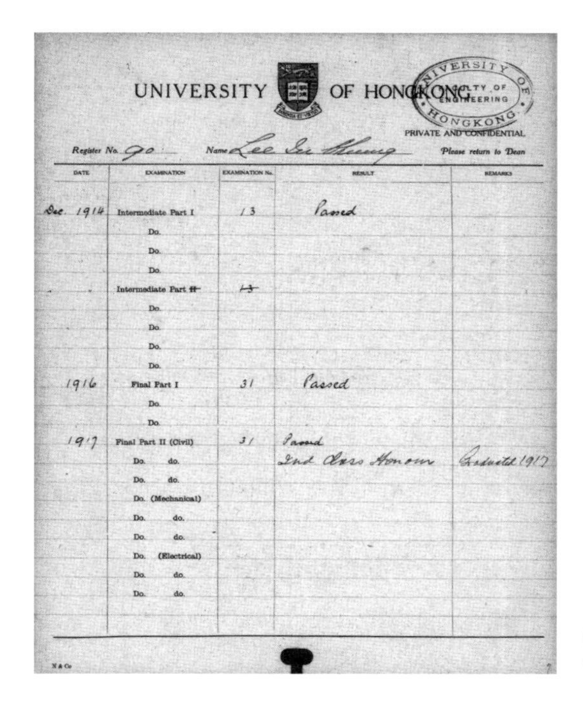

UNIVERSITY OF HONGKONG

UNIVERSITY OF HONGKONG · FACULTY OF ENGINEERING

PRIVATE AND CONFIDENTIAL

Register No. 90 Name Lee Iu Sheung Please return to Dean

DATE	EXAMINATION	EXAMINATION No.	RESULT	REMARKS
Dec. 1914	Intermediate Part I	13	Passed	
	Do.			
	Do.			
	Do.			
	Intermediate Part II	13		
	Do.			
	Do.			
	Do.			
	Do.			
1916	Final Part I	31	Passed	
	Do.			
	Do.			
1917	Final Part II (Civil)	31	Passed	
	Do. do.		2nd Class Honour	Graduated 1917
	Do. do.			
	Do. (Mechanical)			
	Do. do.			
	Do. do.			
	Do. (Electrical)			
	Do. do.			
	Do. do.			

圖片 1.04：李耀祥在港大的學生記錄卡（資料來源：香港大學檔案中心）。

6. 岑維休：《李耀祥先生事畧》，參見〈附錄一〉。

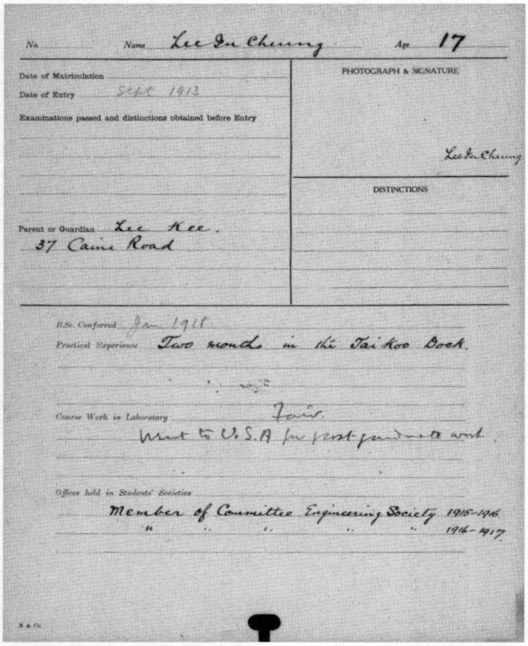

No. Name Lee Iu Cheung Age 17

Date of Matriculation

Date of Entry Sept 1913

Examinations passed and distinctions obtained before Entry

PHOTOGRAPH & SIGNATURE

Lee Iu Cheung

DISTINCTIONS

Parent or Guardian Lee Kee.
37 Caine Road

B.Sc. Conferred Jan 1918

Practical Experience Two months in the Taikoo Dock.

Course Work in Laboratory Fair.

Went to U.S.A for post-graduate work.

Offices held in Students' Societies

Member of Committee Engineering Society 1915-1916.
" " " " " 1916-1917.

圖片 1.05：李耀祥在港大的學生記錄卡（資料來源：香港大學檔案中心）。

李耀祥在香港大學所學的工程專業和在美國對於此領域的深造，可幫助我們瞭解中國專業人士的發展及他們在社會轉型中所擔任的角色。為甚麼是工程學專業？在李耀祥讀大學的時代，工程學並非一個熱門的專業。工程系在港大剛剛建立，社會上也沒有多少人知道這個學系。李耀祥的選擇，一定程度上受到李氏家族建材生意的影響，他想學習更多與機械和土木工程相關的知識。另一個更重要的原因，據筆者推測，是他想要將技術和水利工程應用到中國的治洪當中。據說他在中國南部的這段時間裏，經歷了幾場帶來巨大傷亡和慘重損失的洪災。換句話說，李耀祥決心學習「新知識」，以「幫助中國」、「挽救中國」，這也是當時到國外深造的五四知識分子的普遍理念。李耀祥在港大的老師威廉・布朗（William Brown）教授指出，李耀祥一心要用科學知識和技術來改造中國，這種理念是真實可感的。對於李耀祥的赴美深造，他指出：「李耀祥現在赴美專攻河流管理和利用，一心想要開發祖國的資源。」[7] 因此之故，1917 年李耀祥於港大畢業後，即赴美國康奈爾大學繼續深造「水利工程」。

7. William Brown, "Testimony in favour of Mr. Lee Iu Cheung, B.Sc." 21st March, 1919. 李韶藏本。

然而，李耀祥在美國的求學歷程，因父親的去世而突然中斷。1920 年 3 月，李耀祥父親病重去世，李耀祥從康奈爾大學退學，回到香港，在母校港大工程學院擔任水利工程學助教，並把大部分時間放在管理父親創立的商業——李基有限責任公司（Lee Kee Co. Ltd.），開始一步步成為社會賢達（圖片 1.06）。

(3)

26. The Senate granted exemption from 1 term of residence, to Mr. Chee Chuck Loong and accepted in lieu of 1 term of study a period of work as Overseer of works in the Public Works Department of the Strait Settlements from October 1919 to February 1920. subject to the payment of all statutory fees.

27. The Senate approved the arrangement of Faculty of Engineering for the carrying on of Mr. Bion's work as follows:—

1. Mr. E. G. Kenett to deliver 100 lectures on Materials.
2. The engagement of Mr. Hau Yeung Lai as Acting Tutor to conduct classes in Machine Drawing for the third year.
3. The engagement of Mr. Tang Ying Lam as Acting Tutor in Engineering to conduct classes in Second year Prime Movers and Machines.
4. The engagement of Mr. Lee Iu Cheung as Acting Tutor in Hydraulics.

28. The Senate approved the arrangements made for the teaching of Mathematics in the Faculty of Arts and Engineering in the present Session:—

2nd Year——Lieut. M. White Stevens, A.R.C.Sc. (London).

1st Year——Capt. Sturgess Mills, Capt. A. Ed. Corps, (Inspector of Education Traning, China Command).

29. The Senate granted an application from Mr. Ding Hso Hang to transfer from Eliot Hall to St. John's Hall.

30. The Senate approved the principal of the constitution of groups for the Pure Arts Course, the Commercial Course and the Education Course for the Degree of B. A.; the introduction of annual examinations in these course and the dropping of 1 subject at each examination.

31. The Senate award Chan Kai Ming and Ho Fook Scholarships to Mr. Andrew Ling and Wong Kwok In respectively.

32. The Senate approved the election of Professor W. J. Hinton as Dean in the Faculty of Arts for 1920-1921.

33. The Senate agreed that the firm of Lowe, Bingham and Matthews be asked to conduct the Accounting. Mr. Lowe to give lectures in the advanced part of the work and to supervise the elementary teaching.

34. The Senate approved of the following arrangements in the Education Department, pending the whole time appointment of a Master of Method.

Professor L. Forster to act as Master of Method.

Mr. G. N. Orme to give lecture in Ethics and Logic.

35. The Senate agreed to the provision of an Intermediate Course in French by the Department of English in the Faculty of Arts.

36. The Senate agreed that the M. B., B. S., Degree Examinations should be held from December 6th to December 16th and recommended the following Examiners to be appointed:—

Subject.	Internal Examiner.	External Examiner.
Chemistry	Professor Byrne,	Mr. Dovey,
Physics	Professor Florance,	Mr. de Rome,
Biology	Mr. Barney,	Mr. A. H. Crook,
Physiology	Professor C. Y. Wang,	Capt. Tomory,
Anatomy	Professor K. H. Digby,	Dr. C. M. Heanley.
Pathology	Dr. H. H. Scott,	Major Harding.
Pharmacology	Dr. O. Marriott,	Surg. Com. Babington.
Medicine	Professor G. P. Jordan, Dr. Valentine Dr. Urquhart	Lt. Col. Humphrey or other member of the Staff. (R. A. M. C.)
Surgery	Professor K. H. Digby, Dr. W. V. M. Koch,	Surg Capt. Woodwright or other member of the staff.

圖片 1.06：李耀祥 1920 年擔任香港大學工程學院水利工程學助教的記錄（資料來源：香港大學檔案中心）。

李耀祥在香港經營多種產業，並參與很多慈善事業，儘管這一點經常被外界忽略，但這對於香港的社會和經濟史，卻是極其重要的一章。在接手李基號之後，他將公司名字改為李耀記有限公司，將之發展成為香港最重要的潔具管道工程公司，在李耀祥快速壯大的商業事業中居於旗艦和主導地位。根據岑維休的《李耀祥先生事畧》，李耀祥創辦的商號有：[8]

1. 李耀記建築用品行
2. 耀興洋紙行
3. 耀中機械廠

8. 岑維休：《李耀祥先生事畧》，參見〈附錄一〉。

4. 耀昌出入口行（廣州）

5. 耀華運輸公司

6. 耀民染紙廠

7. 世界洋行出入口行（香港）

8. 世界置業有限公司（投資）

9. 耀中置業有限公司（物業）

10. 青龍置業有限公司（地產）

11. 景星電影院

12. 大豐工業原料有限公司

13. 新樂風有限公司（唱片）

14. 香港娛樂有限公司

15. 高陞戲院（舞台劇）

16. 西院（電影院）

17. 世界洋行有限公司

18. 世界職業有限公司

19. 安樂汽水有限公司

李耀祥親身參與一些公司的管理，出任董事局主席者有：[9]

1. 李耀記有限公司

2. 裕泰針織有限公司

3. 裕南紗業有限公司

4. 青龍置業有限公司

5. 耀中置業有限公司

李耀祥任董事的公司有：[10]

1. 華僑日報

2. 麒麟有限公司（船務）

3. 淺水灣興業有限公司

任董事局副主席者：

1. 香港平民屋宇有限公司

9. 岑維休：《李耀祥先生事畧》，參見〈附錄一〉。
10. 岑維休：《李耀祥先生事畧》，參見〈附錄一〉。

此外，在 1930 年代，李耀祥成為華商總會的活躍分子，在 1930 年出任華商總會會董。[11]

以上岑維休《李耀祥先生事畧》記載的李耀祥先生商業經營活動，可以從 1970 年代香港的一本英語人物誌中得到印證，據 *Hong Kong Who's Who : An Almanac of Personalities and Their Comprehensive Histories, 1970-1973* 一書，李耀祥執掌的商業機構包括（李耀記和安樂汽水房不予收錄）：[12]

公司名稱	執掌年份
世界洋行（Globe Trading Co.）	1929-
新樂風有限公司（Sinophone Ltd.）	1932-1936
耀中機械廠（Yu Chung Co. Ltd. H.K.）	1932-1950
耀昌出入口行（Yu Cheong Hong）（廣州）	1934-1949
耀民染紙廠（Yu Man Co. Ltd.）	1935-1955
耀興洋紙行（Yu Hing Hong）	1935-
耀華運輸公司（Yu Wah Transportation Co.）	1935-
大豐工業原料有限公司（Tai Fung Industrial Materials Co. Ltd.）	1938-

然而，李耀祥商業網絡的大規模擴張，主要還是在二次世界大戰之後。1940 年代初期，日本侵佔香港，給香港社會、經濟和民生造成了巨大損失。城市中很多建築因轟炸和空襲而被毀，當中有些是在日軍搜索敵人的過程中被拆除。貿易和製造業受阻，貨幣問題令商人和普通市民感到恐慌。但最為急需解決的，還是住房和失去住所民眾的重新安置問題，再加上八年抗戰結束，國共內戰隨即爆發，內地大量難民湧入香港，香港住房問題變得更加緊迫。李耀記的潔具、管道、建築工程等業務，可謂適逢其會，再加上李耀祥與香港政府以及華人精英階層所建立起的良好關係，他的公司得到香港政府的大量建築訂單，他本人也成為香港重建運動中至關重要的人物。

11. 岑維休：《李耀祥先生事畧》，參見〈附錄一〉。
12. Rola Luzzatto and Joseph Walker (eds.), *Hong Kong Who's Who: An Almanac of Personalities and Their Comprehensive Histories, 1970-1973* (Hong Kong: R. Luzzatto, 1973), pp.268-270.

圖片 1.07：李耀祥伉儷。

據 *Hong Kong Who's Who: An Almanac of Personalities and Their Comprehensive Histories, 1970-1973* 一書，二戰之後，李耀祥任職的其他公司還包括：[13]

公司名稱	執掌年份
華僑日報	1949 起任董事（director）
淺水灣興業有限公司	1952 起任董事（director, owner of Repulse Bay Bathing Pavilion and monopolist of Repulse Bay Bathing Beach）
世界置業有限公司	1956 起任總經理（managing director）
裕泰針織有限公司	1960 起任主席（chairman）
耀中置業有限公司	1963 起任主席（chairman）
裕南紗業有限公司	1964 起任主席（chairman）
青龍置業有限公司	1964 起任主席（chairman）

至於李耀祥家族子孫方面，大抵可用「多福多壽」四字概括。李耀祥和夫人陳月瓊合共生了五男二女，據李耀祥兒子李韶憶述，李耀祥及夫人（圖片 1.07）管教子女，嚴正而不苛刻，慈愛而不縱溺，所以子女皆能立身持正、事業有成（圖片 1.08、1.09）。

二次世界大戰結束後，香港百廢待興，雖然經歷不少社會動盪，但整體而言可謂逐步邁向繁榮。李耀祥及其家族也逐漸成為香港的著名家族，他們的家族事務，諸如李耀祥長子李寶結婚、次子李明學成回港、李耀祥伉儷金婚紀念等，往往都成為新聞。可見，李耀祥雖然還未能像周壽臣、何東那樣，躋身「香港大老」行列，但也有甚高的社會地位（圖片 1.10、1.11）。

另外，李耀祥從 1948 年開始，二十年間，不斷經營其私家花園——龍圃。據李韶及其夫人憶述，李耀祥特別邀請中國著名建築設計師朱彬來設計龍圃的建築佈局。1967 年，龍圃工程大致完工。從此，龍圃既成為李耀祥的重要社交平台，也成為李耀祥家族的重要活動平台。而李耀祥秉承其一貫的熱心公益精神，嘗試把龍圃開放給公眾。其中一步，是把龍圃內 25 尺長的游泳池借給附近學校，以便學生游泳，鍛煉身體。前任民政事務局局長何志平先生，就表示自己曾經在這個游泳池游泳。[14] 此外，李耀祥也經常把龍圃租予電影公司拍攝電影，並把租場費用捐作慈

13. *Hong Kong Who's Who*, pp.268-270.
14. 據 2010 年 10 月 30 日李韶及其夫人訪問錄，參見〈附錄三〉。

圖片 1.08：李耀祥及其夫人陳月瓊，以及五男二女的家庭大合照（資料來源：李韶）。

圖片 1.09：李耀祥伉儷。

WAH KIU YAT P

夏曆丁未年十月廿一日　第二張第三頁

港紳李耀祥伉儷金婚

大會堂酒會款待中外友好

周埈年爵士致詞祝賀頌揚

（特訊）港紳李耀祥、陳月瓊伉儷，欣逢五十週年金婚大慶，承慶子李寶昆仲、昨（二十一）日下午，假座大會堂嘉頓酒樓，設酒會慶祝並歎待中外友好親朋，到有港府機關首長及中外工商社團首腦千餘人。

酒會於五時半開始，承慶子李寶夫婦，李明夫婦，李循夫婦，李謙，女婿程福麟夫婦招待中外嘉賓。

周埈年致詞

六時十五分，周埈年爵士代表與會嘉賓致祝賀詞稱：李先生，李夫人，各位嘉賓：今日爲李耀祥先生、陳月瓊女士伉儷金婚紀念慶典，他們之男女公子，特備盛大酒會舉行慶祝，埈年承邀到來參加盛會，深感快慰與榮幸。

埈年與李先生締交數十載，相知甚深，現在藉此機會，需發句話，敬向李先生伉儷，表達祝賀之忱。

李先生服務社會數十年來，歷任慈善、醫療，教育，廟宇，同鄉，街坊暨商業等四十多個社團首腦，出錢出力，勞苦功高，造福人羣，口碑載道，現在限於時間，埈年未便贅述，各位欲知詳細，場內印有「李耀祥先生事畧」，一覽便知。

李先生才華超卓，魄力過人，由於服務社會，成績優越，一九五八年，英女王伊利沙伯二世陛下。特頒賜C．B．E．勳銜。

遠在五十年前之今日，李先生與夫人陳月瓊女士結婚。李夫人系出名門，溫良恭儉，持家有方，誕五男二女。皆成家立室，卓然有成，今李先生伉儷在兒孫繞膝中舉行盛大的金婚慶典，嘉賓滿堂，歡欣鼓舞，埈年忝屬至交，在萬二分高興之餘，謹祝李先生、李夫人白髮齊眉，身心康泰。

李耀祥謝詞

李耀祥先生致謝詞稱：周爵紳，周夫人，各位男女嘉賓：今日耀祥與內子結婚五十週年紀念，兒輩爲我倆舉行金婚慶祝，荷承各位嘉賓光臨，並蒙厚賜多珍，易勝感幸。剛才周爵紳致詞相賀，獎飾逾恆，實在愧不敢當。耀祥才薄能鮮，服務社會，原出素願，故自踏進社會，即與賢妻先進共同爲人

李耀祥伉儷在金婚慶典與嘉賓舉杯

圖片 1.10：李耀祥伉儷在大會堂舉行金婚紀念酒會，留意嘉賓名單之長（資料來源：《華僑日報》1967 年 11 月 22 日第 2 張第 3 頁）。

港紳李耀祥伉儷金婚

設酒會歎待中外友好

【本報訊】港紳李耀祥、陳月瓊伉儷，欣逢五十週年金婚大慶，承慶子李寶昆仲，前日下午，在大會堂嘉頓酒樓設酒會慶祝，並歎待中外友好親朋，到有港府機關首長及中外工商社團首腦千餘人。

酒會於五時半開始，承慶子李寶夫婦、李明夫婦、李循夫婦、李謙、女婿程福麟等親自在場接待中外嘉賓。

六時十五分，周埈年爵士代表與會嘉賓致祝賀詞，周爵士說：李先生服務社會數十年來，歷任慈善、醫療、教育、廟宇、同鄉、街坊暨商業四十多個社團首腦，出錢出力，勞苦功高，造福人羣，口碑載道，現在限於時間，未便贅述，各位欲知詳細，場內印有「李耀祥先生事畧」，一覽便知。

周氏說：李先生才華超卓，魄力過人，由於服務社服，成績優越，一九五八年，英女王伊利沙伯二世陛下特頒賜C・B・E・勳銜。

遠在五十年之今日，李先生與夫人陳月瓊女士結婚。李夫人系出名門，溫良恭儉，持家有方，誕五男二女。皆成家立室，卓然有成，今李生伉儷在兒孫繞膝中舉行盛大的金婚慶典，嘉賓滿堂，歡欣鼓舞，本人忝屬至交，在萬二分高興之餘，謹祝李先生、李夫人白髮齊眉，身心康樂。

繼由李耀祥先生致謝詞，酒會中賓主極盡歡洽。

圖片 1.11：李耀祥伉儷金婚紀念酒會（資料來源：《香港工商日報》1967 年 11 月 23 日，第 5 頁）。

善用途。李耀祥把一片窮山惡水、荒郊野嶺改建為世外桃源、人間樂土，既與香港社會的發展同步，亦可以說是「香港傳奇」的一個縮影。

1976 年 8 月 30 日，李耀祥病逝於養和醫院，享年 80 歲，香港各界紛紛悼念，而李耀祥家族亦秉承李耀祥急公好義的精神，將賻金三萬元捐贈東華三院（圖片 1.12、1.13、1.14）。岑維休撰寫的李耀祥傳記，有以下文字，信乎可以總結李耀祥的一生，茲抄錄如下：

> *先生既有聲於時，仍不憚煩勞，凡於地方福利有所裨助者，皆樂任之，精神健旺，身心康泰，事業前途，正未有艾也。夫人陳月瓊女士，溫良恭儉，持家有方，生五男二女。……蘭玉滿階，箕裘克紹，且皆能各自樹立。此豈非所謂盛德福大，積厚流光者耶？其必享無窮之庥，可預卜矣。*[15]

15. 岑維休：《李耀祥先生事畧》，參見〈附錄一〉。

殷商李耀祥昨病逝
明日上午十時出殯

太平紳士李耀祥遺照

【本報訊】前東華三院主席、本港太平紳士、華僑日報董事、香港大學永遠校董李耀祥先生，於八月卅日上午五時十五分，在養和醫院壽終，享年八十有五，遺體奉移香港殯儀館治喪，並於明日（九月一日）上午十時大殮，隨即出殯。

李耀祥先生，為廣東中山籍人，生前樂善好施，熱心社會公益，待人和藹，才德兼備，見稱商場；其元配陳月璞女士亦相夫教子有道，其子媳均為本港出眾之輩，此次李耀祥先生遽告仙逝，親朋戚友聞耗無不哀悼。

李耀祥先生為世界洋行創辦人、安樂汽水有限公司永遠董事、前東華三院主席及永遠顧問、前保良局總理，曾獲英國最優秀獎章C．B．B．及奉委太平紳士、輝中置業有限公司董事長、裕華針織有限公司董事局主席、香港大學永遠校董、華僑日報董事、香港大學榮譽法學博士。

圖片 1.12：李耀祥逝世的消息（資料來源：《香港工商日報》1976 年 8 月 31 日，第 8 頁）。

太平紳士．商界元老
李耀祥逝世
今上午出殯
辭靈後擇吉舉行安葬

本港殷商，李耀記及世界貿易有限公司、香港華僑日報董事，太平紳士李耀祥先生，於八月卅日晨五時十五分病逝養和醫院，享壽八十有五歲，遺體奉移北角香港殯儀館治喪，定於今（九月一日）上午十時舉行大殮，十一時辭靈出殯，擇吉安葬。

李老先生生前熱心社會公益，行善不甘後人，早年獲M．B．E．勳銜，近年獲英女皇頒賜C．B．E．勳銜，為本港太平紳士，哲嗣李寶、李明、李偉、李鉅、李鏗等，為秉承李老先生樂善好施之熱心，如蒙各界友好，賜及賻贈，請折現金，撥充東華三院善舉之用。

李老先生在本港社會及工商界素負盛譽，交遊素廣，今天出殯，定必素車白馬，極備哀榮。

圖片 1.13：李耀祥逝世的消息（資料來源：《華僑日報》1976 年 9 月 1 日，第 3 張第 2 頁）。

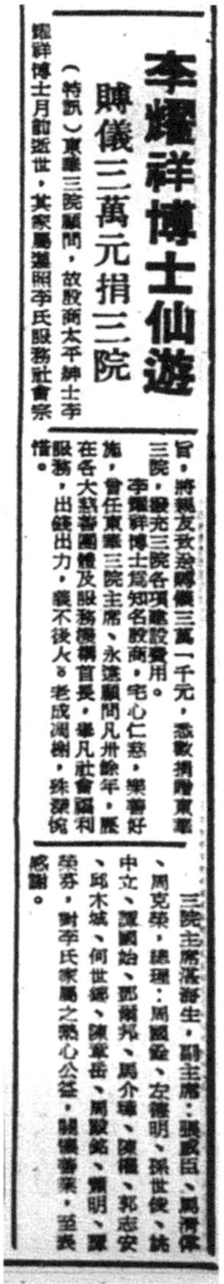

李耀祥博士仙遊
賻儀三萬元捐三院

（特訊）東華三院顧問，故殷商太平紳士李耀祥博士月前逝世，其家屬遵照李氏服務社會宗旨，將親友致送賻儀三萬一千元，悉數捐贈東華三院，撥充三院各項建設費用。

李耀祥博士為知名殷商，宅心仁慈，樂善好施，曾任東華三院主席、永遠顧問凡卅餘年，歷在各大慈善團體及服務機構首長，舉凡社會福利服務，出錢出力，義不後人。老成凋謝，殊深惋惜。

三院主席溫新生，副主席：張威臣、馬清偉、周克榮，總理：周國豪、左德明、孫世俊、姚中立、譚國始、鄧樹邦、馬介璋、陳權、郭志安、邱木城、何世傑、陳章岳、周毅銘、鄭明、譚榮芬，對李氏家屬之熱心公益，關懷善業，至表感謝。

圖片 1.14：李耀祥家族把各界追悼李耀祥的賻金三萬元捐贈予東華三院（資料來源：《華僑日報》1976 年 10 月 21 日，第 2 張第 3 頁）。

第二章

李耀祥的商業王國
—— 李耀記及其他

關於李耀祥創建其商號「李耀記」的歷史，很遺憾，我們目前能夠掌握的資料很少，對於李耀記的資本結構、僱員人數、管理組織、業務等等問題，我們基本上無法解答。甚至李耀記具體創立於何年何月何日，我們也無法確知。幸好，當時香港的報紙、通訊錄、年鑒等，保留了李耀祥的商業經營和公職記錄。我們可以從故紙堆中窺見李耀祥的商業成就。同時，我們也要明白，李耀祥的商業經營，離不開香港的宏觀制度背景，因此我們也會討論香港商業登記制度、都市衛生制度、都市建設對於李耀祥商業經營的影響。本章依次討論安樂汽水廠、李耀記及李耀祥的其他商業成就。

一、安樂汽水廠

炎夏之際，喝一口冰凍汽水，享受其冷、其甜及「打嗝」的快感，不亦過癮哉！其實，汽水進入香港的歷史，與香港乃至中國近代化的歷史，遙相呼應，而且也和李耀祥的商業經營有密切關係。以安樂汽水廠為例，以下 1955 年的報道，已經有點「集體記憶」的味道了（圖片 2.01）。

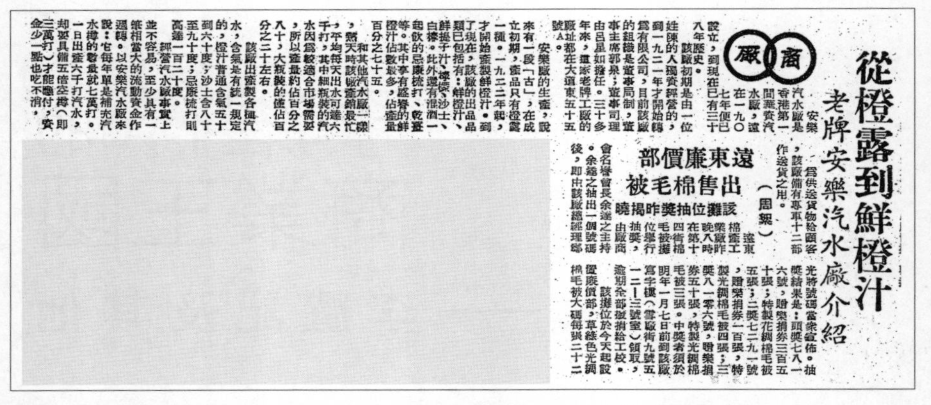

從橙露到鮮橙汁

老牌安樂汽水廠介紹

（周粱）

安樂汽水廠是香港第一間華資汽水廠，遠在一九〇七年便已設立，到現在已有三十八年歷史。該廠初期是由一位姓陳的人獨資經營的，到一九二一年才開始轉爲有限公司，目前該廠的組織是董事局制，董事主席郭泉；董事司理由呂星如擔任。三十多年來，這家老牌工廠的廠址都在大道東五十五號A。

安樂廠的生產，說來有一段「古」，在成立初期，產品只有橙露一種。一九二二年起，才開始產製鮮橙汁。到了現在，該廠的出品品類已包括有：鮮橙汁、鮮提子汁、檸檬、沙士、白檸。此外還有混酒一起飲的忌廉梳打、乾薑等。其中享有盛譽的鮮橙汁佔數最多，產量佔百分之七十五。

和其他汽水廠一樣，熱天時該廠產銷最忙，平均每天出水可達六千打，其中細瓶裝的汽水因爲較適合市場需要，所以產量約佔百分之八十，大瓶裝的僅佔百分之二十左右。

該廠出產製各種汽水，含氣是有統一規定的，橙汁普通含氣五十到六十度；沙士含八十至九十度；忌廉梳打則高達一百二十度。

經營汽水廠事實上並不容易，至少具有一筆相當大的流動資金作週轉。以安樂汽水廠來說：它每年單是補充汽水樽的數量就七萬打。一日出產六千打汽水，卻要具備五倍空樽（即三萬打）才能應付，資金少一點也吃不消，

遠東廉價部

出售棉毛棉被

該攤位抽獎昨揭曉

遠東棉產工業廠昨晚八時在第十四街棉毛被攤位舉行抽獎，由廠商會名譽會長余達之主持。余蓬之抽出一個號碼後，即由該廠總經理鄒光將號碼當衆宣佈。抽獎結果是：頭獎七八一六號，贈樂捐券三百五十張；特製花綢棉毛被五張；二獎七二九一號，贈樂捐券一百張，特製光綢棉毛被四張；三獎八一零六號，贈樂捐券五十張，特製光綢棉毛被三張。中獎者須於明年一月七日前到該廠寫字樓（雪廠街九號五一二－三號室）領取，逾期全部撥捐給工校。

該攤位於今天起設置廉價部，草綠色光綢棉毛被大碼每張二十二

圖片 2.01：《大公報》1955 年 12 月 28 日第 2 張第 8 版有關安樂汽水廠的報道。

以上報道，提及安樂汽水廠設立於 1907 年，1921 年轉為有限公司，初期由一姓陳人士獨資經營。而在這則報道之前二十多年，1934 年出版的《香港華資工廠調查錄》，也有一段關於安樂汽水廠的報道（圖片 2.02、2.03），謂該廠僱用男女工人八十多名。[1]

為甚麼要提及安樂汽水廠？原來，從我們現在能夠找到的資料看來，李耀祥在香港最早的工商業記錄，不是李耀記，而竟然是「安樂汽水廠有限公司」（Connaught Aerated Water Co. Ltd.）的 1921 年股東名單。安樂汽水廠成立於 1910 年 2 月 22 日，並於翌日按照《公司法》向香港政府註冊登記（圖片 2.04、2.05）。

1. 工商日報編輯部編：《香港華資工廠調查錄》（香港：工商日報營業部，1934），頁 134。

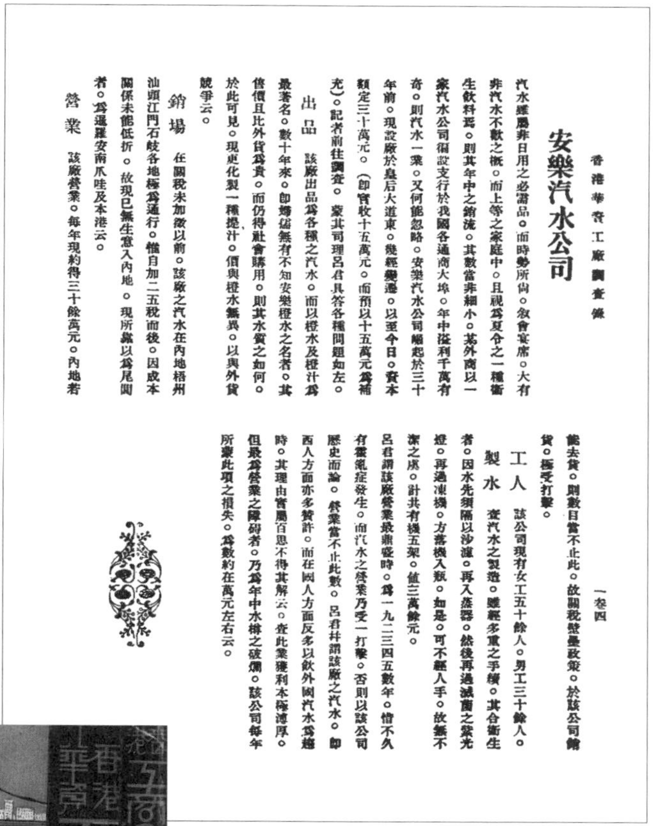

香港華資工廠調查錄

安樂汽水公司

汽水雖屬非日用之必需品。而時勢所尚。叙會宴席。大有非汽水不歡之概。而上等之家庭中。且視爲夏令之一種衛生飲料焉。則其年中之銷流。其數當非細小。苟外商以一家汽水公司徧設支行於我國各通商大埠。年中溢利千萬有奇。則汽水一業。又何能忽略。安樂汽水公司締起於三十年前。現設廠於皇后大道東。幾經變遷。以至今日。資本額定三十萬元。（卽實收十五萬元。而預以十五萬元爲補充）。記者前往調查。蒙其司理呂君具答各種問題如左。

出品　該廠出品爲各種之汽水。而以橙水及橙汁爲最著名。數十年來。卽婦孺無有不知安樂橙水之名者。其售價且比外貨爲貴。而仍得社會購用。則其水質之如何。於此可見。現更化製一種提汁。價與橙水無異。以與外貨競爭云。

銷場　在關稅未加徵以前。該廠之汽水在內地梧州汕頭江門石岐各地極爲通行。惟自加二五稅而後。因成本關係未能低折。故現已無生意入內地。現所靠以爲尾閭者。爲暹羅安南爪哇及本港云。

營業　該廠營業。每年現約得三十餘萬元。內地若能去貨。則數目當不止此。故關稅壁壘政策。於該公司銷貨。極受打擊。

工人　該公司現有女工五十餘人。男工三十餘人。

製水　查汽水之製造。雖經多重之手續。其合衛生者。因水先須隔以沙濾。再入蒸器。然後再過滅菌之紫光燈。再過凍機。方落機入樽。如是。可不經人手。故無不潔之虞。計共有機五架。値三萬餘元。

呂君謂該廠營業最鼎盛時。爲一九二三四五數年。惜不久有霍亂症發生。而汽水之營業乃受一打擊。否則以該公司歷史而論。營業當不止此數。呂君并謂該廠之汽水。卽西人方面亦多贊許。而在國人方面反多以飲外國汽水爲趨時。其理由實屬百思不得其解云。查此業獲利本極淳厚。但最爲營業之障碍者。乃爲年中水樽之破爛。該公司每年所蒙此項之損失。爲數約在萬元左右云。

一卷四

圖片 2.02：《香港華資工廠調查錄》（1934 年出版）有關安樂汽水廠的記錄。

圖片 2.03：1934 年出版的《香港華資工廠調查錄》。

THE COMPANIES' ORDINANCES (HONGKONG.)

COMPANY LIMITED BY SHARES.

Memorandum

AND

Articles of Association

OF

CONNAUGHT AERATED WATER

COMPANY, LIMITED.

Incorporated the 23rd day of February, 1910. X

WILKINSON & GRIST,
Solicitors,
Hongkong.

圖片 2.04：安樂汽水廠 1910 年的公司註冊證書（香港特區政府公司註冊處網上查冊中心 http://www.icris.cr.gov.hk/csci/，文件參考編號 000A0013509，頁 1）。

THE COMPANIES' ORDINANCES (HONGKONG.)

COMPANY LIMITED BY SHARES.

Memorandum of Association

OF

CONNAUGHT AERATED WATER COMPANY, LIMITED.

1st.—The Name of the Company is "CONNAUGHT AERATED WATER COMPANY, LIMITED."

2nd.—The Registered Office of the Company will be situate at Victoria, in the Colony of Hongkong.

3rd.—The objects for which the Company is established are :—

(*a.*) To carry on in Hongkong and Macao and in China and elsewhere the business of an Aerated Water Factory in all its branches and particularly to erect machinery for the manufacture of aerated water and of perfumery of all kinds and the preparation of chemicals oil and other substances employed in the manufacture of aerated water and to deal in all goods manufactured by the company and to act as agent for other companies persons or concerns.

(*b.*) To purchase, take on lease, or in exchange, hire or otherwise acquire, and to improve, lease, mortgage, sell, dispose of, turn to account and otherwise deal with real and personal property of all kinds which the Company may think it desirable to obtain or which the Company may think conducive to the objects of the Company or any of them.

(*c.*) To lend money to any person or Company upon such terms as the Company may think fit.

(*d.*) To make, accept, indorse, and execute bills of exchange, and other negotiable instruments.

(*e.*) To invest the moneys of the Company not immediately required in or upon such securities or to lend the same without security as the Directors shall from time to time determine.

(*f.*) To carry on any other business which may from time to time be considered by the Directors to be advantagous to the Company.

(*g.*) To do all or any of the above things in any place which the Company may determine as principals, agents, or otherwise, and by or through trustees, agents or otherwise, and either alone or in conjunction with others.

(*h.*) To do all such other things as are incidental or conducive to the attainment of the above objects.

4th.—The liability of the Members is limited.

5th.—The Capital of the Company is Three Hundred Thousand Dollars divided into Three Thousand Shares of One Hundred Dollars each, with power to increase the Capital and to issue new shares of any value.

圖片 2.05：安樂汽水廠 1910 年的公司註冊證書（香港特區政府公司註冊處網上查冊中心 http://www.icris.cr.gov.hk/csci/，文件參考編號 000A0013509，頁 3）。

據上述資料，安樂汽水廠的辦公室位於「香港殖民地內的維多利亞城」（Victoria, in the Colony of Hong Kong），其註冊資本為港元 30 萬元，分成 3,000 股，每股 100 元。至於該公司的股東、董事，則為陳植庭等人（圖片 2.06、2.07、2.08）：

— 4 —

We, the several persons, whose names and addresses are subscribed, are desirous of being formed into a Company in pursuance of this Memorandum of Association, and we respectively agree to take the number of shares in the Capital of the Company set opposite our respective names.

Names, Addresses and Descriptions of Subscribers.	Number of Shares taken by each Subscriber.
陳植庭 (CHAN CHIK TING,) Hongkong, Merchant.	Ten
朱小晉 (CHU SIEW CHUN,) Hongkong, Merchant.	Ten
潘頌民 (PAON CHUNG MAN,) Hongkong, Merchant.	Ten
梁植初 (LEUNG CHIK CHO,) Hongkong, Merchant.	Ten
朱伯乾 (CHU PAK KIN,) Canton, Merchant.	Ten
黃銘初 (WONG MING CHO,) Hongkong, Merchant.	Ten
陳鏡波 (CHAN KANG PO,) Hongkong, Merchant.	Ten
Total Shares taken.........	Seventy

Dated the 22nd day of February, 1910

Witness to all the above Signatures:

E. J. GRIST,
Solicitor
Hongkong.

圖片 2.06：安樂汽水廠 1910 年公司註冊證書內的董事名單（香港特區政府公司註冊處網上查冊中心 http://www.icris.cr.gov.hk/csci/，文件參考編號 000A0013509，頁 4）。

— 15 —

to the said Chan Chik Ting and Chan Kang Po respectfully and on such successor coming into office the Directors for the time being shall ratify the election.

(5) Upon any vacancy occurring in the said offices of Governing Director or Secretary which is not provided for by clause (4) hereof the directors may either fill up the vacancy by the appointment of some one of their body thereto on such terms as may appear proper or may at their discretion discontinue the said office.

(6) Subject to the provisions herein contained for conferring certain powers upon the Governing Director the Directors may from time to time entrust to and confer upon a Governing Director for the time being such of the powers exercisable under these presents by the directors, as they may think fit, and may confer such powers for such time, and to be exercised for such objects and purposes, and upon such terms and conditions and with such restrictions as they think expedient and they may confer such powers, either collaterally with, or to the exclusion of, and in substitution for, all or any of the powers of the directors in that behalf, and may from time to time revoke, withdraw, alter, or vary, all or any of such powers.

(7) If the said Chan Kang Po desires at any time to retire from his office he shall give three months notice in writing to the Governing Director of his intention so to do.

(8) The salary of the said Chan Kang Po as Secretary shall be fixed by the Governing Director and Directors and may be increased or decreased by the Company in general meeting.

Directors.

74. The number of Directors shall be six.

75. The first Directors shall be:—Chan Chik Ting, Chu Sin Tsun, Ko Shing Chi, Pun Chung Man, Chu Pak Kan, Leung Chik Cho.

76. The Directors for the time being shall have power from time to time and at any time to appoint any other persons or person to be Directors or a Director, but so that the total number of Directors shall not at any time exceed the number fixed as above.

77. A Director may resign upon giving one month's notice in writing to the Company of his intention so to do, and such resignation shall take effect upon the expiration of such notice or its earlier acceptance.

78. As remuneration for their services the Directors shall be paid in each year out of the funds of the Company, such sum as the Company in general meeting may from time to time determine.

圖片 2.07：安樂汽水廠 1910 年公司註冊證書內的董事名單（香港特區政府公司註冊處網上查冊中心 http://www.icris.cr.gov.hk/csci/，文件參考編號 000A0013509，頁 14）。

— 14 —

70. Any instrument so deposited as aforesaid containing powers and provisions in addition to the appointment of a proxy shall upon the request of the holder be returned to him as soon as the particulars thereof have been entered by the Secretary or by such other person as the Board shall appoint in a book to be kept for that purpose at the Head Office, but the holder shall (if required) deliver to the Company a copy of such instrument. An entry of the like particulars of every instrument containing the appointment of a proxy alone shall be made in like manner, but the instrument itself shall be retained by the Board.

71. A vote given in accordance with the terms of an instrument of proxy shall be valid notwithstanding the previous death of the principal or revocation of the proxy or transfer of the share in respect of which the vote is given provided that no intimation in writing of the death, revocation or transfer shall have been received at the Head Office before the meeting.

72. No Shareholder shall be entitled to be present or to vote on any question either personally or by proxy or as proxy for another Shareholder at any general meeting or upon a poll or be reckoned in a quorum whilst any call or other sum shall be due and payable to the Company in respect of any of the shares of such Shareholder.

Governing Director and Secretary.

73. (1) The first Governing Director of the Company shall be Chan Chik Ting who shall hold that office permanently. The said Chan Chik Ting shall so long as he continue to hold the office of Governing Director be paid by the Company a remuneration of three per cent of the annual profits of the company payable at such time as may be agreed upon between him and the directors such remuneration to be a first charge upon the assets of the Company.

(2) The first Secretary of the Company shall be Chan Kang Po who shall hold that office permanently and shall so long as he continues to hold that office be paid by the Company a remuneration of two per cent of the annual profits of the Company payable at such time as may be agreed upon between him and the Governing Director and Directors such remuneration to rank *pari passu* with the remuneration of the Governing Director as a first change upon the assets of the Company.

(3) The Governing Director, Directors and Secretary shall not directly or indirectly engage or be concerned in any other trade or business of the same or a similar character to the business carried on by the Company without the consent of the Company in general meeting.

(4) Each of them the said Chan Chik Ting and the said Chan Kang Po may by writing under his hand appoint a successor in the office occupied by himself to act therein after his death on the same terms and at the same remuneration as apply

圖片 2.08：安樂汽水廠 1910 年公司註冊證書內的董事名單（香港特區政府公司註冊處網上查冊中心 http://www.icris.cr.gov.hk/csci/，文件參考編號 000A0013509，頁 15）。

從上述資料可見，陳植庭（Chan Chik Ting）、朱小晉（Chu Siew Chun）、潘頌民（Paon Chung Man）、梁植初（Leung Chik Cho）、朱伯乾（Chu Pak Kin）、黃銘初（Wong Ming Cho）、陳鏡波（Chan Kang Po）等七人為創立公司的股東，每人各擁有 10 股，合共 70 股。另有六名董事，分別為陳植庭、Chu Sin Tsun、Ko Shing Chi、潘頌民、[2] 朱伯乾、[3] 梁植初。其中，陳植庭、潘頌民、朱伯乾也是董

2. 這份文件頁 14 英文原文為 Pun Chung Man，雖與頁 4 的 Paon Chung Man 有異，但應該就是「潘頌民」。
3. 這份文件頁 14 英文原文為 Chu Pak Kan，與頁 4 的 Chu Pak Kin 疑為同一人即「朱伯乾」。

事；陳植庭更是董事長（Governing Director），另一名股東陳鏡波則為秘書。[4]

成立於 1910 年的安樂汽水廠，不僅與李耀祥毫無關係，而且主要股東、董事、秘書的名單內，也沒有任何人姓李。可是，1922 年度的 *Hong Kong Dollar Directory* 這本香港的商業年鑒，卻羅列了「安樂汽水房」條目，據該條目，安樂汽水房當年地址為皇后大道東 59 號，會計（treasurer）正是李耀祥（Lee Iu Cheung）。這本通訊錄還告訴我們，李耀祥是李基號的經理（圖片 2.09、2.10）。[5]

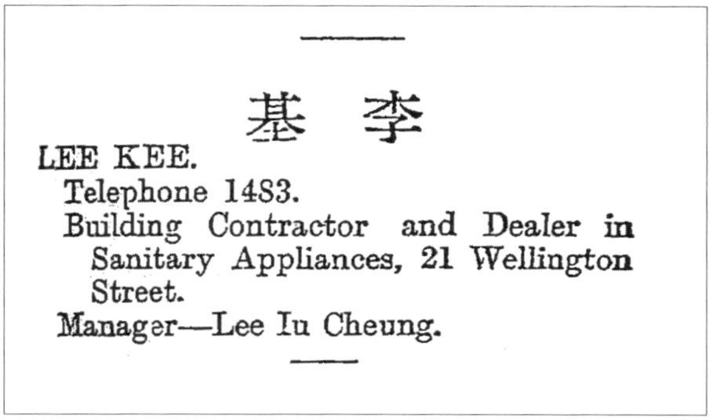

李基
LEE KEE.
Telephone 1483.
Building Contractor and Dealer in Sanitary Appliances, 21 Wellington Street.
Manager—Lee Iu Cheung.

圖片 2.09：香港 1922 年商業年鑒 *Hong Kong Dollar Directory* 有關李基記的記載。

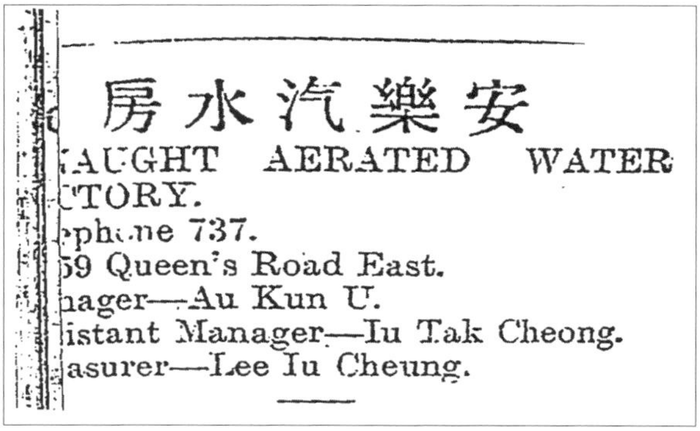

安樂汽水房
AUGHT AERATED WATER
TORY.
phone 737.
59 Queen's Road East.
nager—Au Kun U.
istant Manager—Iu Tak Cheong.
asurer—Lee Iu Cheung.

圖片 2.10：香港 1922 年商業年鑒 *Hong Kong Dollar Directory* 有關安樂汽水房的記載。

4. 在 1911 年 4 月 27 日（清宣統三年三月廿九日），黃興等革命黨人在廣州發動武裝反清起義，以失敗告終，史稱「辛亥三二九廣州起義」或「黃花崗之役」。事後革命黨人認為經營頭髮公司、從香港偷運軍火到廣州的陳鏡波是清朝間諜，因而謀殺之；後來革命黨人譚人鳳又認為是胡毅生誣陷陳鏡波，導致陳鏡波枉死；但根據王子騫回憶錄，指陳鏡波為清朝特務的正是譚人鳳本人，見王子騫：〈辛亥廣州之役前黨人在日本購運軍火的經過〉，載中國人民政治協商會議全國委員會文史資料研究會編：《辛亥革命回憶錄》第一集（北京：中華書局，1962），頁 533。此事迄無定論。無論如何，「辛亥三二九廣州起義」裏的陳鏡波，與這位安樂汽水廠股東兼秘書陳鏡波，同名同姓，活動時間和地點亦大致相同，未知是否同一人。
5. *Hong Kong Dollar Directory 1922* (Hong Kong: Local Printing, 1922), Section III, pp.23, 58.

李基是李耀祥父親的名字，李基號就是李耀祥父親開設的建築工程及潔具公司，位於威靈頓街 21 號。李耀祥在父親的公司做事，這很正常。但李耀祥真是從 1922 年開始擔任安樂汽水房的會計嗎？非也。原來李耀祥在 1921 年開始已經成為安樂汽水房的董事，證據竟然來自香港日佔時期的工商機構記錄。日本「香港占領地總督部法院」製作的《舊香港會社登記申請書綴込帳》第 77 號，正是昭和十九年（1944）6 月 20 日的安樂汽水有限公司記錄。這份記錄很長，原因是收錄了安樂汽水有限公司 1921 年 9 月 15 日的英文註冊記錄及其日文譯本。據此，我們發現安樂汽水有限公司於 1921 年 9 月 14 日重組，新的創立公司股東為區灌歟（Au Kün Ü）、姚鉅源（Iu Kü Ün）、姚得中（Iu Tak Chung）、呂維周（Lui Wai Chau）、李耀祥（Lee Iu Cheung）、黃吉棠（Wong Kat Tong）、陳雲繡（Chan Wan Sau）。這七名股東合共擁有 304 股，但區灌歟、姚得中、李耀祥三人各擁有 100 股，這三人也正好是董事（圖片 2.11、2.12、2.13）：

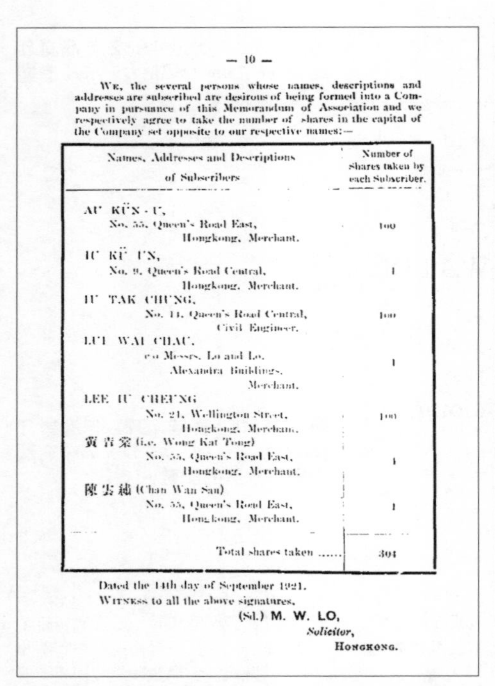

— 10 —

WE, the several persons whose names, descriptions and addresses are subscribed are desirous of being formed into a Company in pursuance of this Memorandum of Association and we respectively agree to take the number of shares in the capital of the Company set opposite to our respective names:—

Names, Addresses and Descriptions of Subscribers	Number of Shares taken by each Subscriber.
AU KÜN - Ü, No. 55, Queen's Road East, Hongkong, Merchant.	100
IU KÜ ÜN, No. 9, Queen's Road Central, Hongkong, Merchant.	1
IU TAK CHUNG, No. 14, Queen's Road Central, Civil Engineer.	100
LUI WAI CHAU, c/o Messrs. Lo and Lo, Alexandra Buildings, Merchant.	1
LEE IU CHEUNG, No. 21, Wellington Street, Hongkong, Merchant.	100
黃吉棠 (i.e. Wong Kat Tong) No. 55, Queen's Road East, Hongkong, Merchant.	1
陳雲繡 (Chan Wan Sau) No. 55, Queen's Road East, Hongkong, Merchant.	1
Total shares taken	304

Dated the 14th day of September 1921.
WITNESS to all the above signatures,
(Sd.) M. W. LO,
Solicitor,
HONGKONG.

圖片 2.11：香港 1944 年日佔時期安樂汽水廠的公司註冊證書所收錄的該公司 1921 年改組記錄（香港特區政府公司註冊處網上查冊中心）。

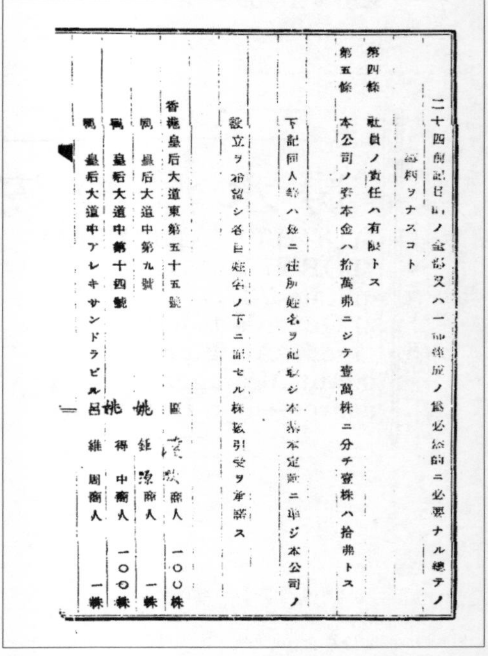

二十四條記載ノ金額又ハ一部[illegible]ノ爲必要ナル總テノ
報酬ヲナスコト
第四條　社員ノ責任ハ有限トス
第五條　本公司ノ資本金ハ拾萬弗ニシテ壹萬株ニ分チ壹株ハ拾弗トス
下記個人等ハ茲ニ住所姓名ヲ記載シ本基本定款ニ準ジ本公司ノ
設立ヲ希望シ各自姓名ノ下ニ記セル株數引受ヲ承諾ス
香港皇后大道東第五十五號　區灌歟　商人　一〇〇株
同　皇后大道中第九號　姚鉅源　商人　一株
同　皇后大道中第十四號　姚得中　商人　一〇〇株
同　皇后大道中アレキサンドラビル　呂維周　商人　一株

圖片 2.12：香港 1944 年日佔時期安樂汽水廠的公司註冊證書所收錄的該公司 1921 年改組記錄（香港特區政府公司註冊處網上查冊中心）。

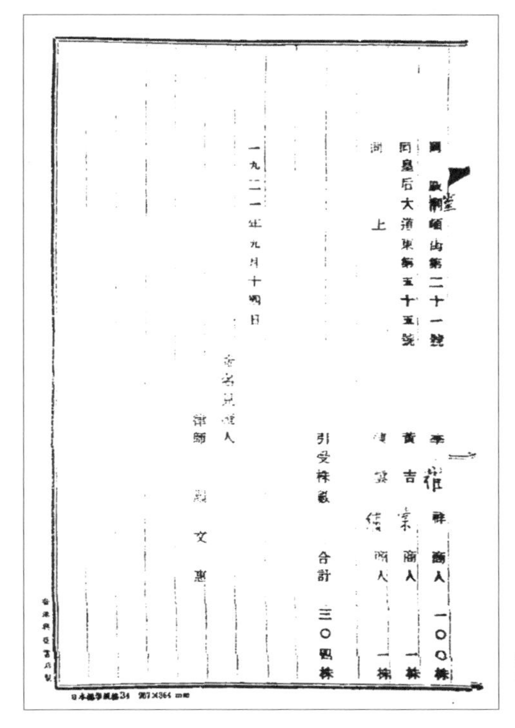

同皇后大道東第五十五號

上

一九二一年九月十四日

李耀祥 商人 一〇〇株

黃吉棠 商人 一株

商人 一株

引受株數 合計 三〇四株

律師 文惠

日本標準規格34 257×364 mm

圖片 2.13：香港 1944 年日佔時期安樂汽水廠的公司註冊證書所收錄的該公司 1921 年改組記錄（香港特區政府公司註冊處網上查冊中心）。

也就是說，1921 年 9 月 15 日重新註冊的安樂汽水有限公司，李耀祥就是三大股東和董事之一，在 1922 年度的 *Hong Kong Dollar Directory* 中，補充了李耀祥等三人的職稱：經理為區灌歟、副經理為姚得中、會計為李耀祥。[6] 1923 年度的 *Hong Kong Dollar Directory* 中，李耀祥資料一樣。[7] 1927 年度的 *Hong Kong Dollar Directory* 中，李耀祥仍然是安樂汽水有限公司的會計，但李基的條目卻不見了。[8] 由此觀之，1929 年 12 月 17 日《香港工商日報》刊登李耀祥等人成為安樂汽水公司 1930 年度董事的新聞，並不新鮮，但無論如何這還是一份珍貴記錄（圖片 2.14）：

6. *Hong Kong Dollar Directory 1922* (Hong Kong: Local Printing, 1922), Section III, p.23.
7. *Hong Kong Dollar Directory 1923* (Hong Kong: Local Printing, 1923), Section III, pp.26, 68.
8. *Hong Kong Dollar Directory 1927* (Hong Kong: Local Printing, 1927), Section III, p.25; Section IV, p.65. 目前全香港保存 *Hong Kong Dollar Directory* 最齊全的，是香港大學圖書館香港特藏部，但仍有不少年度的版本從缺。

安樂汽水公司舉定新董事

安樂汽水公司、乃華人資本創立、連年皆獲厚利、昨開股東會議、舉定李子方、姚得中、區灌欽、李耀祥、岑伯銘、岑仲卿、范仲炯、黃吉棠、呂星如、區朗軒爲明年董事、不日再互選會事主席云、

圖片 2.14：《香港工商日報》1929 年 12 月 17 日，第 4 張第 2 版有關李耀祥任安樂汽水公司董事的報道。

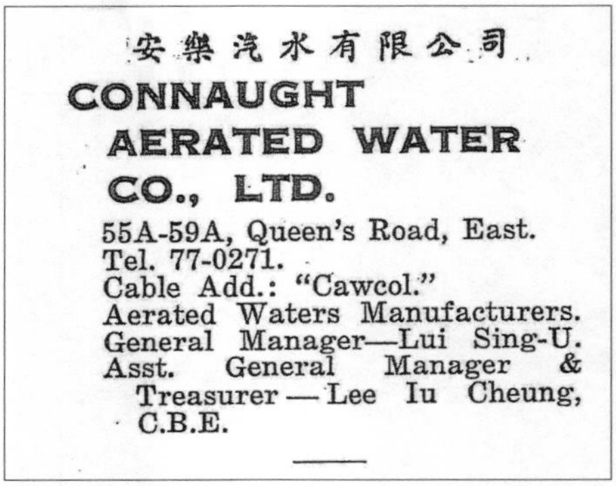

安樂汽水有限公司
CONNAUGHT AERATED WATER CO., LTD.
55A-59A, Queen's Road, East.
Tel. 77-0271.
Cable Add.: "Cawcol."
Aerated Waters Manufacturers.
General Manager—Lui Sing-U.
Asst. General Manager & Treasurer — Lee Iu Cheung, C.B.E.

圖片 2.15：*Hong Kong Dollar Directory 1960*，頁 222，顯示李耀祥為安樂汽水有限公司會計。

李耀祥與安樂汽水廠的關係十分長久，1960 年度的 *Hong Kong Dollar Directory* 中，仍然有李耀祥作為安樂汽水有限公司會計的記載（圖片 2.15）。

李耀祥如何在 1921 年加入安樂汽水廠？他的資本從哪裏來？為何他決定投資該廠？可惜目前沒有相關史料解答這個問題。只能夠說，1921 年李耀祥入股安樂汽水廠，成為三大股東之一，意味着李耀祥已經具備相當的商業經營能力和社會地位了。

二、李耀記

為何李耀祥經營汽水廠之後又轉移到潔具業？回答這個問題，首先要掌握宏觀的歷史脈絡——香港的市政建設及水廁制度。今天，在香港長大的二十多歲的人，遇到所謂「人有三急」的情況，大概會期望有乾淨的、配備抽水馬桶的廁所，解決完畢，按鈕沖水，甚或不用按鈕，自有水來，那些污穢的東西就消失於眼前。然後洗手、抹乾、離開。在私人地方如此，在公眾地方（例如商場）也如此。他們大概想像不到，從歷史上看、在全球水平上看，他們享受着何等奢侈的衛生條件。據聯合國資料，截至 2015 年底，全球仍有超過十億人不得不在露天條件下如廁。[9] 即使在香港這塊福地，從「屎坑」、到「夜香」、到水廁的轉變，也只是最近一百多年的事。而李耀祥的李耀記，專營水廁及潔具工程，正是大力改善香港都市衛生、創造現代都市生活經驗的功臣！本節首先介紹香港開埠以來的都市衛生歷史，然後介紹李耀記的經營，最後介紹李耀祥的其他商業活動。

（1）香港開埠以來的都市便溺處理制度

任何人類社區的衛生制度，都離不開大小二便的處理。在中國，直至近代都市化採用西方水廁制度之前，是以商營糞廁制度來解決便溺問題的。中國古代很早就出現了商業機構，定期上門搜集便溺，作為農業生產之肥料。這種商營糞廁制度，讓社區清除污穢，農民得到肥料，有力地遏止大規模的污染，可以說是利用市場機制提供公共服務的成功案例。[10]

可是，糞廁制度的缺點是無法解決惡臭問題，且定期從每家每戶或指定地點清理及搬運便溺的過程，也會讓人產生心理陰影，相比之下，水廁制度用水沖走便溺，不僅顯著減少惡臭，而且其「眼不見為淨」的心理欺騙和安慰作用就比糞廁制度成功得多。為何說這是心理欺騙？水廁制度，即把便溺用水沖走、經管道匯集處理的衛生設施，是最近一百多年才在西方逐步發展出來，其過程一波三折，其污染之治理也費煞思量。在水廁制度實施的早期，缺乏配套措施，便溺加水，成為體積

9. 澎湃新聞記者施覺：〈國際廁所日要到了，看看全球各地的廁所都是什麼水準？〉（2015 年 11 月 18 日），澎湃新聞網 https://www.thepaper.cn/newsDetail_forward_1397981，訪問時間：2017 年 11 月 118 日。
10. 余新忠：《清代江南的瘟疫與社會——一項醫療社會史的研究》（北京：北京師範大學出版社，2014）。

龐大的污染物，往往直接排入河流，大規模污染食用水資源，引發嚴重的傳染病，至於惡臭之「反攻倒算」，這反而是相對小的代價。例如，英國自十九世紀初實行水廁制度之初，泰晤士河就成了大倫敦的「大屎渠」，1858 年夏天，高溫把倫敦人民貢獻給泰晤士河的便溺「釀」成惡臭，逆襲倫敦，由於當時人們還普遍相信惡臭本身就是疾病，引發全城恐慌，西敏寺下議院的窗口要鋪上浸泡漂白劑的布簾來阻擋惡臭，保護議員。議員們也在極度恐慌之下達成共識，僅用 18 天就通過法案、頒佈法律，授權政府在倫敦建造全新的大規模排污渠道系統。是為倫敦歷史上名副其實、臭名遠播的「鉅臭之變」（Great Stink）。[11] 處理便溺，成為英國十九世紀市政改革、衛生改革的重點。[12]

香港成為英國殖民地之後，華洋人口急劇增長，便溺之處置問題也日益嚴重。但可能基於財力、技術等因素之限制，水廁制度長期沒有提上議程。相反，港府相當明智地依照中國本土慣習，以商營糞廁制度來解決便溺問題。1867 年 6 月 22 日，港府刊憲，根據〈維持秩序及衛生條例〉（Ordinance for the Maintenance of Order and Cleanliness）而制訂 11 條有關便溺處理的規則。[13] 根據這份規則，港府招募承辦商來處理公廁（Public Privies）的便溺（Night Soil），處理方式是定期將公廁的便溺裝入糞桶，運至指定地點，再以船或其他交通工具運走。具體而言，承辦商的糞桶須有劃一的顏色、大小，及可以密封的蓋子；承辦商的員工須戴上顯眼的佩章；運送便溺的船隻的規格必須是「二號貨船」（No. 2 Cargo Boats），上層甲板必須可以完全封蓋，只能停泊於西營盤水渠（Saiyingpoon Nullah）等十處；[14] 清理便溺的工作有指定時限，夏季必須在每天早上 7 時前完成，冬季必須在每天早上 8 時前完成；這十處碼頭也於每天早上 5 時至 7 時設置浮動公共糞桶（Public Floating Dust Bins）；此外，港府又在高街西（High Street West）等十處設立公共糞桶（Public Dust Bin）。[15] 凡違反以上規定者，將被罰款 100 元或以下、並判處三個月以下的苦功監或三個月以下的監禁。不過，這份規定不適用於駐港英國陸軍和海

11. 參見 http://www.bbc.co.uk/history/trail/victorian_britain/social_conditions/victorian_urban_planning_04.shtml。
12. 從 1840 年代到 1880 年代，便溺之處置，成為六份專責委員會報告、七份皇家特派調查員報告的核心。1898 年，英國又再設立一皇家特派調查員，提交了至少九份有關便溺處置的報告。見 Tom Crook, *Governing Systems: Modernity and the Making of Public Health in England, 1830-1910* (Berkeley Series in British Studies, Berkeley: University of California Press, 2016), p.150.
13. *The HongKong Government Gazette*, 22nd June, 1867.
14. 其他九處包括：東邊街、皇后街、急庇利街、機利文街（舊稱機利民街）、砵典乍街、雪廠街、東市（Eastern Market）、灣仔、渣甸坊（Jardine's Bazaar）。
15. 其他九處包括：Fan-Mo Street（中譯名稱不詳）、二號水庫（No. 2 Reservoir）、必列者士街（Bridges Street）、九號警署（No. 9 Police Station）、The Mosque（中譯名稱不詳）、己連拿利橋（Glenealy Bridge）、The Albany（中譯名稱不詳）、花園道、雪廠街。

軍的處置便溺的承辦商。這 11 條規則顯示，港府順應中國原有的慣習，以政府招募、民間承辦的方式，引入中國一直沿用的商營糞廁制度，不僅港府如此，駐港英軍也如此。但是，這個商營糞廁制度的服務範圍有多大？僅看這 11 條規則，並不清楚。筆者估計，這個商營糞廁制度主要服務當時香港島上的「維多利亞城」。

港府頒佈這 11 條規則大約四、五年之後，英國中央政府向港府推介一種名為「乾土廁制度」（Dry Earth System），1871 年 8 月 11 日，英國的殖民地部大臣金伯利勳爵（Lord Kimberley）向香港發出指引，推介布坎南博士報告裏提及的乾土廁制度，將便溺混合特製的乾土，再以密封容器搬走。[16] 1875 年 8 月，英國頒佈新的〈公共衛生法案〉（Public Health Act），香港作為英國殖民地，也要有所行動，遵守中央規定，推廣乾土廁制度。試點之一就是域多利監獄。不過，監獄委員會當局很快作出結論，謂香港的土壤以紅土（laterite）為主，吸水效能甚弱，乾土廁所需之乾土要從境外引進，成本昂貴。監獄委員會這個報告，於 1876 年 4 月 21 日交給港督堅尼地（Arthur Kennedy），等於否決了乾土廁制度。

大約一年之後，堅尼地卸任，轉任澳洲昆士蘭總督，接任的港督為軒尼詩（John Pope Hennessy），他對香港衛生問題之惡劣，印象尤深，所謂新官上任三把火，1877 年 5 月 26 日，軒尼斯巡視域多利監獄（Victoria Gaol），在港府內部引發一場「廁所風暴」。

域多利監獄署理監獄長（Acting Superintendent）湯姆連（Geo. L. Tomlin）向港督軒尼詩報告監獄的便溺處置問題，謂：每間囚室放置有蓋的木質糞桶，供囚犯夜間使用，政府承辦商人員早上清走便溺；日間，監獄上層的囚犯可使用監獄的廁所，但在監獄下層的囚犯則只能使用囚室內的糞桶。女囚則無論日夜均使用囚室內的糞桶。這種糞桶制度產生強烈的臭味，並被認為散播疾病。早於 1874 年 7 月，根據港府官員杜老誌（Tonnochy）的建議，[17] 港府嘗試在監獄引進「乾土廁所」（The dry earth system），但很快，獄方發現，「乾土廁所」所需的乾土不易置辦，要從境外引進，成本昂貴，所產生的便溺臭味更為強烈，囚犯也不習慣使用。結果，獄方決定恢復原有的糞桶制度。[18] 囚室糞桶原本應該每天清理，但實際上，華裔囚犯的

16. 這是港督軒尼詩在其 1877 年 8 月 9 日的四點指令中提及的。見 C.S.O. 1890 of 1877, "The Governor's Minute on the Foregoing Report and Letter", in Sanitary Reports by the Colonial Surgeon as included in Hong Kong Government *Administrative Report 1879*.
17. 目前，香港灣仔有街道曰「杜老誌道」，即為此公之名。
18. "Copy of memorandum made by the Acting Superintendent in reply to the Governor's enquiries on His Excellency's visit to the Gaol, 26th May 1877", in Sanitary Reports by the Colonial Surgeon as included in Hong Kong Government *Administrative Report* 1879.

囚室糞桶，平均每三天才清理一次。[19]則監獄衛生條件之惡劣，可以想像。軒尼詩拒絕妥協，三申五令要求推行乾土廁制度，1877 年 8 月 2 日，港府的殖民地醫官艾睿思（B. C. Ayres）報告，說自軒尼詩首次巡視監獄之後，獄方已經建成 20 座乾土廁，91 座即將建好。[20]

也許有人認為，監獄畢竟不是讓犯人享受生活的，便溺處置制度欠佳，活該囚犯倒霉，獄方管理人員跟着倒霉也是無可奈何。但原來，即使當時住在香港島山頂的殖民地上層社會人士，其便溺處置制度也好不到哪裏去。

港督軒尼詩調查監獄的便溺清理問題完畢，又下令調查港島山頂居民的便溺清理問題。工務司（Surveyor General）普萊斯（J. M. Price）委任麥堅尼（W. McKinney）為衛生惡劣問題調查員（Inspector of Nuisances），執行這項調查任務。麥堅尼於 1877 年 8 月 1 日提交報告，指出：山頂的 13 處寓所和機構之中，只有五處採用「乾土廁」，但無論用不用「乾土廁」，除「信號站」（The Signal Station）把便溺用作花園肥料之外，其餘 12 處均把便溺和其他生活垃圾丟棄到附近地點。例如，「XXX」（The Pavilion）把便溺和生活垃圾扔進大概 250 碼外的一條河，此河從石塘咀入海，也是附近一間屠房用水的來源。又例如，在「某上尉的寓所」（Captain ......'s House），便溺每天由一名苦力用有蓋的糞桶挑運入城，固體垃圾被扔進附近一個坑，生活污水則循步行道流 50 到 60 碼……。又例如，「某人的別墅」（The ......'s Bungalow）把便溺和生活垃圾扔到大約 70 碼外的山坡，而這個山坡下方，正是駐港英軍的食用水來源。又例如，在「某先生寓所」（Mr. ......'s house），便溺被扔到寓所西南四百碼以外的山麓，山下即石塘咀村。該寓所的污水則經一條污水渠流進「港督山頂別墅」（Mountain Lodge）東北方的一條河谷，要命的是，該河谷有兩口井，井水是供應「信號站」、「某先生寓所」、「觀景亭」（The Pavillion）軍官宿舍和港督寓所的。即使被報告稱許、使用乾土廁的「港督山頂別墅」，雖然所有便溺和生活垃圾均經乾土混合消臭，但之後仍然是被扔進附近的垃圾堆，而且苦力不能使用這些廁所，只能在山邊解決。[21]

1877 年 8 月 9 日，港總軒尼詩在收到工務司轉發的麥堅尼報告的翌日，發佈了批語（Minute），謂麥堅尼報告披露山頂衛生狀況之糟糕，超出自己的預料，而

19. "Minute by the Colonial Surgeon" on 29th May 1877, in Sanitary Reports by the Colonial Surgeon as included in *Hong Kong Government Administrative Report 1879*.
20. "Colonial Surgeon to Acting Colonial Secretary", August 2nd 1877, in Sanitary Reports by the Colonial Surgeon as included in *Hong Kong Government Administrative Report 1879*.
21. "Report of the Inspector of Nuisances" on 1st August 1877, in Sanitary Reports No.96 by the Colonial Surgeon as included in *Hong Kong Government Administrative Report 1879*.

且自己作為總督，住在港督山頂別墅，也身受其害。工務司的建議即要求所有山頂居民把便溺和生活垃圾搬運到維多利亞城，軒尼詩否決之，認為更好的解決辦法是全面和有力地推行乾土廁制度。具體而言，軒尼詩提出四點指引：要求山頂所有房子都必須配備乾土廁，要讓僕人也能夠使用乾土廁；要按照 1871 年 8 月 11 日英國殖民地部大臣金伯利勳爵轉發的布坎南博士報告的指引來處置混合乾土的便溺；嚴禁家居把便溺未經乾土混合處置就搬移屋外；嚴禁把家居污水排進附近水井或連接水庫的河流。軒尼詩很生氣地說：自己作為港督，住在「港督山頂別墅」，深受便溺污染之害，如果此問題不解決，他寧願忍受諸多不便，住進政府合署（Government House）。[22]

港督軒尼詩措辭嚴厲，下屬殷勤響應，在 1877 年 7 月至 8 月間文移往復了一陣之後，這場廁所風波如何結局？諷刺得很，1880 年 9 月 21 日，署理輔政使史釗域（Frederick Stewart）寫一批語，謂自 1877 年 8 月 10 日把港督軒尼詩上述批語發給工務司之後，三年於茲，未見工務司有任何回覆，也沒有任何進一步的指示。[23]這是否意味着軒尼詩的廁所改革不了了之？史料所限，筆者不敢輕率結論。有可能因為軒尼詩自己也意識到乾土廁所需之乾土，其採辦成本實在昂貴；另一方面，也有可能因為水廁制度已在英國成為處理便溺的主流方案，乾土廁制度已成明日黃花。作為英國殖民地的香港，就處理都市便溺而言，應該要推行水廁制度。不過，上文引述的倫敦「鉅臭之變」顯示，水廁制度如果沒有相應的配套措施，對人類社區造成的污染反而更嚴重。而水廁制度的配套措施即大型便溺管道網絡，其成本當然比採辦乾土廁所需的乾土更加昂貴。因此，港府只能力不從心地在立法方面虛應故事。

1877 年港督軒尼詩廁所改革 15 年後，香港逐步從便溺搜集搬運制度過渡到以水廁處理便溺的制度。1887 年，港府頒佈〈公共衛生條例〉（The Public Health Ordinance），又四年後，1891 年，港府頒佈〈修訂公共衛生條例〉，其中第三節，是有關私人寓所水廁的規定，再一年之後，1892 年 11 月 19 日，港府刊憲，頒佈了有關私人寓所水廁建造、物料、安裝的十條附例（bye-laws），對私人寓所水廁之建造作出各種規定，包括：私人寓所水廁，必須至少有一邊正對外牆；水廁之規格，必須符合 1889 年第十五號條例〈建築物條例〉（Buildings Ordinance）第

22. C.S.O. 1890 of 1877, "The Governor's Minute on the Foregoing Report and Letter", in Sanitary Reports by the Colonial Surgeon as included in Hong Kong Government *Administrative Report* 1879.

23. "Minute by the Acting Colonial Secretary", in Sanitary Reports by the Colonial Surgeon as included in Hong Kong Government *Administrative Report* 1879. 按，香港灣仔有史釗域道，即以此人命名。

四十七至四十九節；沖水桶（cistern or flushing box）須能每次釋出不少於兩加侖（近 7.6 公升）、甚或多於三加侖（近 11.4 公升）的水至便桶內，以沖走便溺；細則又對沖水桶、便桶、沖水桶與便桶之連接、沖水桶管道及便桶管道之口徑、質材和長短等，都作出具體規定。[24] 但是，這份附例是否得到強力和全面執行，則不得而知。

港府自 1867 年頒佈〈維持秩序及衛生條例〉，至 1877 年港督軒尼詩廁所改革，至 1892 年頒佈有關私人寓所水廁的十條附例，25 年間，不斷就便溺問題進行立法工作。但這些立法工作似乎流於紙上談兵，除了財政局限、行政困難之外，是否有其他原因？莊玉惜博士最近出版專著，提出一重要觀點。她認為，水廁制度在香港遲遲不獲推行，原因是「錢作怪」。十九世紀下半葉，帝國主義列強之侵略，將中國拉近世界經濟體系。全球市場對中國絲綢需求殷切，作為華南絲綢生產重鎮的順德，需要大量桑葉來養蠶，因此需要大量糞肥來種植桑樹。香港作為人口密集的都市，就成為糞肥的重要生產基地之一，由於港府沿用中國傳統的商營糞廁制度，因而催生出一群靠經營地產兼經營糞廁而致富的華裔資本家。他們紛紛把自己擁有的物業改為公廁，向港府繳納低廉的公廁承辦費用，然後將便溺經海路運往順德。莊玉惜博士估計，當時公廁之盈利率，比出租物業盈利率高 15% 至 20%。就港府而言，公共糞廁投標制度，不僅把便溺問題假手私人承辦商，還能透過投標制度增加財政收入，也符合殖民地政府以空間隔離民眾的統治哲學，可謂一舉三得。至於糞廁制度不符合英國以水廁處理便溺的主流思想，港府就以華人慣習如此，不應強行干預為理由，搪塞責任。諷刺的是，1887 年，作為本土資本家代言人的何啟，也以潔淨局委員和立法局議員的身份，用這種「文化差異」論來反對港府〈公共衛生條例〉有關強制要求業主在寓所建造廁所的規定。何啟底氣十足，因為同時有 47,000 名香港地產商反對港府這一規定。結果，港府只好讓步，不再堅持寓所必須設有廁所。既然家居廁所不是必須，公廁需求就得到維持，地產商兼公廁承辦商的利潤就得到保障。因此，從十九世紀末到二十世紀初，香港這個都市，尤其是華人居住區，便溺飄「香」，衛生條件長期惡劣，1894 年香港瘟疫爆發，都可以說與公共糞廁制度有關。莊玉惜博士稱之為「政商共謀的殖民都市管治」的例案。直至 1910 年代，由於清朝覆亡，中國政局動蕩，華南絲綢生產因全球市場波動而受

---

24. "Bye-laws for the proper Construction, Materials, and Fittings of Water-closets on private premises", made under section 3 of Ordinance 12 of 1891 entitled "An Ordinance to further amend The Public Health Ordinance, 1887", *The HongKong Government Gazette*, 19th November, 1892, p.986.

創，對香港便溺的需求無復昔日之殷切，香港公共糞廁承辦商的盈利下降，糞廁才逐漸退出歷史舞台，港府才逐漸引進水廁制度。[25]

1920 年代，港府致力於改善市政衛生，[26] 李耀祥的李耀記，以安裝水廁和經營潔具而崛起於 1920 年代，可以說既適逢其會，亦躬親其事，是香港水廁制度的功臣。

（2）1920 年代報紙廣告中的李耀記

究竟李耀祥何時創立李耀記這家潔具工程公司？其客戶網絡如何？對於讀者來說，這些問題理所當然，但是，就目前我們能夠掌握的史料而言，答案卻並不簡單直接。有一條線索倒是看得出來的，安樂汽水廠 1921 年 9 月改組之後，區灌歟、姚得中、李耀祥成為三大股東，而姚得中是 1923 至 1933 年間香港的註冊建築師，於 1924 至 1937 年間與 John Caer Clark 共同開設名為 Clark & Iu 的建築設計公司。[27] 李基經營建築業，正如上述，建築業對於李耀祥而言，可謂祖業。姚得中與李耀祥有安樂汽水廠的合夥關係，彼此合作，進軍建築業，Clark & Iu 負責建築的設計，李耀記負責潔具工程的安裝，豈不是相當順理成章嗎？用經濟學的術語，這種行業組合，可稱為縱向整合。這個推測，應該是可以成立的。由於欠缺其他相關史料，我們只能以旁敲側擊的方法來尋找李耀記的蹤跡。方法之一，是看報紙廣告。

一般人看報紙，或多或少有點隨意，看看標題，瀏覽瀏覽內容和圖片就算完事。但是，從歷史研究的角度來看報紙，則不僅報紙內容重要，承載內容的形式也

25. 莊玉惜：《有廁出租——政商共謀的殖民城市管治（1860-1920）》〔香港：商務印書館（香港）有限公司，2018〕，頁 21、52-53、70。該書頁 19 謂：「有統計數字指，由於水廁系統將疾病、污水、食水連接起來，引發的疾病感染率相較糞廁超出六倍之多。」恐怕莊玉惜博士的結論過於簡單。翻查其注釋 2 所引之資料來源，為約翰・黑文（Jno. C. Heaven）刊登於 *Public Health* 期刊第 7 卷（1894-1895）頁 296-297 的文章 "On the origin of enteric fever from infected trough closets（受污染的槽型水廁是腸熱病的源頭）"，作者謂槽型水廁（trough closets）是一槽連接若干馬桶，有利於工廠、學校等大型機構，但萬一受到污染，則槽型水廁所連接的六個或以上的馬桶都有可能成為病源。相比之下，獨立水廁（seperate closets）傳播腸熱病的機會率則低得多。可見，分別不在於水廁與糞廁，而在於槽型水廁與獨立水廁；所謂「六倍」，也非統計學意義上的數據。

26.〈公共建設〉，陳大同、陳文元編：《百年商業》（香港：光明文化事業，1941），無頁數。

27. Lam Chung Wai,Tony（林中偉）, "From British Colonization to Japanese Invasion: The 100 years architects in Hong Kong 1841-1941", *HKIA Journal: the Official Journal of the Hong Kong Institute of Architects*（香港建築師學報）, no. 45 (2006), 48. 又據該文第四十六頁，香港政府於 1903 年在公共健康及建築條例下成立註冊建築師制度，其資格為：年齡在 27 歲以上；有至少八年的工程或建築業經驗或專業培訓（例如工程師學院或英國皇家建築師頒發的專業文憑或其他機構的文憑）；有足夠的工程或建築業訓練或經驗。1903 年首批註冊建築師凡 33 人，至 1941 年，該數目增加至 74 人。

同樣重要。例如新聞報道是位於頭版頭條還是末頁尾段，則編輯對此報道之重視與否，分明可見。至於廣告，則其位置與大小，也清楚反映出廣告商的財力與推銷產品之意願。為讓讀者充分明白這一點，以下我們展現李耀祥李耀記潔具廣告時，先讓讀者看廣告所在的頁面全版，再看李耀記廣告之內容。

還有一點要提醒讀者，以下 1920 年代的李耀記潔具廣告，大部分出現在《華僑日報》，有何玄機？根據本書第一章，目前研究李耀祥生平的最重要史料，是岑維休撰寫的李耀祥傳記，岑維休是李耀祥的平生好友，岑維休說自己與李耀祥「少年同學，長年共事，相知頗稔」。[28] 如果我們再聯想到岑維休於 1925 年創辦《華僑日報》這一點，再聯想到岑維休與李耀祥都是安樂汽水廠股東這一點，[29] 則李耀祥於 1930 年代之前經常把李耀記潔具廣告刊登在《華僑日報》、並且在 1949 年成為《華僑日報》股東，都可以說是岑、李友誼的反映，這一點，也是我們研究個人社會網絡所不應忽略的。

李耀記潔具廣告第一款

1926 年 11 月 29 日《華僑日報》第 3 張第 2 頁的李耀記「新張」廣告，是我們目前能夠找到最早的李耀記廣告，我們因此命名之為李耀記潔具廣告第一款（圖片 2.16）。李耀記這第一款「新張」廣告內容曰：

新張

商店新張伊始，莫不減價招徠。本號亦本此意，惟求言副其實，故各欵貨物，比較別家更為相宜。

本號專辦建築材料、洋磁、銅鐵、磚磚、玻璃。如蒙　賜顧，請移玉至大道中四十號即皇后戲院對面。電話一六八八。

李耀記

從這則廣告看來，李耀記應該開張於 1926 年 11 月 29 日前不久，否則廣告不會以「新張」為題。新開張的李耀記，銷售「建築材料、洋磁、銅鐵、磚磚、玻

28. 參見本書〈附錄一〉。

29. 參見香港日佔時期、昭和十九年（1944）6 月 20 日的安樂汽水廠股東名單，該報告本身無頁碼，岑維休只是小股東，持五股而已，而李耀祥則持 1,795 股。引述自香港特區政府公司註冊處網上查冊中心 http://www.icris.cr.gov.hk/csci/，文件參考編號 000B6829442，查閱日期 2011 年 6 月 28 日。

新張

商店新張伊始莫不減價招徠本號亦本此意惟求言副其實故各欵貨物比較別家更為相宜

本號專辦建築材料洋磁銅鐵磠磚玻璃如蒙 賜顧請移玉至大道中四十號即皇后戲院對面電話一六八八

李耀記

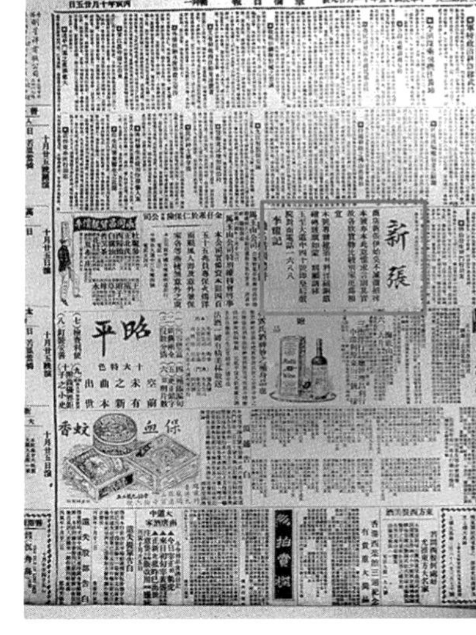

圖片 2.16：李耀記潔具廣告第一款，載《華僑日報》1926 年 11 月 29 日，第 3 張第 2 頁。

璃」等，地址為皇后大道中 40 號，對面是皇后戲院，電話號碼為 1688。這地址及電話號碼，顯然不是隨意設計，而是考慮到消費者的所在及他們對於吉祥意頭的喜愛。另外，值得注意的是，這則廣告只提及李耀記銷售「建築材料、洋磁、銅鐵、磠磚、玻璃」等產品，並沒有提及李耀記負責相關產品的安裝工程。

李耀記這則「新張」廣告，從 1926 年 11 月 29 日算起，在《華僑日報》刊登了大約兩星期。[30]

李耀記潔具廣告第二款

李耀記廣告第二款，出現在《華僑日報》1926 年 12 月 20 日第 4 張第 2 頁，題為「李耀記水廁洗身缸」（圖片 2.17），其文字內容如下：

30. 據我們抽查所見，這則廣告刊登於以下日子的《華僑日報》：1926 年 11 月 30 日第 3 張第 2 頁、1926 年 12 月 1 日第 2 張第 4 頁、1926 年 12 月 2 日第 2 張第 4 頁、1926 年 12 月 3 日第 2 張第 4 頁、1926 年 12 月 4 日第 2 張第 4 頁、1926 年 12 月 6 日第 3 張第 1 頁、1926 年 12 月 7 日第 2 張第 3 頁、1926 年 12 月 9 日第 3 張第 2 頁、1926 年 12 月 10 日第 3 張第 2 頁、1926 年 12 月 14 日第 2 張第 4 頁、1926 年 12 月 15 日第 3 張第 4 頁。

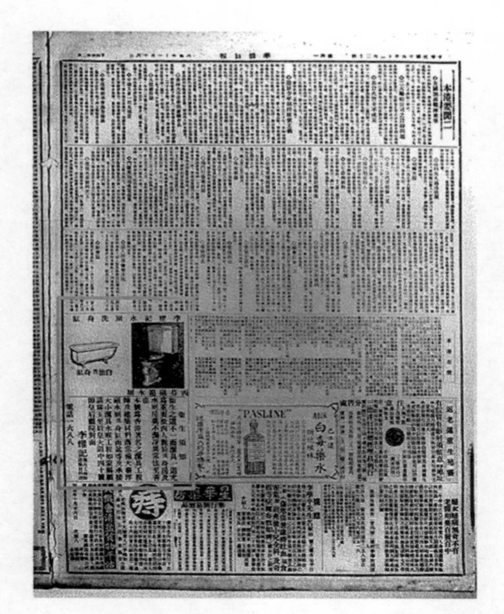

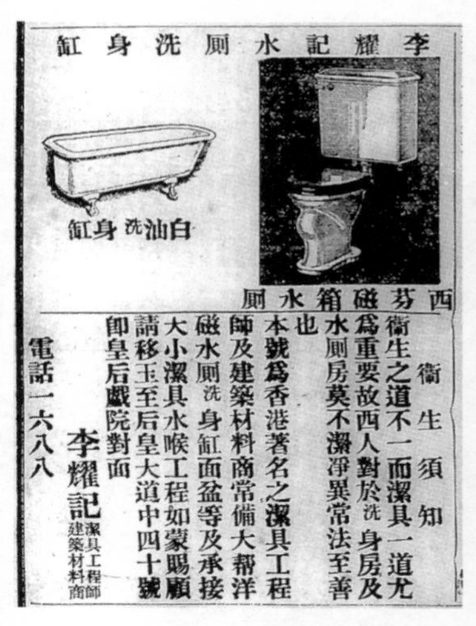

圖片 2.17：李耀記潔具廣告第二款，載《華僑日報》1926 年 12 月 20 日，第 4 張第 2 頁。

衛生須知

衛生之道不一，而潔具一道，尤為重要。故西人對於洗身房及水廁房，莫不潔淨異常，法至善也。

本號為香港著名之潔具工程師及建築材料商，常備大幫洋磁水廁、洗身缸、面盆等，及承接大小潔具、水喉工程。如蒙賜顧，請移玉至后皇大道中四十號即皇后戲院對面。

李耀記潔具工程師
建築材料商

電話一六八八

上述「后皇」顯然是「皇后」之誤。除了上述文字內容外，這則廣告還有兩張繪圖：「西芬磁箱水廁」及「白油洗身缸」。與第一款廣告相比，這第二款廣告明確指出李耀記「承接大小潔具、水喉工程」；而且，也以注意衛生這十九世紀末以來的新流行價值觀念來打動顧客。[31]

31. 這則廣告還刊登於《華僑日報》1926 年 12 月 28 日第 3 張第 1 頁，仍沿襲「后皇」之誤。

李耀記潔具廣告第三款

李耀記廣告第三款，出現在《香港工商日報》1926 年 12 月 20 日第 3 張第 4 頁，與第二款廣告刊登日期一樣（圖片 2.18），其文字內容曰：

新張

凡百商店新張伊始，莫不減價招徠，本號亦同此心理，惟期言副其實，故所售各欵貨物，務求精美，價錢異常克己。

本號專辦建築材料、洋磁、銅鐵、堦磚、玻璃，如蒙　賜顧請移　至玉皇后大道中四十號即皇后戲院對面。電話一六八八。

李耀記潔具工程師

建築材料商

這第三款廣告內容與第一款極為相似，都指李耀記新近開張，減價招徠客戶。但「移至玉皇后大道中四十號」云云，顯然是「移玉至皇后大道中四十號」之誤。第二款和第三款廣告都有字誤。[32]

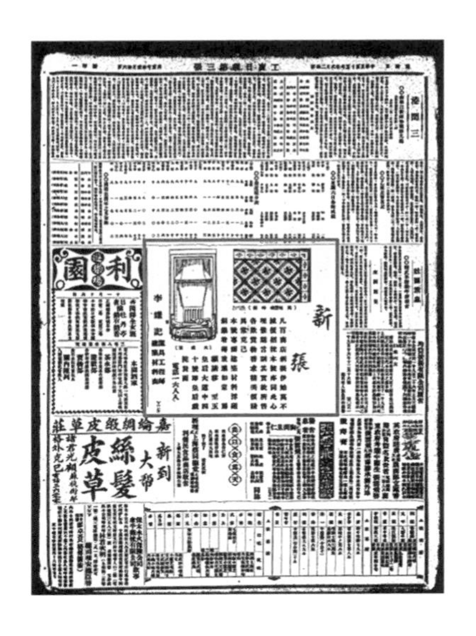

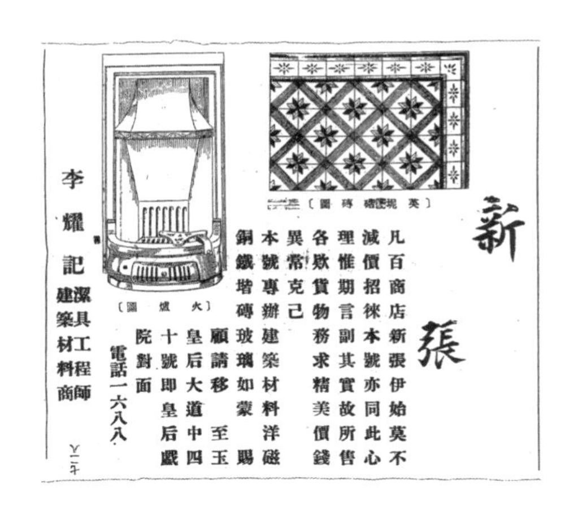

圖片 2.18：李耀記潔具廣告第三款，載《香港工商日報》1926 年 12 月 20 日，第 3 張第 4 頁。

32. 據我們抽查所見，這款廣告亦刊登於以下日子的《香港工商日報》：1926 年 12 月 21 日第 3 張第 4 頁、1926 年 12 月 23 日第 3 張第 4 頁、1926 年 12 月 24 日第 3 張第 4 頁、1926 年 12 月 27 日第 3 張第 4 頁、1926 年 12 月 28 日第 3 張第 4 頁。

李耀記潔具廣告第四款

有趣得很，李耀記潔具廣告第三款刊登時期很短，不過十天，1926 年 12 月 29 日《華僑日報》第 2 張第 4 頁就出現了第四款李耀記廣告「洋磁面盆」（圖 2.19），其文字內容曰：

洋磁面盆

本號常備大幫洋磁面盆，兼承接大小潔具、冷熱水喉工程。如蒙賜顧，請移玉　　至　　皇后大道中四十號即皇后戲院對面。電話一六八八。

李耀記潔具工程師

建築材料商

李耀記這則廣告糾正了「后皇」之誤，繼續強調自己既銷售潔具，也負責安裝各種潔具、水喉工程。[33]

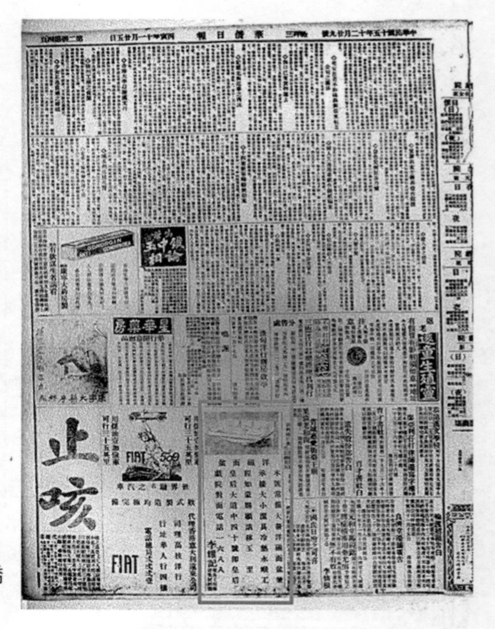

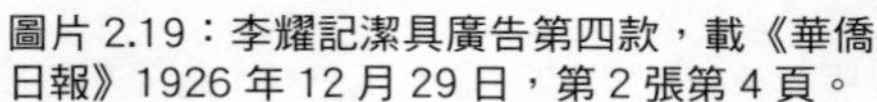
圖片 2.19：李耀記潔具廣告第四款，載《華僑日報》1926 年 12 月 29 日，第 2 張第 4 頁。

33. 據我們抽查所見，這則廣告還刊登於以下日子的《華僑日報》：1926 年 12 月 30 日第 2 張第 4 頁、1926 年 12 月 31 日第 2 張第 4 頁、1927 年 1 月 1 日第 4 張第 2 頁、1927 年 1 月 5 日第 2 張第 4 頁、1927 年 1 月 7 日第 3 張第 1 頁、1927 年 1 月 10 日第 3 張第 1 頁、1927 年 1 月 11 日第 3 張第 1 頁、1927 年 1 月 12 日第 3 張第 1 頁。

李耀記潔具廣告第五款

在 1926 年 12 月 29 日李耀記潔具廣告第四款刊登的同一天，《香港工商日報》刊登了李耀記第五款廣告（圖片 2.20），題為「李耀記碎堦磚仔」，廣告文字內容曰：

建築大府者注意

酒樓飧室裝修者注意

上圖之堦磚乃最新式之鋪地堦磚，最合洋樓大府、酒樓餐室之用，因其美麗奪目，且可砌出各種花欵，本號現存大帮現貨，各種顏色花樣俱齊，諸君光顧請移　　至大道中四十號皇后戲院對面。電話一六八八。

李耀記潔具工程師

建築材料商

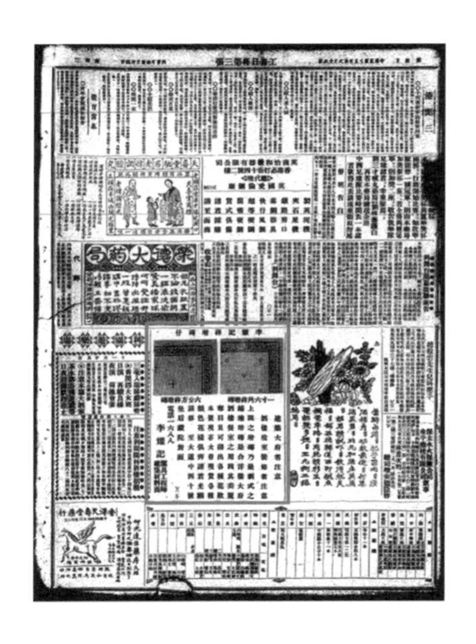

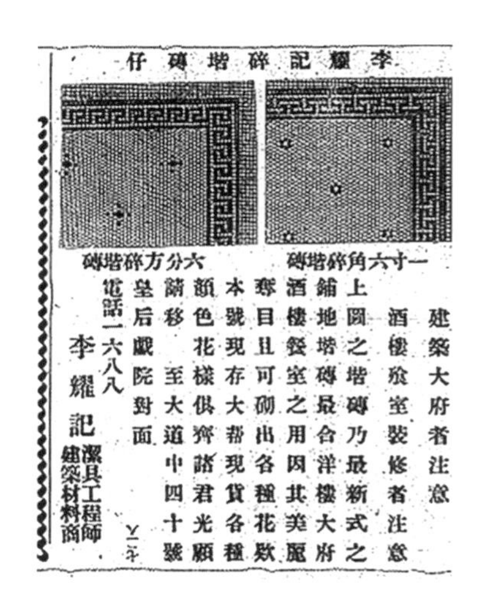

圖片 2.20：李耀記潔具廣告第五款，載《香港工商日報》1926 年 12 月 29 日，第 3 張第 4 頁。

這則廣告顯示李耀記供應「碎堦磚仔」即鋪設地板所用的小塊磚片，尺寸有二：「一寸六角」和「六分」。同樣，這則廣告也有字誤：「移至」云云，顯然為「移玉至」之誤。[34]

34. 據我們抽查所見，這第五款廣告亦刊登於《香港工商日報》1926 年 12 月 31 日第 3 張第 4 頁。

李耀記潔具廣告第六款

約兩週之後，《華僑日報》1927 年 1 月 13 日第 2 張第 4 頁推出了李耀記潔具廣告第六款（圖片 2.21），題為「洋磁尿兜」：

注意公共衛生

本號常備大幫洋磁尿兜發售，種種欵色不同，專備酒樓、茶室、俱樂部之用。兼承接潔具、水喉工程。如蒙賜顧，請移玉至大道中四十號即皇后戲院對面。電話一六八八。

李耀記潔具工程師

建築材料商

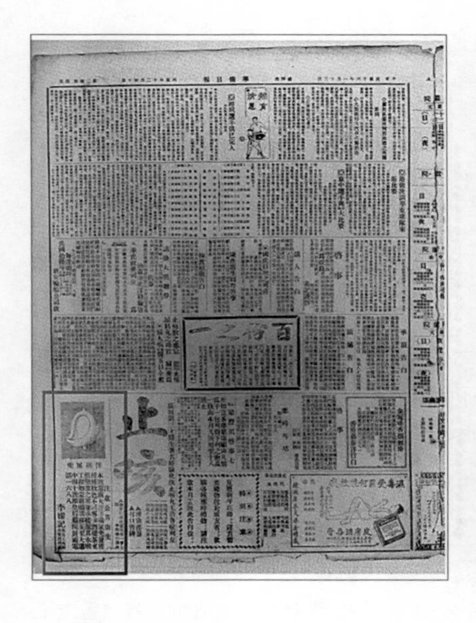

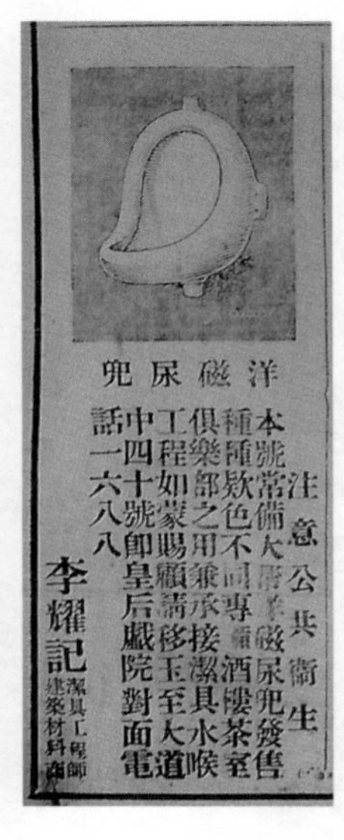

圖片 2.21：李耀記潔具廣告第六款，載《華僑日報》1927 年 1 月 13 日，第 2 張第 4 頁。

這則廣告以洋磁尿兜的繪圖來打動顧客，而文字內容則針對酒樓、茶室、俱樂部這類機構客戶。[35]

35. 據我們抽查所見，李耀記這第六款廣告「洋磁尿兜」，還刊登於以下日子的《華僑日報》：1927 年 1 月 17 日、1927 年 1 月 18 日、1927 年 1 月 19 日第 4 張第 2 頁、1927 年 1 月 20 日第 4 張第 2 頁、1927 年 1 月 22 日第 4 張第 2 頁、1927 年 1 月 24 日第 4 張第 2 頁、1927 年 1 月 25 日第 4 張第 2 頁、1927 年 1 月 26 日第 4 張第 2 頁、1927 年 1 月 27 日第 4 張第 2 頁。

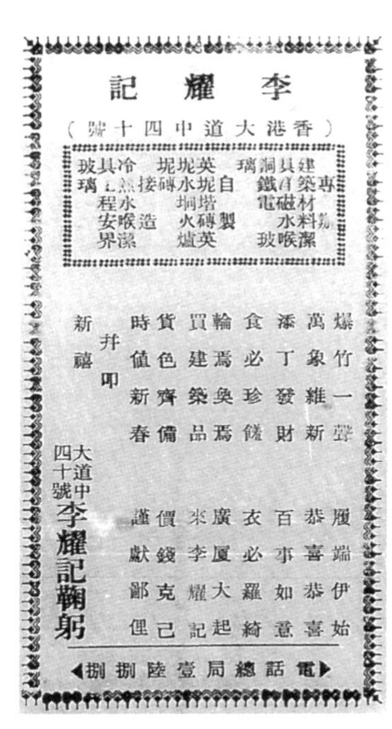

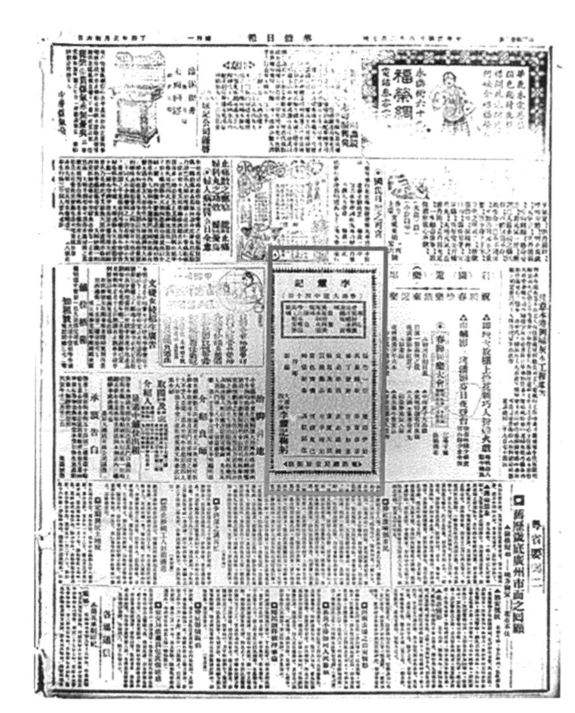

圖片 2.22：李耀記潔具廣告第七款，載《華僑日報》1927 年 2 月 7 日，第 3 張第 2 頁。

李耀記潔具廣告第七款

又大約半個月後，1927 年 2 月 7 日《華僑日報》第 3 張第 2 頁，出現了李耀記第七款廣告（圖片 2.22），這則廣告以慶祝農曆新年為名義的，內容曰：

李耀記（香港大道中四十號）

專辦建築材料、潔具、洋磁、水喉、銅鐵電、玻璃；

自製英坭塔磚、英坭水坰、火爐坭磚；

接造冷熱水喉、潔具工程，安界玻璃。

爆竹一聲，履端伊始。

萬象維新，恭喜恭喜。

添丁發財，百事如意。

食必珍饈，衣必羅綺。
輪焉奐焉，廣廈大起。
買建築品，來李耀記。
貨色齊備，價錢克己。
時值新春，謹獻鄙俚。
并叩新禧。

大道中四十號李耀記鞠躬
電話總局壹陸捌捌

除上述 1927 年 2 月 7 日外，這則廣告也刊登於《華僑日報》1927 年 2 月 8 日第 3 張第 3 頁、2 月 9 日第 3 張第 3 頁。另外，也同樣刊登於 1927 年 2 月 7 至 9 日這三天的《香港工商日報》。既然是慶祝農曆新年，因此只一連刊登三天，之後就「換畫」了。這則廣告值得注意之處，是顯示李耀記生產規模之擴大，不僅代理潔具，而且能夠製造磚頭等建築物料，並且包辦安裝工程。

李耀記潔具廣告第八款

1927 年 2 月 10 日《香港工商日報》第 4 張第 2 頁，出現了李耀記第八款廣告「民國十六年吾人之新希望」（圖片 2.23）。同樣的廣告還出現在 1927 年 2 月 16 日的《香港工商日報》，其文字內容曰：

民國十六年
吾人之新希望

今民國十六年矣，吾人各事皆呈新異之態，無窮希望也。諸君希望家庭中有新式浴房乎？諸君希望營業舖面及酒店飧室有新異之裝飾乎？本號專承接浴房、水廁工程及圍牆花瓦、舖地堦磚裝修。如蒙賜顧，請移玉至大道中四十號即皇后戲院對面。電話一六八八。

李耀記潔具工程師
建築材料商

圖片 2.23：李耀記潔具廣告第八款，載《香港工商日報》1927 年 2 月 10 日，第 4 張第 2 頁。

這則廣告沒有任何繪圖，但在文字上，卻把重要的字眼放大，無非是要吸引讀者的注意。[36] 1927 年 2 月 10 日是農曆年初九，因此，用「新希望」來應新年之景，似了無深意，但是，如果我們結合當時的宏觀歷史脈絡來思考，則對於「民國十六年吾人之新希望」，當可讀出另一層意思。1925 年，五卅慘案爆發，孫中山逝世、廖仲愷被刺，國人之民族主義情緒空前高漲，也因此對於國家和民族前途異常沮喪。這時國共合作已歷一年，國民革命軍兩度東征，於 1926 年初統一兩廣，國民黨根基日漸牢固。[37] 因此，踏入 1927 年新年，一般中國讀者的「新希望」，自然不止是摩登浴室水廁這麼簡單，而是這些現代家居設備背後所隱含的現代民族國家的想像：現代化、獨立、統一、不受帝國主義列強侵凌的中國。因此，經營潔具的李耀記，以「新希望」來包裝其潔具，亦可謂獨具慧眼，正中當時充滿危機感、焦慮、希望的中國讀者的集體意識！

36. 據我們抽查所見，這則廣告還刊登於以下日子的《華僑日報》：1927 年 2 月 14 日第 4 張第 2 頁、1927 年 2 月 15 日第 4 張第 2 頁、1927 年 2 月 16 日第 4 張第 2 頁、1927 年 2 月 19 日、1927 年 2 月 21 日；這款廣告亦刊登於以下日子的《香港工商日報》：1927 年 2 月 11 日、1927 年 2 月 12 日、1927 年 2 月 14 日、1927 年 2 月 15 日第 3 張第 3 版、1927 年 2 月 16 日第 3 張第 3 版、1927 年 2 月 18 日第 3 張第 3 版、1927 年 2 月 19 日第 3 張第 3 版、1927 年 2 月 21 日第 3 張第 3 版。

37. 郭廷以：《近代中國史綱》（香港：中文大學出版社，1987），下冊，頁 531-543。

李耀記潔具廣告第九款

1927 年 2 月 22 日，李耀記在《華僑日報》第 3 張第 3 頁刊登了第九款潔具廣告（圖片 2.24），其文字內容曰：

水廁

欲安水廁者注意

本港向例，華式舖戶甚難建設水廁。現據報載，政府為慎重衛生起見，有准華式舖戶建設水廁之舉，誠佳消息也。本店主人所管理安設水廁工程，奚止千百。如必打街之必打行，石塘咀之中國酒家、萬國酒店，下灣之利舞臺，三角碼頭之東山酒店，中環英皇酒家、東方滙理銀行，其著者也。如有以建設水廁相委托者，無不本其學識、經驗，悉心籌劃，以冀盡善盡美。茲為酧答盛意，特訂優惠辦法如下：

（一）、籌設計劃免費

（二）、劃測及向政府取許可證免費

（三）、如因別故，不得政府核准者，不向顧客收手續費

以上辦法，對於顧客方面，百利而無一損也。如　　蒙賜顧，請移玉至大道中四十號即皇后戲院對面。電話一六八八。

李耀記潔具工程師

建築材料商

水廁
欲安水廁者注意
本港向例華式舖戶甚難建設水廁現據報載政府爲慎重衛生起見有准華式舖戶建設水廁之舉誠佳消息也本店主人所管理安設水廁工程奚止千百如必打街之必打行石塘咀之中國酒家萬國酒店下灣之利舞臺三角碼頭之東山酒店中環英皇酒家東方滙理銀行其著者也如有以建設水廁相委托者無不本其學識經驗悉心籌劃以冀盡善盡美玆爲酧答盛意特訂優惠辦法如下
(一)籌設計劃免費
(二)劃測及向政府取許可証免費
(三)如因別故不得政府核准者不向顧客收手續費
以上辦法對於顧客方面百利而無一損也如蒙賜顧請移玉至大道中四十號即皇后戲院對面電話一六八八
李耀記 潔具工程師 建築材料商

圖片 2.24：李耀記潔具廣告第九款，載《華僑日報》1927 年 2 月 22 日，第 3 張第 3 版（資料來源：香港公共圖書館多媒體資訊系統）。

李耀記這第九款廣告重要之處，在於首次披露其客戶名單，從而讓我們明瞭李耀記當時的業務網絡。廣告所謂承包過的水廁工程「奚止千百」，驟眼看有點誇張，實則合情合理，一間中等規模的酒店，房間數目過百，實屬平常，則李耀記經營一段時間後，累計安裝過的水廁數目過千，亦屬合理。但是，李耀記廣告這一面之辭，可信嗎？我們認為是可信的。因為「必打行，石塘咀之中國酒家、萬國酒店，下灣之利舞臺，三角碼頭之東山酒店，中環英皇酒家、東方滙理銀行」等這些客戶，都是當時香港甚有規模的商業機構，有能力制止他人非法利用自己的名號牟利。假如李耀記並未為這些商業機構安裝水廁，而又堂而皇之地在《華僑日報》刊登失實廣告，且長達四個月之久（1927 年 6 月 1 日的《華僑日報》，仍可看見這則廣告）。很難想像這些商業機構會無所察覺、無所追究。因此，李耀記廣告稱這些商業機構是自己的客戶，應該是可信的。由此觀之，李耀記的確是香港當時數一數二的潔具水廁安裝商。[38]

李耀記潔具廣告第十款

李耀記的第十款潔具廣告，出現在《香港工商日報》1927 年 6 月 14 日第 4 張（圖片 2.25），其文字內容曰：

敬告辦家

水廁為衛生最要之一，現時省城及內地各埠，恆多用之，香港固無論矣。本號為應顧客起見，特辦到大帮水廁，有踎式，有坐式，有西芬式，批發格外相宜，零沽極之克己，請移玉至大道中四十號即皇后戲院對面磋商。

李耀記潔具工程師

建築材料商

38. 據我們抽查所見，這則廣告還刊登於以下日子的《華僑日報》：1927 年 2 月 23 日、1927 年 2 月 26 日、1927 年 2 月 28 日、1927 年 3 月 1 日、1927 年 3 月 5 日、1927 年 3 月 7 日、1927 年 3 月 15 日第 4 張第 2 頁；1927 年 3 月 19 日、1927 年 3 月 21 日、1927 年 3 月 22 日第 4 張 2 頁；1927 年 3 月 29 日、1927 年 4 月 5 日、1927 年 5 月 19 日、1927 年 6 月 1 日；這款廣告亦刊登於以下日子的《香港工商日報》：1927 年 2 月 23 至 25 日第 3 張第 3 版、1927 年 2 月 28 日第 3 張第 3 版、1927 年 3 月 1 至 5 日第 3 張第 3 版、1927 年 3 月 7 至 11 日第 3 張第 3 版、1927 年 3 月 14 至 26 日第 3 張第 3 版、1927 年 3 月 28 至 29 日第 3 張第 3 版、1927 年 3 月 31 日第 3 張第 3 版、1927 年 5 月 17 日第 4 張第 2 版、1927 年 5 月 18 至 19 日第 2 張第 2 版、1927 年 5 月 20 日第 4 張第 4 版、1927 年 5 月 21 日第 4 張第 4 版、1927 年 5 月 24 日第 4 張第 4 版、1927 年 5 月 25 日第 4 張、1927 年 5 月 28 日第 4 張第 1 版、1927 年 5 月 30 日第 4 張第 1 版、1927 年 5 月 31 日第 4 張第 1 版、1927 年 5 月 31 日第 4 張第 1 版、1927 年 6 月 1 日第 4 張第 1 版、1927 年 6 月 3 至 4 日第 4 張第 4 版、1927 年 6 月 7 至 8 日第 4 張第 4 版、1927 年 6 月 10 至 11 日第 4 張第 4 版、1927 年 6 月 13 至 18 日第 4 張第 4 版、1927 年 6 月 20 至 25 日第 4 張第 4 版、1927 年 6 月 27 至 30 日第 4 張第 4 版、1927 年 7 月 1 日第 4 張第 4 版、1927 年 7 月 4 至 9 日第 4 張第 4 版、1927 年 7 月 11 至 16 日第 4 張第 4 版、1927 年 7 月 18 至 23 日第 4 張第 4 版、1927 年 7 月 25 日第 4 張第 4 版。

這則廣告值得注意之處，是列出三種款式的水廁。所謂「坐式」水廁，就是現在大家都理解的普通抽水馬桶，也應該就是廣告內的「鐵箱式水廁」。「踎式」水廁，「踎」者，粵語「蹲」之謂也，即地台與馬桶高度齊平，讓用家蹲着來方便者，這種「踎式」水廁，今天在兩岸四地及日本仍然常見。至於「西芬式」水廁，從廣告圖像「西芬磁箱水廁」看，更接近我們今天習以為常的抽水馬桶。[39]

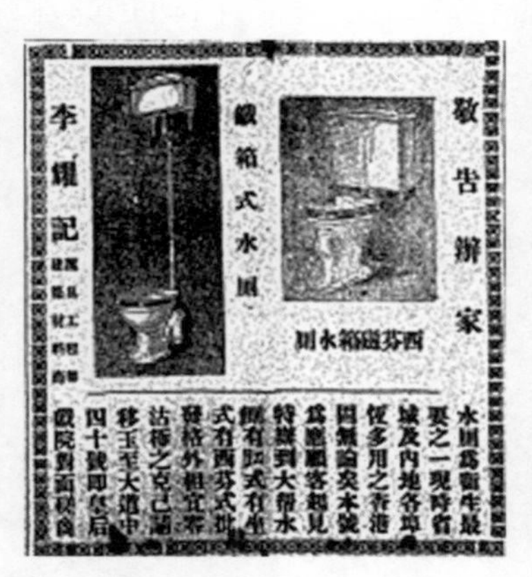

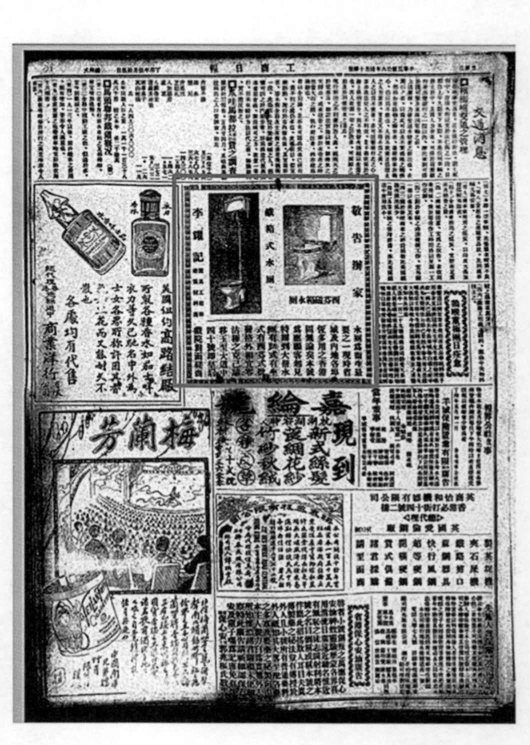

圖片 2.25：李耀記潔具廣告第十款，載《香港工商日報》1927 年 6 月 14 日，第 4 張（資料來源：香港大學圖書館）。

39. 據我們抽查所見，這款廣告亦刊登於以下日子的《香港工商日報》：1927 年 6 月 15 至 18 日第 4 張第 4 頁、1927 年 6 月 20 至 23 日第 4 張第 4 頁、1927 年 6 月 24 日第 4 張、1927 年 6 月 25 日第 4 張第 4 頁、1927 年 6 月 27 至 30 日第 4 張第 4 頁、1927 年 7 月 1 日第 4 張第 4 頁、1927 年 7 月 4 至 9 日第 4 張第 4 頁、1927 年 7 月 11 至 16 日第 4 張第 4 頁、1927 年 7 月 18 至 23 日第 4 張第 4 頁、1927 年 7 月 25 日第 4 張第 4 頁

李耀記潔具廣告第十一款

李耀記的第十一款潔具廣告，既非廁所用具，亦非建築物料，而是「合時物品」——濾水器，首見於《華僑日報》1927 年 6 月 20 日第 3 張第 3 頁（圖片 2.26），上方為「芝芬氏沙濾」、「白油沙濾」的繪圖，下方文字曰：

> *合時物品*
>
> *本號代理世界最著名之芝芬氏沙濾，自個半加倫至六個加倫，又有駁自來水白油沙濾，種種不一，最合現目天時之用。蓋不潔水一經濾過，便無危險也。請移玉至大道中四十號即皇后戲院對面。*
>
> *李耀記潔具工程師*
>
> *建築材料商*

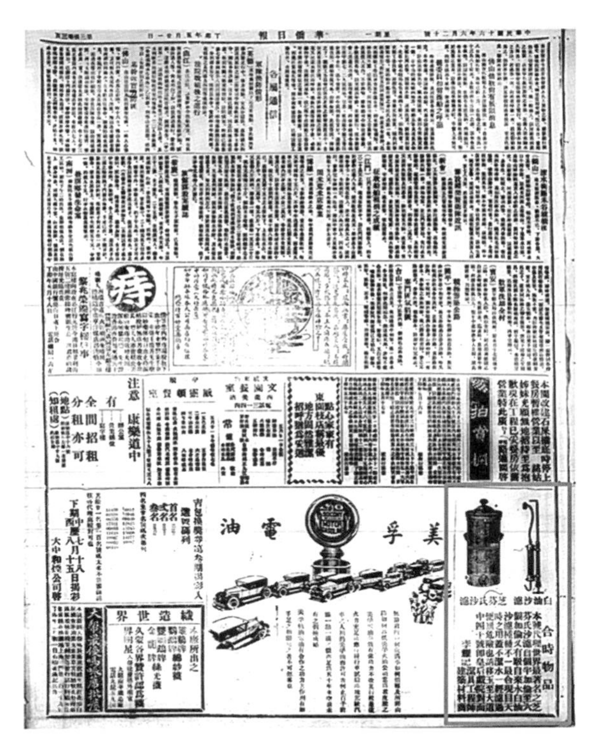

圖片 2.26：李耀記潔具廣告第十一款，載《華僑日報》1927 年 6 月 20 日，第 3 張第 3 頁（資料來源：香港公共圖書館多媒體系統）。

「現目天時」當為「現日天時」之誤。至於「芝芬氏沙濾」這濾水器，原英文名稱應該是 Cheavin's Saludor Water Filter，是一種用碳將天然水過濾為適合人類飲用的水的裝置，在十九世紀末到二十世紀中葉，在濾水技術轉變為以氯殺菌之前，這種「芝芬氏沙濾」是極為流行的濾水裝置。[40] 但這則廣告提及的「駁自來水白油沙濾」，則不明所指，有待考證。無論如何，這則廣告刊登時間很短，只有一星期。《華僑日報》1927 年 6 月 27 日第 3 張第 3 頁也刊登同樣廣告，內容唯一不同之處，是沒有了「白油沙濾」的字眼及繪圖。[41]

李耀記潔具廣告第十二款

接近一個月後，1927 年 7 月 26 日，李耀記在《華僑日報》第 3 張第 3 頁推出第十二款潔具廣告（圖片 2.27），其文字內容為：

李耀記啟事

本號現為西門子廠電泵總代理，常備大幫電泵應沽，合于香港、省城、澳門及內地各處之用，零沽批發皆甚相宜。如蒙　　賜顧，請移玉來大道中四十號即皇后戲院對面磋商。

電話一六八八

李耀記潔具工程師
建築材料商

這則廣告顯示，李耀記已經成為西門子—德國著名家電製造商—的總代理，負責香港、廣州、澳門及內地各處之分銷。考慮到李耀記第十一款潔具廣告也顯示李耀記代理芝芬氏沙濾，則李耀記在當時華南一帶的潔具市場上，是主要的分銷商和工程承辦商，殆無疑問了。[42]

40. 參見 http://sarawakiana.blogspot.com/2009/06/cheavins-water-filter.html，檢索日期 2018 年 5 月 28 日。據該網頁資料，目前馬來西亞砂拉越州詩巫（Sibu）的基督教循道衛理會檔案博物館（Methodist Archival Museum）、新加坡歷史博物館，都收藏有這種濾水器。
41. 據我們抽查所見，這則廣告還刊登於《華僑日報》1927 年 7 月 14 日第 3 張第 3 頁、7 月 16 日第 3 張第 3 頁。
42. 據我們抽查所見，這則廣告刊登於以下日子的《華僑日報》：1927 年 7 月 28 日第 3 張第 3 頁、1927 年 8 月 27 日第 3 張第 4 頁、1927 年 9 月 21 日第 3 張第 4 頁、1927 年 10 月 19 日第 3 張第 2 頁、1927 年 11 月 4 日第 4 張第 2 頁、1927 年 11 月 25 日第 4 張第 1 頁、1927 年 11 月 26 日第 4 張第 1 頁、1927 年 12 月 12 日頭版、1927 年 12 月 23 日第 4 張、1928 年 1 月 7 日第 4 張第 2 頁。

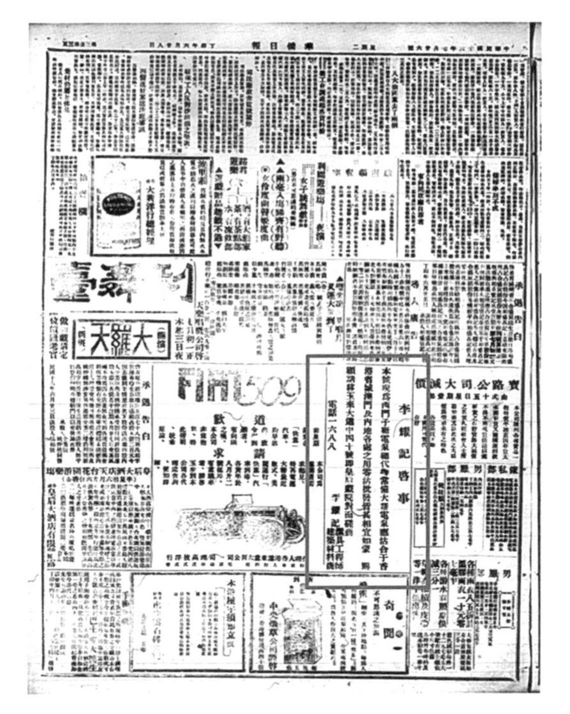

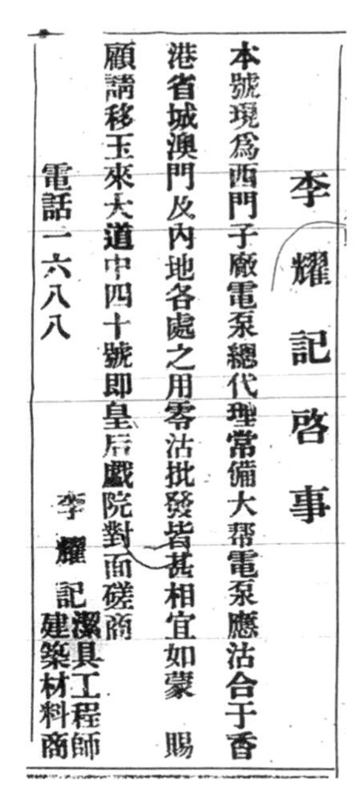

李耀記啓事

本號現爲西門子廠電泵總代理常備大帮電泵應沽合于香港省城澳門及內地各處之用零沽批發皆甚相宜如蒙 賜顧請移玉來大道中四十號即皇后戲院對面礎商

李耀記潔具工程師建築材料商

電話一六八八

圖片 2.27：李耀記潔具廣告第十二款，載《華僑日報》1927 年 7 月 26 日，第 3 張第 3 頁。

李耀記潔具廣告第十三款

李耀記潔具廣告第十三款，最早出現在 1928 年 1 月 12 日《華僑日報》第 3 張第 3 頁（圖片 2.28），與第九款文字基本一樣，但客戶名單有異。這則廣告的客戶名單包括：德輔道陸海通旅店、上海燕梳公司、南北行廣茂泰、高陞街利源長、黃坭涌道蕭宅、禮頓山道馮宅。這則廣告顯示，李耀記的客戶網絡有所增加，也可以視為李耀記經營規模擴大的證據。[43]

43. 據我們抽查所見，這則廣告出現在 1928 年 1 月 12 日《華僑日報》第 3 張第 3 頁之後，還出現在以下日子的《華僑日報》，前後有七個多月之久：1928 年 1 月 21 日、1928 年 2 月 11 日第 2 張第 1 頁，1928 年 2 月 23 日第 3 張第 1 頁，1928 年 3 月 6 日、1928 年 3 月 7 日第 2 張第 1 頁，1928 年 3 月 26 日第 3 張第 4 頁，1928 年 4 月 9 日第 3 張第 4 頁，1928 年 4 月 20 日第 4 張第 2 頁，1928 年 4 月 21 日第 4 張第 2 頁，1928 年 5 月 4 日第 4 張第 2 頁，1928 年 5 月 17 日、1928 年 6 月 6 日第 4 張第 2 頁，1928 年 6 月 19 日第 4 張第 2 頁，1928 年 7 月 5 日第 4 張第 2 頁，1928 年 7 月 14 日、1928 年 8 月 1 日第 4 張第 2 頁，1928 年 8 月 15 日第 4 張第 3 頁，1928 年 8 月 31 日第 4 張第 2 頁。

水廁

華式舖戶一向甚難建設水廁惟現政府有恩准之意本號代客劃測及取許可証安置水廁現時工程完妥者有

德輔道陸海通旅店　　上海燕梳公司

南北行廣茂泰　　高陞街利源長

黃坭涌道蕭宅　　禮頓山道馮宅

其他在進行中尚有十餘起之多諸君有欲安設水廁者乎本號無不悉心籌劃以副雅意前經訂定優惠辦法如下

（一）籌設計劃免費

（二）測及向政府取許可証免費

（三）如因別故不得政府核准者一切費用不收

以上辦法對客方面百利而無一損也如蒙賜顧請移玉至　　大道中四十號即皇后戲院對面　　電話一六八八

李耀記

潔具工程師

建築材料商

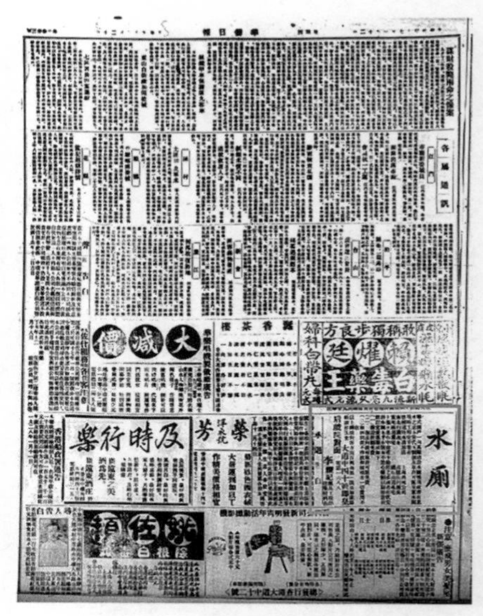

圖片 2.28：李耀記潔具廣告第十三款，載《華僑日報》1928 年 1 月 12 日，第 3 張第 3 頁。

李耀記潔具廣告第十四款

李耀記潔具廣告第十四款，最早出現在 1928 年 9 月 14 日《華僑日報》第 2 張第頁（圖片 2.29），其文字內容為：

李耀記堦磚

以堦磚、花瓦裝飾門面、鋪砌洋樓者，為今日最流行之品，因其美麗悅目、潔淨耐用，無他物足以比之。本號業此有年，經驗豐富，常備大幫地台、堦磚、牆身、花瓦。種種式式俱齊，價格相宜，如蒙惠顧，請來大道中四十號。

李耀記潔具工程師

建築材料商

本號砌堦磚花瓦工程在進行中、而價值逾萬者有：

尖沙咀半島酒店

上環高陞戲院

中環交易所

李耀記這則廣告，推銷的是堦磚、花瓦，目標客戶是大型商業機構。廣告還特別羅列了工程總值超過萬元的三位大客戶：尖沙咀半島酒店、上環高陞戲院、中環交易所。在今天，裝修工程總值超過萬元，並不稀罕，也許要找到裝修工程總值低於萬元的反而困難。但是，在 1928 年，總值超過萬元的裝修工程，應該是極為昂貴和大規模的。[44]

結合以上第九款、第十三款、第十四款廣告，我們就會發現：李耀記在 1927 至 1928 年間，曾經為必打行（畢打行）、半島酒店、中環交易所等 16 家當時著名的商業機構安裝水廁、潔具。下文將對此作更詳盡分析。

44. 據我們抽查所見，這則廣告還出現在以下日子的《華僑日報》：1928 年 9 月 15 日第 2 張第 4 頁、1928 年 9 月 25 日第 4 張第 2 頁、1928 年 9 月 26 日第 4 張第 2 頁、1928 年 9 月 28 日第 4 張第 2 頁、1928 年 10 月 20 日第 4 張第 2 頁、1928 年 11 月 9 日第 4 張第 2 頁、1928 年 11 月 23 日第 4 張第 2 頁、1928 年 12 月 18 日第 3 張第 2 頁、1928 年 12 月 28 日第 3 張第 2 頁。

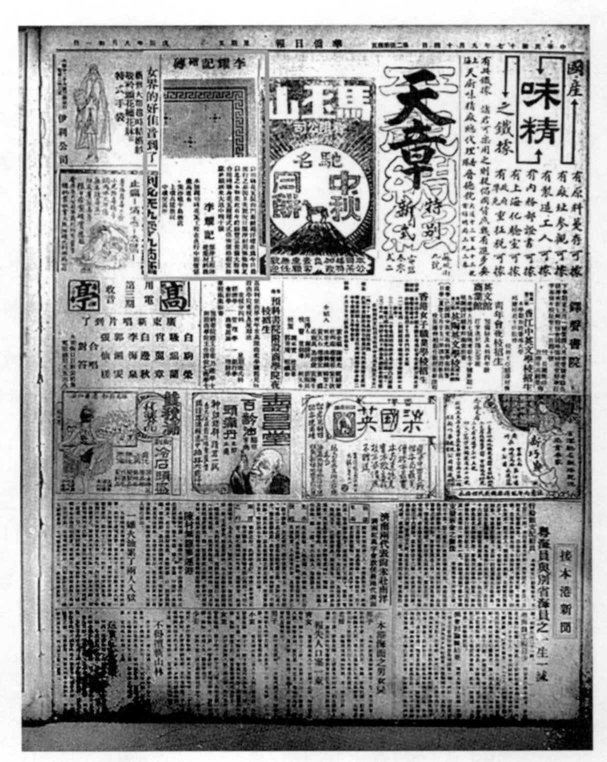

圖片 2.29：李耀記潔具廣告第十四款，載《華僑日報》1928 年 9 月 14 日，第 2 張第 4 頁。

一段小插曲：「李天助藥膏」代理

除了以上這十四款李耀記潔具廣告外，不應忽略的是李耀記代理李天助皮膚藥膏一事。凡有瀏覽近代中國報紙的人，都會注意到各種中西藥膏、藥油、藥丸、藥水廣告之風行。1927 年 6 月 1 日《華僑日報》第 3 張第 4 頁，出現了「李天助藥膏」的廣告，而這「耑（專）治皮膚濕毒」等疾病、「每瓶銀價二元」的藥膏，其香港總代理，就是位於「大道中四十號」的「李耀記」，和位於「德輔道西六十九號」的「源隆棧金山庄」（圖片 2.30）。[45]

45. 據我們抽查發現，李天助藥膏的廣告還出現在以下日子的《華僑日報》，標題、文字及版面設計偶有不同，但李耀記作為其香港總代理則一直不變：1927 年 6 月 11 日、1927 年 7 月 18 日、1927 年 9 月 21 日、1927 年 10 月 19 日、1927 年 10 月 31 日、1927 年 11 月 4 日、1928 年 3 月 6 日、1928 年 3 月 7 日、1928 年 4 月 7 日、1928 年 4 月 20 日、1928 年 4 月 21 日、1928 年 5 月 17 日、1928 年 6 月 19 日、1928 年 7 月 14 日、1928 年 8 月 15 日。

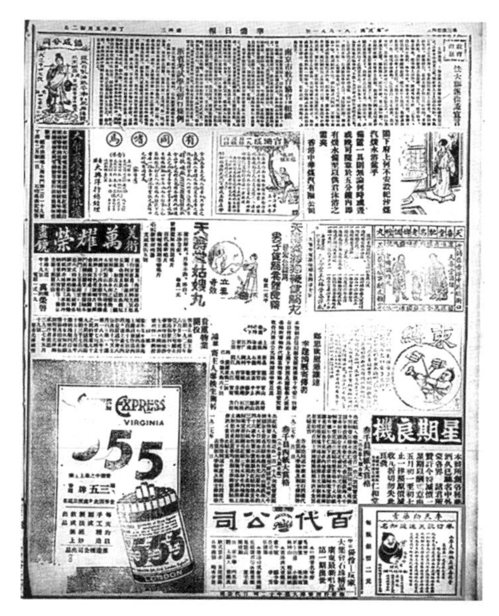

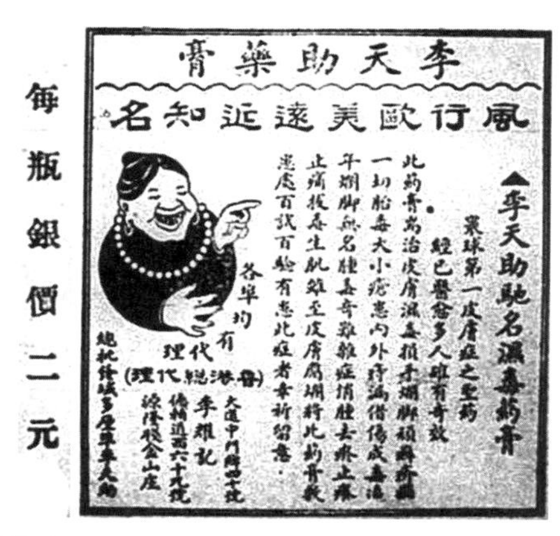

圖片 2.30：李耀記代理李天助皮膚藥膏廣告，載《華僑日報》1927 年 6 月 1 日，第 3 張第 4 頁。

這則廣告陸續刊登在《華僑日報》，為期超過一年。為何李耀記成為這種皮膚藥膏的總代理？李天助與李耀祥是否有親戚關係、是否就是李耀祥商業經營中的另一分支？這些問題，我們暫時無法回答。只能說是李耀祥研究方面的一樁有趣的疑案。[46]

（3）1930 年代商業年鑒和通信錄中的李耀記

非常奇怪，踏入 1929 年，《華僑日報》上就再也沒有李耀記潔具廣告。但是，我們有理由相信，李耀記潔具業務不僅沒有停止，而且是有所擴充。證據來自當時香港私營機構出版的三本商業年鑒和通信錄。

從十九世紀末到日軍攻佔香港前，香港的英文報社 *Hong Kong Daily Press*（中文名稱《孖剌報》）每年出版一本東亞地區的公私機構人名通訊錄和年鑒，名為 *Directory and Chronicle for China, Japan, Corea, Indo-China, Straits Settlements, Malay States,*

46.《華僑日報》1927 年 7 月 18 日第 3 張第 4 頁還有一則奇特的李耀記廣告：百代公司「青年影畫機」的總代理是李耀記。筆者相信是《華僑日報》排版出錯，因為之前之後百代公司的廣告都再沒有類似的廣告，而岑維休撰寫的李耀祥傳記，也完全沒有提及此事。

Siam, Netherlands India, Borneo, the Philippines, &c.（以下簡稱 *Directory and Chronicle*），起 1872 年度，迄 1941 年度，目前存香港大學圖書館香港特藏部。這本通訊錄和年鑒所收錄的資料，以東亞地區的西方殖民地政府、西方機構、西洋人士為主，對於非西方的「土著」，多所忽略，但無論如何，還是為我們研究這段時期的歷史留下了寶貴的資料。

我們發現，李耀記最早出現在 *Directory and Chronicle*，是在此書 1931 年度（圖片 2.31），其文字內容曰：

> *Lee Yu Kee, Building Materials, Sanitary Earthware and Hardware Goods---24c, Dex Voeux Road Central, Teleph. 21688; Tel. Ad: Building*

如果比較李耀記的潔具廣告，則可以發現，1928 年底的李耀記，地址是皇后大道中 40 號、電話號碼是 1688。而到了 1931 年度的 *Directory and Chronicle* 內，李耀

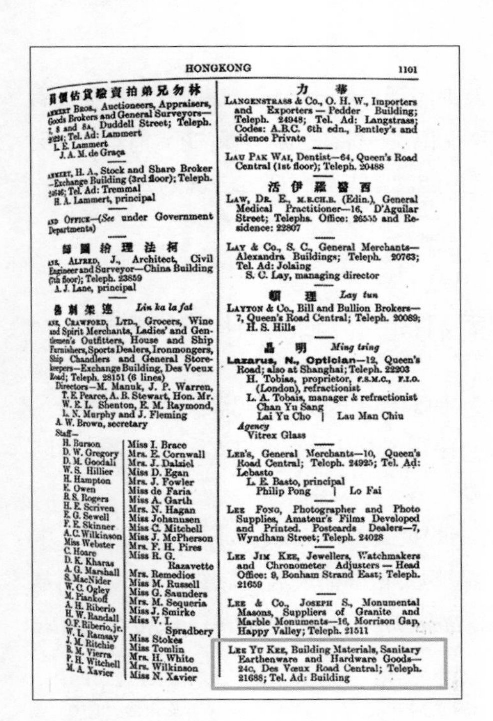

HONGKONG 1101

林勿兄弟拍賣驗貨估價員

Lammert Bros., Auctioneers, Appraisers, Goods Brokers and General Surveyors—7, 8 and 8a, Duddell Street; Teleph. 20234; Tel. Ad: Lammert
L. E. Lammert
J. A. M. de Graça

Lammert, H. A., Stock and Share Broker—Exchange Building (3rd floor); Teleph. 24646; Tel. Ad: Tremmal
H. A. Lammert, principal

Land Office—(*See* under Government Departments)

柯法理繪圖師

Lane, Alfred, J., Architect, Civil Engineer and Surveyor—China Building (7th floor); Teleph. 23859
A. J. Lane, principal

Lin ka la fat

Lane, Crawford, Ltd., Grocers, Wine and Spirit Merchants, Ladies' and Gentlemen's Outfitters, House and Ship Furnishers, Sports Dealers, Ironmongers, Ship Chandlers and General Storekeepers—Exchange Building, Des Voeux Road; Teleph. 28151 (6 lines)
Directors—M. Manuk, J. P. Warren, T. E. Pearce, A. B. Stewart, Hon. Mr. W. E. L. Shenton, E. M. Raymond, L. N. Murphy and J. Fleming
A. W. Brown, secretary
Staff—

H. Burson	Miss I. Brace
D. W. Gregory	Mrs. E. Cornwall
D. M. Goodall	Mrs. J. Dalziel
W. S. Hillier	Miss D. Egan
H. Hampton	Mrs. J. Fowler
E. Owen	Miss de Faria
R. S. Rogers	Miss A. Garth
H. E. Scriven	Mrs. N. Hagan
E. G. Sewell	Miss Johannsen
F. E. Skinner	Miss C. Mitchell
A. C. Wilkinson	Miss J. McPherson
Miss Webster	Mrs. F. H. Pires
C. Hoare	Miss R. G. Razavetto
D. K. Kharas	Mrs. Remedios
A. G. Marshall	Miss M. Russell
S. MacNider	Miss G. Saunders
W. C. Ogley	Mrs. M. Sequeria
M. Piankoff	Miss J. Smirke
A. H. Riberio	Miss V. I. Spradbery
H. W. Randall	Miss Stokes
O. F. Riberio, jr.	Miss Tomlin
W. L. Ramsay	Mrs. H. White
J. M. Ritchie	Mrs. Wilkinson
R. M. Vierra	Miss N. Xavier
P. H. Witchell	
M. A. Xavier	

Langenstrass & Co., O. H. W., Importers and Exporters—Pedder Building; Teleph. 24948; Tel. Ad: Langstrass; Codes: A.B.C. 6th edn., Bentley's and sidence Private

Lau Pak Wai, Dentist—64, Queen's Road Central (1st floor); Teleph. 20488

西醫羅伊活

Law, Dr. E., M.B.CH.B. (Edin.), General Medical Practitioner—16, D'Aguilar Street; Telephs. Office: 26535 and Residence: 22807

Lay & Co., S. C., General Merchants—Alexandra Buildings; Teleph. 20763; Tel. Ad: Jolaing
S. C. Lay, managing director

理頓 *Lay tun*

Layton & Co., Bill and Bullion Brokers—7, Queen's Road Central; Teleph. 20089;
H. S. Hills

明晶 *Ming tsing*

Lazarus, N., Optician—12, Queen's Road; also at Shanghai; Teleph. 22203
H. Tobias, proprietor, F.S.M.C., F.I.O. (London), refractionist
L. A. Tobais, manager & refractionist
Chan Yu Sang
Lai Yu Cho | Lau Man Chiu
Agency
Vitrex Glass

Lee's, General Merchants—10, Queen's Road Central; Teleph. 24925; Tel. Ad: Lebasto
L. E. Basto, principal
Philip Pong | Lo Fai

Lee Fong, Photographer and Photo Supplies, Amateur's Films Developed and Printed. Postcards Dealers—7, Wyndham Street; Teleph. 24028

Lee Jim Kee, Jewellers, Watchmakers and Chronometer Adjusters—Head Office: 9, Bonham Strand East; Teleph. 21659

Lee & Co., Joseph S., Monumental Masons, Suppliers of Granite and Marble Monuments—16, Morrison Gap, Happy Valley; Teleph. 21511

Lee Yu Kee, Building Materials, Sanitary Earthenware and Hardware Goods—24c, Des Vœux Road Central; Teleph. 21688; Tel. Ad: Building

Lee Yu Kee, Building Materials, Sanitary Earthenware and Hardware Goods—24c, Des Vœux Road Central; Teleph. 21688; Tel. Ad: Building

圖片 2.31：《孖剌報》（*Hong Kong Daily Press*）1931 年度商業通訊錄及年鑒 *Directory and Chronicle* 頁 1101 內的李耀記資料。

記的地址已經改變為德輔道中 24c 號、電話號碼為 21688。根據這本商業年鑒和通訊錄，李耀記的業務範圍是：建築材料、陶瓷潔具、家用五金產品。

在 1932 年度的 *Directory and Chronicle* 頁 1006，李耀記的條目一樣，只是多了經理（manager）為李耀祥這一項。在 1933 年度的 *Directory and Chronicle* 頁 1082，李耀記的條目一樣，只是李耀祥的職稱由經理改為「董事長」（proprietor）。在 1934 年度的 *Directory and Chronicle* 頁 A659，李耀記的條目完全不變。1935 年度的 *Directory and Chronicle*，卻沒有李耀記的條目，原因不詳。1936 年度的 *Directory and Chronicle* 頁 A630，李耀記的條目重新出現，地址有變：1935 至 1936 年間，李耀記由德輔道中 24c 號搬遷至德輔道中 37 號，電話號碼也改為 28177，其餘資料並無改變。

另一本當時的香港工商通信錄、1936 年度的 *Hong Kong Dollar Directory*，則提供了 *Directory and Chronicle* 所沒有的資料（圖片 2.32），更加寶貴。其文字內容曰：

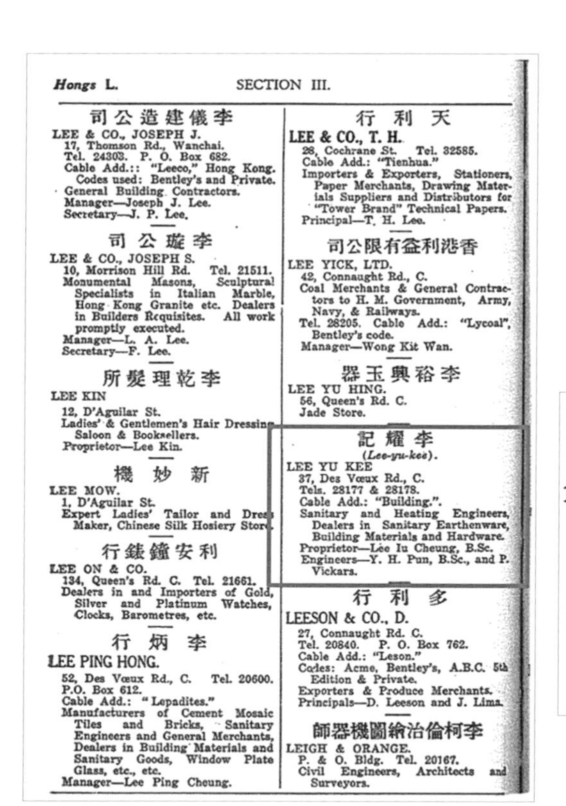

Hongs L. SECTION III.

司公造建儀李
LEE & CO., JOSEPH J.
17, Thomson Rd., Wanchai.
Tel. 24303. P. O. Box 682.
Cable Add.:: "Leeco," Hong Kong.
Codes used: Bentley's and Private.
General Building Contractors.
Manager—Joseph J. Lee.
Secretary—J. P. Lee.

司公璇李
LEE & CO., JOSEPH S.
10, Morrison Hill Rd. Tel. 21511.
Monumental Masons, Sculptural Specialists in Italian Marble, Hong Kong Granite etc. Dealers in Builders Requisites. All work promptly executed.
Manager—L. A. Lee.
Secretary—F. Lee.

所髮理乾李
LEE KIN
12, D'Aguilar St.
Ladies' & Gentlemen's Hair Dressing Saloon & Booksellers.
Proprietor—Lee Kin.

機妙新
LEE MOW.
1, D'Aguilar St.
Expert Ladies' Tailor and Dress Maker, Chinese Silk Hosiery Store.

行錶鐘安利
LEE ON & CO.
134, Queen's Rd. C. Tel. 21661.
Dealers in and Importers of Gold, Silver and Platinum Watches, Clocks, Barometres, etc.

行炳李
LEE PING HONG.
52, Des Vœux Rd., C. Tel. 20600.
P.O. Box 612.
Cable Add.: "Lepadites."
Manufacturers of Cement Mosaic Tiles and Bricks, Sanitary Engineers and General Merchants, Dealers in Building Materials and Sanitary Goods, Window Plate Glass, etc., etc.
Manager—Lee Ping Cheung.

行利天
LEE & CO., T. H.
28, Cochrane St. Tel. 32585.
Cable Add.: "Tienhua."
Importers & Exporters, Stationers, Paper Merchants, Drawing Materials Suppliers and Distributors for "Tower Brand" Technical Papers.
Principal—T. H. Lee.

司公限有益利港香
LEE YICK, LTD.
42, Connaught Rd., C.
Coal Merchants & General Contractors to H. M. Government, Army, Navy, & Railways.
Tel. 28205. Cable Add.: "Lycoal", Bentley's code.
Manager—Wong Kit Wan.

器玉興裕李
LEE YU HING.
56, Queen's Rd. C.
Jade Store.

記耀李
(Lee-yu-kee).
LEE YU KEE
37, Des Vœux Rd., C.
Tels. 28177 & 28178.
Cable Add.: "Building.".
Sanitary and Heating Engineers, Dealers in Sanitary Earthenware, Building Materials and Hardware.
Proprietor—Lee Iu Cheung, B.Sc.
Engineers—Y. H. Pun, B.Sc., and P. Vickars.

行利多
LEESON & CO., D.
27, Connaught Rd. C.
Tel. 20840. P. O. Box 762.
Cable Add.: "Leson."
Codes: Acme, Bentley's, A.B.C. 5th Edition & Private.
Exporters & Produce Merchants.
Principals—D. Leeson and J. Lima.

師器機圖繪治倫柯李
LEIGH & ORANGE.
P. & O. Bldg. Tel. 20167.
Civil Engineers, Architects and Surveyors.

記耀李
(Lee-yu-kee).
LEE YU KEE
37, Des Vœux Rd., C.
Tels. 28177 & 28178.
Cable Add.: "Building.".
Sanitary and Heating Engineers, Dealers in Sanitary Earthenware, Building Materials and Hardware.
Proprietor—Lee Iu Cheung, B.Sc.
Engineers—Y. H. Pun, B.Sc., and P. Vickars.

圖片 2.32：李耀記在 1936 年度 *Hong Kong Dollar Directory* (Section III, p. 106) 的記錄。

記 耀 李（Lee-yu-kee）

Lee Yu Kee

37, Des Voeux Rd., C.

Tels. 28177 & 28178

Cable Add.: "Building."

Sanitary and Heating Engineers, Dealers in Sanitary Earthenware, Building Materials and Hardware

Proprietor---Lee Iu Cheung, B.Sc.

Engineers---Y. H. Pun, B.Sc. and P. Vickars.

在上述條目中，「記耀李」並非排版錯誤，而是恪守中文從上到下、從右到左的書寫習慣。李耀記如此形容自己的業務角色與範圍：「潔具及暖氣工程師、潔具磁器、建築物資及材料供應商」，地址不變，電話號碼則多了一個：28178；李耀祥是「董事長」，但補充了學歷：B.SC 即理學學士；另外，還有李耀記的兩名工程師，一位是 Y. H. Pun，應該就是潘友維，也擁有理學碩士學位；[47] 另一位是韋卡思（P. Vickars），應該是一位西方人。可見，1936 年的李耀記，已經以僱用高學歷僱員及外籍工程師作為標榜了。

在 1937 年度的 *Directory and Chronicle* 頁 A611，李耀記的條目內容與 1936 年度一模一樣。但在 1938 年度的 *Directory and Chronicle* 頁 A631 中，李耀記的條目又有變化（圖片 2.33）。其文字曰：

記 耀 李 Lee Yu Kee

LEE Yu KEE, Sanitary and Heating Engineers, Dealers in Sanitary Earthenware, Building Materials and Hardware ---37, Des Voeux Road Central; Telephs. 28177, 28178 and 28179; Cable Ad: Building

Proprietor---Lee Iu Cheung, B.SC.

Engineers---Y. H. Pun, B.SC. and T. Parrag, M.E., B.SC.

47. 1939 年度的 *Business directory of Hong Kong, Canton and Macao* (Hong Kong: Far Eastern Corporation) 工程類頁 12 有關李耀記的條目，顯示李耀記有一位工程師名「潘友維」，可見應該就是 Y.H. Pun。

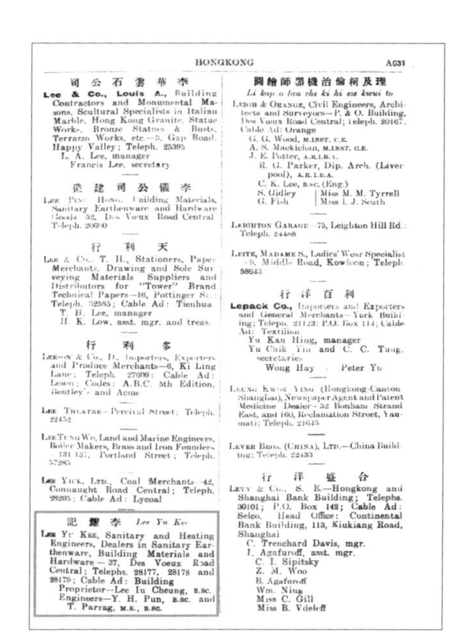

HONGKONG A631

李華雲石公司

Lee & Co., Louis A., Building Contractors and Monumental Masons, Scultural Specialists in Italian Marble, Hong Kong Granite, Statue Works, Bronze Statues & Busts, Terrazzo Works, etc.—3, Gap Road, Happy Valley; Teleph. 25395
L. A. Lee, manager
Francis Lee, secretary

李儀公司建瓷

Lee Ping Hong, Building Materials, Sanitary Earthenware and Hardware Goods—52, Des Voeux Road Central; Teleph. 20600

天利行

Lee & Co., T. H., Stationers, Paper Merchants, Drawing and Sole Surveying Materials Suppliers and Distributors for "Tower" Brand Technical Papers—16, Pottinger St.; Teleph. 32585; Cable Ad: Tienhua
T. H. Lee, manager
H. K. Low, asst. mgr. and treas.

多利行

Leeson & Co., D., Importers, Exporters and Produce Merchants—6, Ki Ling Lane; Teleph. 27600; Cable Ad: Leson; Codes: A.B.C. 5th Edition, Bentley's and Acme

Lee Theatre—Percival Street; Teleph. 22452

Lee Tung Wo, Land and Marine Engineers, Boiler Makers, Brass and Iron Founders—131-137, Portland Street; Teleph. 57285

Lee Yick, Ltd., Coal Merchants—42, Connaught Road Central; Teleph. 28205; Cable Ad: Lycoal

李耀記 Lee Yu Kee

Lee Yu Kee, Sanitary and Heating Engineers, Dealers in Sanitary Earthenware, Building Materials and Hardware—37, Des Voeux Road Central; Telephs. 28177, 28178 and 28179; Cable Ad: Building
Proprietor—Lee Iu Cheung, B.SC.
Engineers—Y. H. Pun, B.SC. and T. Parrag, M.E., B.SC.

理及柯倫治機器師繪圖
Li kap o lun che ki hi sze kwui to

Leigh & Orange, Civil Engineers, Architects and Surveyors—P. & O. Building, Des Voeux Road Central; Teleph. 20167; Cable Ad: Orange
G. G. Wood, M.INST. C.E.
A. S. Mackichan, M.INST. C.E.
J. E. Potter, A.R.I.B.A.
R. G. Parker, Dip. Arch. (Liverpool), A.R.I.B.A.
C. K. Lee, B.SC. (Eng.)
S. Gidley | Miss M. M. Tyrrell
G. Fish | Miss I. J. Seath

Leighton Garage—75, Leighton Hill Rd.; Teleph. 24468

Leite, Madame S., Ladies' Wear Specialist—9, Middle Road, Kowloon; Teleph. 58643

利百洋行

Lepack Co., Importers and Exporters and General Merchants—York Building; Teleph. 21123; P.O. Box 114; Cable Ad: Textilina
Yu Kan Hing, manager
Yu Chik Yin and C. C. Tung, secretaries
Wong Hay | Peter Yu

Leung Kwok Ying (Hongkong-Canton-Shanghai), Newspaper Agent and Patent Medicine Dealer—32 Bonham Strand East, and 160, Reclamation Street, Yaumati; Teleph. 21645

Lever Bros. (China), Ltd.—China Building; Teleph. 22433

合盛洋行

Levy & Co., S. E.—Hongkong and Shanghai Bank Building; Telephs. 30101; P.O. Box 142; Cable Ad: Selco. Head Office: Continental Bank Building, 113, Kiukiang Road, Shanghai
C. Trenchard Davis, mgr.
I. Agafuroff, asst. mgr.
C. I. Sipitsky
Z. M. Woo
B. Agafuroff
Wm. Ning
Miss C. Gill
Miss B. Vdeleff

李耀記 Lee Yu Kee

Lee Yu Kee, Sanitary and Heating Engineers, Dealers in Sanitary Earthenware, Building Materials and Hardware—37, Des Voeux Road Central; Telephs. 28177, 28178 and 28179; Cable Ad: Building
Proprietor—Lee Iu Cheung, B.SC.
Engineers—Y. H. Pun, B.SC. and T. Parrag, M.E., B.SC.

圖片 2.33：李耀記在 1938 年度 *Directory and Chronicle* 頁 A631 的記錄。

內容基本上與 1936 年度的 *Hong Kong Dollar Directory* 一樣，只是外籍工程師的名字由韋卡思改變為帕拉格（T. Parrag），韋卡思沒有任何學歷記載，但帕拉格卻是理學學士和工程學碩士。

在 1939 年度的 *Directory and Chronicle* 中，李耀記條目出現於頁 A623（圖片 2.34）。李耀記除電話號碼改變為 31101 外，工程師名單也有改變，Y. H. Pun 即潘友維，一仍其舊，但帕拉格已經不見了，新出現的兩位工程師分別是：S. T. Chui、Spoov，前者就是李耀記工程師崔世泰，[48] 擁有理學學士學位，後者應該是一位西方人。1939 年度的 *Hong Kong Dollar Directory*，則記載此外籍工程師為 A.V. Spoor，補充了此人的名字，但顯然弄錯了姓氏，應該是 Spoov 而非 Spoor。[49]

48. 香港東華三院編：《一千九百四十年歲次庚辰香港東華醫院廣華醫院東華東院院務報告書》（香港：東華三院，1941 年 6 月 4 日，藏東華三院文物館），〈附錄甲種第三類：關於調查前任總理開支數目之函牘〉，頁 23。

49. *Hong Kong Dollar Directory 1939* (Hong Kong: Local Printing Press, 1939), p.286. 翌年（1940）的相關記載，則曰 A.V. Spoov，見 *Hong Kong Dollar Directory 1940* (Hong Kong: Local Printing Press, 1939), p.353，可見應該以 Spoov 為準。另外，在 1940 年度的 *Directory and Chronicle*，李耀記條目出現於頁 A625，一切資料照舊，但增加了 Spoov 的全名：A.V. Spoov。在 1941 年度的 *Directory and Chronicle*，也就是這部通訊錄和年鑑的最後一本，李耀記的條目出現在頁 A620，一切資料不變。

HONGKONG A623

記 耀 李 *Lee Yu Kee*

LEE YU KEE, Sanitary and Heating Engineers, Dealers in Sanitary Earthenware, Building Materials and Hardware — 37, Des Voeux Road Central; Teleph. 31101; Cable Ad: Building

Proprietor—Lee Iu Cheung, B.SC.

Engineers — Y. H. Pun, B.SC., S. T. Chui, B.SC. and Spoov

圖繪師器機治爺柯及理

Li kap o lau che ki hi sze kwui to

LEIGH & ORANGE, Civil Engineers, Architects and Surveyors—P. & O. Building, Des Voeux Road Central; Teleph. 20167; Cable Ad: Orange

G. G. Wood, M.INST. C.E.

A. S. Mackichan, M.INST. C.E.

J. E. Potter, A.R.I.B.A.

R. G. Parker, Dip. Arch. (Liverpool), A.R.I.B.A.

Miss M. M. Tyrrell

C. K. Lee, B.SC. (Eng.), M.I. Struct. (Eng.)

S. Gidley

G. Fish

Miss I. J. Seath

LEIGHTON GARAGE — 75, Leighton Hill Road; Teleph. 24488

LEITE, MADAME S., Ladies' Wear Specialist —9, Middle Road, Kowloon; Teleph. 58643

行 洋 百 利

LEPAUK Co., Importers and Exporters and General Merchants—York Building; Teleph. 21123; P.O. Box 114; Cable Ad: Textilian

Yu Kan Hing, manager

Yu Chik Yin and C. C. Tung, secretaries

Wong Hay

Peter Yu

LEUNG KWOK YING (Hongkong-Canton-Shanghai), Newspaper Agentand Patent Medicine Dealer—32, Bonham Strand East, and 160, Reclamation Street, Yaumati; Teleph. 21645

LEVER BROS. (CHINA), LTD. — China Building; Teleph. 22433

行 洋 盛 合

LEVY & Co., S. E.—Hongkong and Shanghai Bank Building; Teleph. 30266; P.O. Box 142; Cable Ad: Selco. Head Office: Continental Bank Building, Shanghai. Branches: Manila and Singapore

L. Dunbar, partner

E. L. Elias, partner

W. N. Wells-Henderson, partner

I. Agafuroff, asst. manager

B. Agafuroff	H. O. Odell
Wm. Chen	C. I. Sipitsky
Miss C. Gill	M. T. Tong
Martin Gold	S. W. Tong
Miss V. Mak	T. K. Tseng
Wm. Ning	Z. M. Woo

Members:

Canadian Commodity Exchange, Inc.

Chicago Board of Trade

Commodity Exchange, Inc., N.Y.

Manila Stock Exchange

New York Coffee and Sugar Exchange, Inc

New York Cotton Exchange

Shanghai Stock Exchange

Hongkong Sharebrokers' Association

Malayan Sharebrokers' Association

LEWTON Co., THE, Importers and Exporters — China Building; Teleph. 24897; Cable Ad: Lewton, Hongkong

LI CLINIC—Bank of East Asia Building (3rd Floor); Telephs. 20963 and 20363; Cable Ad: Clinic

Principal—The Hon. Dr. Li Shu Fan, M.B., CH.B., D.T.M.&H., F.R.C.S. (Edin.)

Staff — Dr. Li Shu Pui, M.B., B.S., F.R.C.S. (Edin.) and Dr. H. C. Chan, M.B., B.S.

司 公 限 有 豐 利

LI & FUNG, LTD., Exporters and General Merchants—10, Queen's Road Central; Teleph. 32654; Cable Ad: Lifung

Li To-ming, managing director

Fung Pak-liu, do.

Fung Mo-ying, gen. mgr., signs per pro.

Fung Hon-chu, mgr., signs per pro.

Canton Branch

186-188, Luk Ye Sam Road, Canton, China

LI SUNG, DR., M.B., B.S., General Medical Practitioner—82, Queen's Road Central (1st Floor); Teleph. 23603

圖片 2.34：李耀記在 1939 年度 *Directory and Chronicle* 頁 A623 的記錄。

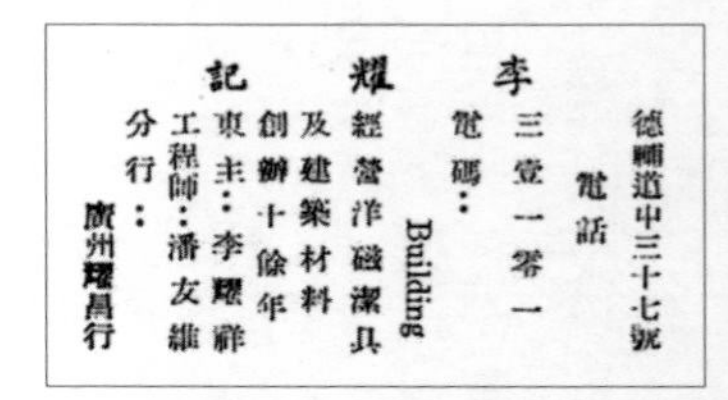

李 耀 記

德輔道中三十七號

電話 三壹一零一

電碼：Building

經營洋磁潔具

及建築材料

創辦十餘年

東主：李耀祥

工程師：潘友維

分行：廣州耀昌行

圖片 2.35：李耀記在 1939 年度 *Business directory of Hong Kong, Canton and Macao* (Hong Kong: Far Eastern Corporation) 工程類頁 12 的記錄。

還有一本商業通訊錄 ***Business directory of Hong Kong, Canton and Macao***，其 1939 年度版本有關李耀記的條目（圖片 2.35），在工程類頁 12，除幫助我們推測出以上兩本英文商業年鑒與通訊錄的李耀記工程師 Y. H. Pun 即潘友維之外，還告訴我們李耀記在廣州設有分行，分行名稱是「耀昌行」，可謂彌足珍貴。

由此可見，1929 至 1941 年間的《華僑日報》，不復見有李耀記廣告，原因不詳。但 1931 至 1941 年度的三本中英文商業年鑒及通訊錄，正好為我們研究李耀記填補了空白。李耀記創立於 1926 年底，當時地址是皇后大道中 40 號；1930 至 1931 年間，搬遷至德輔道中 24c 號；1935 至 1936 年間，再搬遷至德輔道中 37 號；並且最遲在 1938 年，李耀記已經僱用高學歷的華籍及外籍工程師；最遲在 1939 年，李耀記的潔具業務擴展到廣州。可見李耀記業務蒸蒸日上。

（4）1930 至 1941 年間李耀記工程個案

舊報紙廣告、舊商業年鑒和通訊錄，對於有歷史癖的人來說，趣味盎然。通過這些史料，我們大致瞭解到，李耀記創立於 1926 年底，根據報紙廣告，其後兩年內，李耀記的客戶有 16 家，不乏香港當時重要商業機構和豪宅。但是，以上這些記錄雖然可信，但相當簡略，語焉不詳。對於李耀記的業務，有沒有更具體詳細而又不止是廣告、商業年鑒、通訊錄的史料？幸好，史料雖然不多，但還是有的，這就是港英政府的檔案，例如行政報告、憲報之類，可以讓我們瞭解李耀記從 1930 年代至 1941 年底日軍侵佔香港之前的業務。

李耀記潔具工程個案一：域多利醫院產科翼樓熱水工程（1934 年）

位於香港島山頂白加道 15 至 17 號的域多利醫院（Victoria Hospital），又稱「域多利銀禧醫院」，1897 年，英國舉辦維多利亞女皇即位鑽禧慶典，香港便建此公立醫院以慶祝之。該醫院於 1897 年營運，專門收容及治療女性和兒童病人，李耀記有份參與安裝熱水工程的產科翼樓（Maternity Block），興建於 1921 年。1947 年，該醫院關閉，主樓改建為政務司司長官邸，產科翼樓則改為政府宿舍，取名「維多利亞大廈」（Victoria Flats），保存至今。2010 年 1 月 22 日，「維多利亞大廈」被香港政府古物諮詢委員會評為三級歷史建築物。[50]

1930 年代初，香港政府決定改善域多利醫院的設施。根據香港政府工務司（Director of Public Works）1933 年年度工作報告，此項改善工程包括：安裝一座燃煤鍋爐，為產科樓和護士宿舍的所有面盆、洗滌槽、浴室提供熱水，並為產科樓所有房間的廁所都安裝面盆。但是，香港政府想首先改善現存的燃氣裝置，看看是否比另行安裝燃煤鍋爐更省錢，於是擱置了這項改善工程。[51] 後來，香港政府還是決定執行這項改善工程。工務司在 1934 年年度工作報告中說，這項改善工程於 1934 年 9 月 12 日由李耀記承辦，至當年年底，工程基本完成。可惜報告並沒有透露工程開支等更多細節（圖片 2.36）。[52]

50. 參見香港政府古物諮詢委員會網站「1444 幢歷史建築物及 1444 幢歷史建築物以外的新項目」資料，域多利醫院位列 1444 幢歷史建築物的第 693 號，詳見 http://www.aab.gov.hk/b5/historicbuilding.php。

51. *Hong Kong Administrative Reports 1933*, Appendix Q. "Report of the director of public works for the year 1933", p.36 paragraph 131. 載香港大學圖書館 Hong Kong Government Reports Online (1842-1941) http://sunzi.lib.hku.hk/hkgro/index.jsp。

52. *Hong Kong Administrative Reports 1934*, Appendix Q. "Report of the director of public works for the year 1934", p.55 paragraph 200. 載香港大學圖書館 Hong Kong Government Reports Online (1842-1941) http://sunzi.lib.hku.hk/hkgro/index.jsp。

— Q 55 —

200. *Victoria Hospital—Hot Water System to Maternity Block*:—This work was referred to in paragraph 131 of last year's Report. A contract for a coal-burning domestic hot water apparatus to supply all existing basins, sinks and baths in the Maternity Block and Sisters' Quarters, and to provide lavatory basins to all wards in the Maternity Block was let to Messrs. Lee Yu Kee on 12th September. The work was practically completed by the end of the year.

Expenditure .... Nil.

201. *Preparation of Children's Playing Grounds*:—This work was referred to in paragraph 221 of last year's Report. The work on levelling the sites and erection of boundary fences was completed in February and the grounds put into use. A contract for the equipment stores and shelter was let to Messrs. Hop Cheong & Co. on 5th March and was completed on 5th June. A portion of ground at Prince Edward Road, Kowloon, was levelled and fenced in a similar manner to form another playing ground and the work was carried out and completed in December.

Expenditure $18,823.42
Expenditure to 31st December, 1934 $20,295.74

202. *Temporary Building at Lai Chi Kok Prison*:—This was referred to in paragraph 226 of last year's Report. The building was completed on 12th February.

Expenditure $12,895.39
Expenditure to 31st December, 1934 $29,538.43

203. *New Fire Station, Shamshuipo*:—Sketch plans were approved, working drawings prepared and a contract let on the 2nd June to Messrs. The Hong Kong Engineering and Construction Co., Ltd. The work consisted of the erection of a Fire Station to accommodate two appliances, office and stores on the ground floor, a dormitory for fourteen firemen, mess room, kitchen, bath and lavatories on the first floor. The building is constructed in red facing bricks with concrete floors and roof.

Expenditure $12,536.40

204. *Temporary Building, Kowloon Magistracy*:—For use as a temporary court a wood framed building was erected at this Magistracy.

Expenditure $2,294.87

205. *Harbour Office, Additions and Alterations*:—The work consisted of altering the second floor and part of the first floor of the Harbour Office to give increased natural lighting and office accommodation for the Government Marine Surveyors. The work was carried out under the Maintenance of Buildings Contract and was commenced on the 16th March and completed on the 14th August.

Expenditure $13,482.72

200. *Victoria Hospital—Hot Water System to Maternity Block*:—This work was referred to in paragraph 131 of last year's Report. A contract for a coal-burning domestic hot water apparatus to supply all existing basins, sinks and baths in the Maternity Block and Sisters' Quarters, and to provide lavatory basins to all wards in the Maternity Block was let to Messrs. Lee Yu Kee on 12th September. The work was practically completed by the end of the year.

Expenditure .... Nil.

圖片 2.36：李耀記承辦域多利醫院產科樓燃煤鍋爐及面盆工程的記載，載 *Hong Kong Administrative Reports 1934*, Appendix Q. "Report of the director of public works for the year 1934", p.55, paragraph 200. 載香港大學圖書館 Hong Kong Government Reports Online (1842-1941)：http://sunzi.lib.hku.hk/hkgro/index.jsp。

李耀記潔具工程個案二：新中央英童學校衛生設施工程（1936 年）

新中央英童學校（New Central British School, Kowloon），現為英皇佐治五世學校，位於何文田天光道 2 號，前身就是著名的九龍英童學校（Kowloon British School）。九龍英童學校由何東先生於 1900 年捐贈 1.5 萬元予香港政府而興建於九龍彌敦道，1902 年創校，1923 年更名中央英童書院，1936 年擴建，遷移至何文田現址，故稱為新中央英童學校，1948 年再更名為英皇佐治五世學校。彌敦道的九龍英童學校舊址，目前是古物古蹟辦事處的辦公室。而英皇佐治五世學校，則於 2009 年 12 月 18 日被香港政府古物諮詢委員會評為二級歷史建築物。[53]

根據香港政府 1936 年度的行政報告，何文田天光道 2 號的新中央英童學校，

53. 參見香港政府古物諮詢委員會網站「1444 幢歷史建築物及 1444 幢歷史建築物以外的新項目」資料，英皇佐治五世學校位列 1444 幢歷史建築物的第 414 號，詳見 http://www.aab.gov.hk/b5/historicbuilding.php。又參見香港政府古物古蹟辦事處網站「香港法定古蹟」資料 http://www.amo.gov.hk/b5/monuments_45.php。

於 1936 年 9 月 14 日由當時港督郝德傑舉行揭幕禮。[54] 至於該學校衛生設施工程的細節，則見於香港政府 1935 年 8 月 16 日發佈的憲報第 245 號工務局〈新中央英童學校衛生設施招標書〉。承辦商須：

（1）從政府倉庫中將指定的衛生設施器材搬運至學校，並妥善安裝；

（2）供應及安裝由鑄鐵製造的便溺污水管、通風管、污水管；

（3）供應及安裝鍍鋅的鐵質沖水箱及室內水管；

（4）供應及安裝鉛質污水管；

（5）供應及安裝鍍鋅的鐵質水箱；

（6）星期天不得工作。

有意投標者，可以向新中央英童學校的建築師康奈爾（W. A. Cornell）索取投標表格及查詢細節，其辦公室位於中環雪廠街的香港股票交易所。投標者須在刊憲後十天之內，即最遲 1935 年 8 月 26 日星期一中午之前，把填妥的一式三份標書密封呈交輔政司署（圖片 2.37）。[55]

— 1570 —

SPECIAL CONDITIONS.

1. The lessee may not mortgage or sublet the land.

2. The lease is determinable at any time on six calendar months' notice being given.

3. If the lease is determined by the notice from the Crown before the expiration of the period for which the lot is leased the lessee is, if he has made improvements and if it is recommended by the District Officer, to be entitled to compensation, such compensation to be not more than twice the value of a crop taken off the land resumed.

4. At the expiration of the term for which the lot is leased, the land with all improvements of whatever kind shall revert to and become the absolute property of the Government and no compensation whatever shall be payable to the lessee in respect of such improvements.

T. MEGARRY,
District Officer, North.

16th August, 1935.

PUBLIC WORKS DEPARTMENT.

No. S. 245.—It is hereby notified that sealed tenders in triplicate which should be clearly marked "Tender for Sanitary Installation at The New Central British School, Kowloon", will be received at the Colonial Secretary's Office until Noon of Monday, the 26th day of August, 1935.

The work consists of taking delivery from Government Store all Sanitary Fittings and Appliances, deliver to site, and fix complete.

Supply and fix Cast Iron Soil Pipes, Vent Pipes, and Waste Pipes.

Supply and fix Galvanized Iron flushing and domestic water pipes.

Supply and fix lead waste pipes.

Supply and fix Galvanized Iron water tanks.

No work will be permitted on Sundays.

For form of tender, specification and further particulars apply at the Office of Mr. W. A. CORNELL, F.R.I.B.A., Hong Kong Stock Exchange, Ice House Street.

The Government does not bind itself to accept the lowest or any tender.

W. A. CORNELL,
Architect for
Central British School.

16th August, 1935.

PUBLIC WORKS DEPARTMENT.

No. S. 245.—It is hereby notified that sealed tenders in triplicate which should be clearly marked "Tender for Sanitary Installation at The New Central British School, Kowloon", will be received at the Colonial Secretary's Office until Noon of Monday, the 26th day of August, 1935.

The work consists of taking delivery from Government Store all Sanitary Fittings and Appliances, deliver to site, and fix complete.

Supply and fix Cast Iron Soil Pipes, Vent Pipes, and Waste Pipes.

Supply and fix Galvanized Iron flushing and domestic water pipes.

Supply and fix lead waste pipes.

Supply and fix Galvanized Iron water tanks.

No work will be permitted on Sundays.

For form of tender, specification and further particulars apply at the Office of Mr. W. A. CORNELL, F.R.I.B.A., Hong Kong Stock Exchange, Ice House Street.

The Government does not bind itself to accept the lowest or any tender.

W. A. CORNELL,
Architect for
Central British School.

16th August, 1935.

圖片 2.37：香港政府 1935 年 8 月 16 日發佈的憲報第 245 號〈新中央英童學校衛生設施招標書〉，載 *Hong Kong Government Gazette 1935 (Supplement)* no.245, p.1570. 載香港大學圖書館 Hong Kong Government Reports Online (1842-1941) http://sunzi.lib.hku.hk/hkgro/index.jsp。

54. *Hong Kong Administrative Reports 1933*, Appendix O. "Report of the Director of Education for the year 1936", p.5 paragraph 24, p.9 paragraph 52. 載香港大學圖書館 Hong Kong Government Reports Online (1842-1941) http://sunzi.lib.hku.hk/hkgro/index.jsp。

55. "Tenders invited for Sanitary Installation at The New Central British School, Kowloon", 16-Aug-1935, *Hong Kong Government Gazette 1935 (Supplement)* no. 245, p.1570. 載香港大學圖書館 Hong Kong Government Reports Online (1842-1941) http://sunzi.lib.hku.hk/hkgro/index.jsp。

— 1712 —

COLONIAL SECRETARY'S DEPARTMENT.

No. S. 267.—The following names of successful tenderers are notified for general information :—

GOVERNMENT NOTIFICATION.	PARTICULARS.	FIRMS.
S. 197 of 5.7.35.	Tender for Construction of an Extension to the protective rubble mound at Kun Tong.	Messrs. Ah Hing & Co.
S. 207 of 12.7.35.	Tender for the privilege of maintaining an advertisement hoarding adjoining Kowloon Railway Station.	Messrs. Millington, Ltd.
S. 210 of 11.7.35.	Market, Roads and Drainage at Tsun Wan.	Messrs. Foo Loong & Co.
S. 194 of 4.7.35.	Tender for maintenance, etc., of Nullahs, and construction of additional Sewers, etc.	Messrs. Tak Hing & Co., Ching Lee Co., and Yeung Fat & Co.
S. 196 of 4.7.35.	Tender for the maintenance, repair, etc., of Roads, etc.	Messrs. Nam Hing Co., Tang Shiu Kwong, Yeung Fat & Co., and Ching Hing Construction Co.
S. 198 of 5.7.35.	Tender for Heating, etc., Nursing Staff Quarters, Queen Mary Hospital.	Messrs. G. N. Haden & Sons, Ltd.
S. 224 of 29.7.35.	Tender for the purchase of old Government Steam Launch H.D. 1.	Messrs. Kwong Cheung Hing.
S. 215 of 15.7.35.	Tender for New Market, Wanchai.	Messrs. Yeung Fat & Co.
S. 214 of 15.7.35.	Tender for supplying and laying Patent Roofing at the New Central British School, Kowloon.	Messrs. The Texas Co. (China), Ltd.
S. 231 of 9.8.35.	Tender for Winter Clothing for Prison Staff.	Messrs. A. Lee.
S. 230 of 9.8.35.	Tender for the purchase of Waste Paper.	Messrs. Chan Ching Kee.
S. 245 of 16.8.35.	Tender for Sanitary Installation at the New Central British School, Kowloon.	Messrs. Lee Yu Kee.
S. 223 of 30.7.35.	Tender for Heating System, New Magistracy, Kowloon.	Messrs. Dodwell & Co., Ltd.

N. L. SMITH,
Colonial Secretary.

6th September, 1935.

S. 245 of 16.8.35.	Tender for Sanitary Installation at the New Central British School, Kowloon.	Messrs. Lee Yu Kee.

圖片 2.38：香港政府 1935 年 9 月 6 日發佈的憲報第 267 號輔政司署〈近期政府工程承辦商名單〉，載 *Hong Kong Government Gazette 1935 (Supplement)* no.267, p.1712. 載香港大學圖書館 Hong Kong Government Reports Online (1842-1941) http://sunzi.lib.hku.hk/hkgro/index.jsp。

投標截止後十天，1935 年 9 月 6 日，香港政府刊憲公佈輔政司署〈近期政府工程承辦商名單〉，新中央英童學校衛生設施工程的承辦商，正是李耀記（圖片 2.38）。[56] 從這天算起，至翌年 9 月 14 日學校正式開學，工程大概持續一年。但是，可惜得很，有關此工程的其他細節例如工程費用等，則有待進一步追查。

李耀記潔具工程個案三：瑪麗醫院熱水設備工程（1936 年）

位於香港島薄扶林道 102 號的公立醫院瑪麗醫院（Queen Mary Hospital），以英皇佐治五世的皇后瑪麗而命名。香港政府有感於公立醫院設施不足以應付社會需要，決定新建一所公立醫院，以取代當時位於西營盤的醫院。瑪麗醫院於 1932 年開始興建，由於資金不足，至 1937 年而主樓方始落成，是香港大學醫學院教學醫院，也是當時全香港規模最大的醫院。其主樓於 2010 年 1 月 22 日被香港政府古物諮詢委員會評為三級歷史建築物，而其護士宿舍則於 2009 年 12 月 18 日被確定為

56. "Names of successful tenderers", 06-Sep-1935, *Hong Kong Government Gazette 1935 (Supplement)* no. 267, p.1712. 載香港大學圖書館 Hong Kong Government Reports Online (1842-1941) http://sunzi.lib.hku.hk/hkgro/index.jsp。

二級歷史建築物。[57]

1936 年 6 月 19 日，香港政府發佈憲報第 172 號，為瑪麗醫院熱水設施工程招標，負責部門為工務局（圖片 2.39）。工程細節如下：

（1）為瑪麗醫院兩座建築合共十二間房間安裝熱水設施；

（2）中標的承辦商，須向香港政府繳納二百元作為押金，以保證工程質量；

（3）星期天不得工作。

有意投標者，可以向工務局索取投標表格及查詢細節，並最遲在 1936 年 7 月 6 日星期一中午之前，把填妥的一式三份標書密封呈交工務局。[58]

投標截止後一個月，1936 年 8 月 7 日，香港政府刊憲公佈輔政司署〈近期政府

— 615 —

PARTICULARS OF THE LOT.

Registry No.	Locality.	Boundary Measurements.				Contents in Square feet.	Upset Price.	Annual Crown Rent.
		N.	S.	E.	W.			
							$	$
Lantau Plateau Lot No. 119.	Ngon Ping.	...	...	...	...	900 Subject to readjustment as provided by the Conditions of Sale.	9	1.50

SPECIAL CONDITION.

The purchaser shall pay such fee as the District Officer shall determine for the use of the premises as a Chai Tong.

G. S. Kennedy-Skipton,
District Officer, Southern District.

19th June, 1936.

PUBLIC WORKS DEPARTMENT.

No. S. 172.—It is hereby notified that sealed tenders in triplicate, which should be clearly marked "Tender for Hot Water Installation to Two Blocks of Flats Queen Mary Hospital", will be received at the Colonial Secretary's Office until Noon of Monday, the 6th day of July, 1936. The work consists of the installation of Domestic Hot Water Systems to twelve flats.

As security for the proper performance of the work under this contract the successful tenderer will be required to deposit in cash, a sum of $200 with the Colonial Treasury.

No work will be permitted on Sundays.

For form of tender, specification and further particulars apply at this Office.

The Government does not bind itself to accept the lowest or any tender.

A. G. W. Tickle,
Director of Public Works.

17th June, 1936.

PUBLIC WORKS DEPARTMENT.

No. S. 172.—It is hereby notified that sealed tenders in triplicate, which should be clearly marked "Tender for Hot Water Installation to Two Blocks of Flats Queen Mary Hospital", will be received at the Colonial Secretary's Office until Noon of Monday, the 6th day of July, 1936. The work consists of the installation of Domestic Hot Water Systems to twelve flats.

As security for the proper performance of the work under this contract the successful tenderer will be required to deposit in cash, a sum of $200 with the Colonial Treasury.

No work will be permitted on Sundays.

For form of tender, specification and further particulars apply at this Office.

The Government does not bind itself to accept the lowest or any tender.

A. G. W. Tickle,
Director of Public Works.

17th June, 1936.

圖片 2.39：香港政府 1936 年 6 月 19 日發佈的憲報第 172 號〈瑪麗醫院熱水設施招標書〉，載 *Hong Kong Government Gazette 1936* (Supplement) no.172, p.615. 載香港大學圖書館 Hong Kong Government Reports Online (1842-1941) http://sunzi.lib.hku.hk/hkgro/index.jsp。

57. 參見香港政府古物諮詢委員會網站「1444 幢歷史建築物及 1444 幢歷史建築物以外的新項目」資料，瑪麗醫院主樓及護士宿舍分別位列 1444 幢歷史建築物的第 591 號及第 293 號，詳見 http://www.aab.gov.hk/b5/historicbuilding.php。

58. "Tenders invited for Hot Water Installation to Two Blocks of Flats Queen Mary Hospital", 19-Jun-1936, *Hong Kong Government Gazette 1936 (Supplement)* no. 172, p.615. 載香港大學圖書館 Hong Kong Government Reports Online (1842-1941) http://sunzi.lib.hku.hk/hkgro/index.jsp。

工程承辦商名單〉，瑪麗醫院兩座建築合共 12 間房間熱水設施工程的承辦商，正是李耀記（圖片 2.40）。[59] 同樣，可惜得很，有關此熱水工程的更多細節例如工程費用、施工時間等，則有待進一步追查。

李耀記潔具工程個案四：歐裔醫務官一座宿舍的熱水設施工程（1936 年）

1936 年 8 月 12 日，香港政府發佈憲報第 232 號，為「歐裔醫務官一座宿舍的熱水設施」招標，負責部門為工務局（圖片 2.41）。此項工程規模甚小，也沒有透露所謂「歐裔醫務官」是誰、其「宿舍」何在。招標書稱：

（1）為這宿舍的三間房間安裝室內熱水設施；

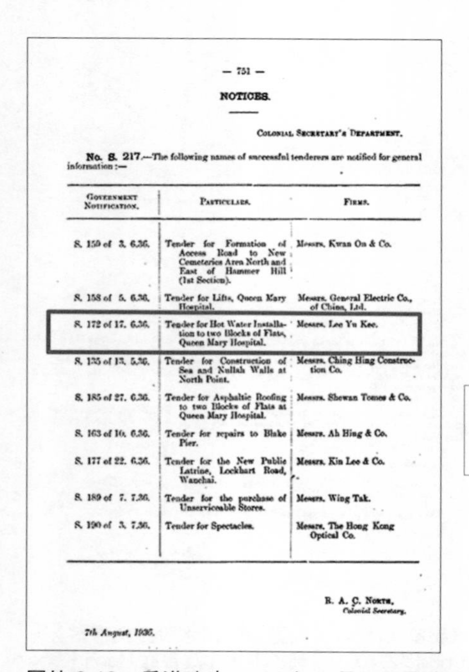

— 751 —

NOTICES.

COLONIAL SECRETARY'S DEPARTMENT.

No. S. 217.—The following names of successful tenderers are notified for general information :—

GOVERNMENT NOTIFICATION.	PARTICULARS.	FIRMS.
S. 150 of 3. 6.36.	Tender for Formation of Access Road to New Cemeteries Area North and East of Hammer Hill (1st Section).	Messrs. Kwan On & Co.
S. 158 of 5. 6.36.	Tender for Lifts, Queen Mary Hospital.	Messrs. General Electric Co., of China, Ltd.
S. 172 of 17. 6.36.	Tender for Hot Water Installation to two Blocks of Flats, Queen Mary Hospital.	Messrs. Lee Yu Kee.
S. 135 of 13. 5.36.	Tender for Construction of Sea and Nullah Walls at North Point.	Messrs. Ching Hing Construction Co.
S. 185 of 27. 6.36.	Tender for Asphaltic Roofing to two Blocks of Flats at Queen Mary Hospital.	Messrs. Shewan Tomes & Co.
S. 163 of 10. 6.36.	Tender for repairs to Blake Pier.	Messrs. Ah Hing & Co.
S. 177 of 22. 6.36.	Tender for the New Public Latrine, Lockhart Road, Wanchai.	Messrs. Kin Lee & Co.
S. 189 of 7. 7.36.	Tender for the purchase of Unserviceable Stores.	Messrs. Wing Tak.
S. 190 of 3. 7.36.	Tender for Spectacles.	Messrs. The Hong Kong Optical Co.

R. A. C. NORTH,
Colonial Secretary.

7th August, 1936.

S. 172 of 17. 6.36.	Tender for Hot Water Installation to two Blocks of Flats, Queen Mary Hospital.	Messrs. Lee Yu Kee.

圖片 2.40：香港政府 1936 年 8 月 7 日發佈的憲報第 217 號輔政司署〈近期政府工程承辦商名單〉，載 *Hong Kong Government Gazette 1936* (Supplement) no.217, p.751. 載香港大學圖書館 Hong Kong Government Reports Online (1842-1941) http://sunzi.lib.hku.hk/hkgro/index.jsp。

（2）中標的承辦商，須向香港政府繳納一百元作為押金，以保證工程質量；

59. "Names of successful tenderers", 07-Aug-1936, *Hong Kong Government Gazette 1936 (Supplement)* no. 217, p.751. 載香港大學圖書館 Hong Kong Government Reports Online (1842-1941) http://sunzi.lib.hku.hk/hkgro/index.jsp。

（3）星期天不得工作。

有意投標者，可向工務局索取投標表格及查詢細節，並最遲在 1936 年 8 月 24 日星期一中午之前，把填妥的一式三份標書密封呈交工務局。[60]

投標截止後一個多月，1936 年 10 月 1 日，香港政府刊憲公佈輔政司署〈近期政府工程承辦商名單〉，該熱水設施工程的承辦商，正是李耀記（圖片 2.42）。[61] 至

— 767 —

10. Should the permittees find it necessary to remove earth in connection with quarrying operations, such surplus earth must be removed where and when required to the satisfaction of the District Officer, North.

11. Permittees deposit a sum of $125.00 as security which will be liable to be forfeited to Government in the event of non-compliance with any of the above conditions.

12. Any quarried stone remaining on the land at the expiration or sooner termination of the permit shall be the property of the Crown and the permittees shall not be entitled to remove the same for any purpose whatever or to any compensation in respect of same.

13. The permittees shall not erect any structures in connection with the working of the quarry without the previous consent in writing of the District Officer, North.

K. Keen,
District Officer, North.

10th August, 1936.

PUBLIC WORKS DEPARTMENT.

No. S. 232.—It is hereby notified that sealed tenders in triplicate, which should be clearly marked "Tender for Hot Water Installation to a Block of Flats for European Medical Officers", will be received at the Colonial Secretary's Office until Noon of Monday, the 24th day of August, 1936. The work consists of the installation of Domestic Hot Water Systems to three flats.

As security for the proper performance of the works under this contract, the successful tenderer will be required to deposit in cash, a sum of $100 with the Colonial Treasury.

No work will be permitted on Sundays.

For form of tender, specification and further particulars apply at this Office.

The Government does not bind itself to accept the lowest or any tender.

A. G. W. Tickle,
Director of Public Works.

12th August, 1936.

PUBLIC WORKS DEPARTMENT.

No. S. 232.—It is hereby notified that sealed tenders in triplicate, which should be clearly marked "Tender for Hot Water Installation to a Block of Flats for European Medical Officers", will be received at the Colonial Secretary's Office until Noon of Monday, the 24th day of August, 1936. The work consists of the installation of Domestic Hot Water Systems to three flats.

As security for the proper performance of the works under this contract, the successful tenderer will be required to deposit in cash, a sum of $100 with the Colonial Treasury.

No work will be permitted on Sundays.

For form of tender, specification and further particulars apply at this Office.

The Government does not bind itself to accept the lowest or any tender.

A. G. W. Tickle,
Director of Public Works.

12th August, 1936.

圖片 2.41：香港政府 1936 年 8 月 12 日發佈的憲報第 232 號〈歐裔醫務官一座宿舍的熱水設施招標書〉，載 *Hong Kong Government Gazette 1936 (Supplement)* no.232, p.767. 載香港大學圖書館 Hong Kong Government Reports Online (1842-1941) http://sunzi.lib.hku.hk/hkgro/index.jsp。

於該工程的更多細節如工程費用、施工時間等，則有待進一步追查。

60. "Tenders invited for Hot Water Installation to a Block of Flats for European Medical Officers", 12-Aug-1936, *Hong Kong Government Gazette 1936 (Supplement)* no.232, p.767. 載香港大學圖書館 Hong Kong Government Reports Online (1842-1941) http://sunzi.lib.hku.hk/hkgro/index.jsp。

61. "Names of successful tenderers", 01-Oct-1936, *Hong Kong Government Gazette 1936 (Supplement)* no.280, p.907. 載香港大學圖書館 Hong Kong Government Reports Online (1842-1941) http://sunzi.lib.hku.hk/hkgro/index.jsp。

— 907 —

NOTICES.

COLONIAL SECRETARY'S DEPARTMENT.

No. S. 280.—The following names of successful tenderers are notified for general information :—

GOVERNMENT NOTIFICATION.	PARTICULARS.	FIRMS.
S. 232 of 12. 8.36.	Tender for Hot Water Installation to a Block of Flats for European Medical Officers.	Messrs. Leo Yu Kee.
S. 226 of 11. 8.36.	Tender for repairs to S.L. No. 4 Police.	Messrs. W. S. Bailey & Co., Ld.
S. 233 of 10. 8.36.	Tender for the New Mohammedan Mosque, at the New Stanley Gaol, at Stanley.	Messrs. Sang Tai & Co.
S. 237 of 21. 8.36.	Tender for Collection and Storage of Sand.	Messrs. Lee Yick Ld.
S. 258 of 4. 9.36.	Tender for the supply of Earthernware Urns.	Messrs. Chan Kee.

R. A. C. NORTH,
Colonial Secretary.

1st October, 1936.

COLONIAL SECRETARY'S DEPARTMENT.

No. S. 281.—Statement of Sanitary Measures adopted against Hong Kong.

Place or Port.	Nature of Measures.	Date.	Reference to Government Notification.
Philippine Ports.	Inspections outside Manila harbour from 20th April. Third class passengers and new crew must comply with the vaccination requirements.	16th April, 1924.	—
All ports in the United States of America, including the Hawaiian Islands.	Inspections outside the ports from 1st April. Steerage passengers must comply with the vaccination requirements.	30th April, 1926.	—
Bangkok.	Vessels detained at river mouth and passengers and crew vaccinated unless they can produce evidence of successful recent vaccination.	29th October, 1926.	No. S. 301.

R. A. C. NORTH,
Colonial Secretary.

2nd October, 1936.

S. 232 of 12. 8.36.	Tender for Hot Water Installation to a Block of Flats for European Medical Officers.	Messrs. Leo Yu Kee.

圖片 2.42：香港政府 1936 年 10 月 1 日發佈的憲報第 280 號輔政司署〈近期政府工程承辦商名單〉，載 *Hong Kong Government Gazette 1936 (Supplement)* no.280, p.907. 載香港大學圖書館 Hong Kong Government Reports Online (1842-1941) http://sunzi.lib.hku.hk/hkgro/index.jsp。

李耀記潔具工程個案五：五間醫院應急水箱工程（1941 年）

1940 年 11 月 15 日，香港政府發佈憲報第 549 號，由工務局為五間醫院的應急水箱工程招標（圖片 2.43）。招標書稱：

（1）要為四家位於香港島的醫院、一家位於九龍的醫院，製造及安裝合共 55 個由鍍鋅的軟鋼所造的應急水箱。

（2）要提供相關的零件、木架、水泥基座。

（3）有意投標的承辦商，必須向政府提交其公司章程全文。

（4）中標的承辦商，須向香港政府繳納一千元作為押金，以保證工程質量；

（5）星期天不得工作。

有意投標者，可向工務局索取投標表格及查詢細節，並最遲在 1940 年 12 月 2 日星期一中午之前，把填妥的一式三份標書密封呈交工務局。[62] 這顯然是一項規模比較龐大的工程，因此政府的要求也比較嚴格，押金數目大，而且還要求競標者提交公司章程。

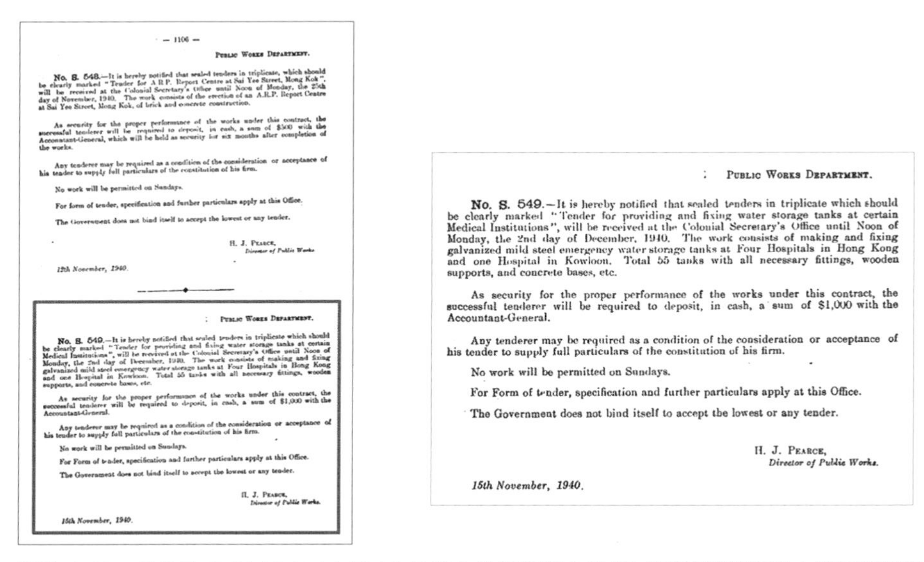

— 1106 —

PUBLIC WORKS DEPARTMENT.

No. S. 548.—It is hereby notified that sealed tenders in triplicate, which should be clearly marked "Tender for A.R.P. Report Centre at Sai Yee Street, Mong Kok", will be received at the Colonial Secretary's Office until Noon of Monday, the 25th day of November, 1940. The work consists of the erection of an A.R.P. Report Centre at Sai Yee Street, Mong Kok, of brick and concrete construction.

As security for the proper performance of the works under this contract, the successful tenderer will be required to deposit, in cash, a sum of $500 with the Accountant-General, which will be held as security for six months after completion of the works.

Any tenderer may be required as a condition of the consideration or acceptance of his tender to supply full particulars of the constitution of his firm.

No work will be permitted on Sundays.

For form of tender, specification and further particulars apply at this Office.

The Government does not bind itself to accept the lowest or any tender.

H. J. PEARCE,
Director of Public Works.

12th November, 1940.

PUBLIC WORKS DEPARTMENT.

No. S. 549.—It is hereby notified that sealed tenders in triplicate which should be clearly marked "Tender for providing and fixing water storage tanks at certain Medical Institutions", will be received at the Colonial Secretary's Office until Noon of Monday, the 2nd day of December, 1940. The work consists of making and fixing galvanized mild steel emergency water storage tanks at Four Hospitals in Hong Kong and one Hospital in Kowloon. Total 55 tanks with all necessary fittings, wooden supports, and concrete bases, etc.

As security for the proper performance of the works under this contract, the successful tenderer will be required to deposit, in cash, a sum of $1,000 with the Accountant-General.

Any tenderer may be required as a condition of the consideration or acceptance of his tender to supply full particulars of the constitution of his firm.

No work will be permitted on Sundays.

For Form of tender, specification and further particulars apply at this Office.

The Government does not bind itself to accept the lowest or any tender.

H. J. PEARCE,
Director of Public Works.

15th November, 1940.

PUBLIC WORKS DEPARTMENT.

No. S. 549.—It is hereby notified that sealed tenders in triplicate which should be clearly marked "Tender for providing and fixing water storage tanks at certain Medical Institutions", will be received at the Colonial Secretary's Office until Noon of Monday, the 2nd day of December, 1940. The work consists of making and fixing galvanized mild steel emergency water storage tanks at Four Hospitals in Hong Kong and one Hospital in Kowloon. Total 55 tanks with all necessary fittings, wooden supports, and concrete bases, etc.

As security for the proper performance of the works under this contract, the successful tenderer will be required to deposit, in cash, a sum of $1,000 with the Accountant-General.

Any tenderer may be required as a condition of the consideration or acceptance of his tender to supply full particulars of the constitution of his firm.

No work will be permitted on Sundays.

For Form of tender, specification and further particulars apply at this Office.

The Government does not bind itself to accept the lowest or any tender.

H. J. PEARCE,
Director of Public Works.

15th November, 1940.

圖片 2.43：香港政府 1940 年 11 月 15 日發佈的憲報第 549 號〈五間醫院應急水箱工程招標書〉，載 *Hong Kong Government Gazette 1940 (Supplement)* no.549, p.1106. 載香港大學圖書館 Hong Kong Government Reports Online (1842-1941) http://sunzi.lib.hku.hk/hkgro/index.jsp。

投標截止後一個多月，1941 年 1 月 3 日，香港政府刊憲公佈輔政司署〈近期政府工程承辦商名單〉，該應急水箱工程的承辦商，正是李耀記（圖片 2.44）。[63] 但是，與之前李耀記負責的幾項政府工程一樣，關於此工程的更多細節，仍有待進一步發掘。

62. "Tenders invited for providing and fixing water storage tanks at certain Medical Institutions", 15-Nov-1940, *Hong Kong Government Gazette 1940 (Supplement)* no.549, p.1106. 載香港大學圖書館 Hong Kong Government Reports Online (1842-1941) http://sunzi.lib.hku.hk/hkgro/index.jsp。

63. "Names of successful tenderers", 03-Jan-1941, *Hong Kong Government Gazette 1941 (Supplement)* no.6, p.8. 載香港大學圖書館 Hong Kong Government Reports Online (1842-1941) http://sunzi.lib.hku.hk/hkgro/index.jsp。

— 8 —

COLONIAL SECRETARY'S DEPARTMENT.

No. S. 6.—The following names of successful tenderers are notified for general information :—

GOVERNMENT NOTIFICATION.	PARTICULARS.	FIRMS.
S. 522 of 31.10.40.	Tender for Manure Bins at Kennedy Town Cattle Depot.	Messrs. Tung Shan & Co.
S. 548 of 12.11.40.	Tender for A. R. P. Report Centre at Sai Yee Street, Mongkok.	Messrs. Fook Lee & Co.
S. 535 of 7.11.40.	Tender for alterations and additions to Public Latrine near Main Street, Sai Wan Ho.	Messrs. Kin Lee & Co.
S. 549 of 15.11.40.	Tender for providing and fixing water storage tanks at certain Medical Institutions.	Messrs. Lee Yu Kee.
S. 474 of 4.10.40.	Tender for Incinerator House at Queen Mary Hospital.	Messrs. Fook Lee & Co.
S. 566 of 28.11.40.	Tender for Reinforced Concrete Wall and Wire Fence, etc., at Government Store, North Point.	Messrs. Hsin Chong & Co.
S. 547 of 13.11.40.	Tender for Medical Department Contract.	Messrs. Asia Co. Messrs. Grand Magasin General. Messrs. Dairy Farm Ice and Cold Storage Co., Ltd.
S. 587 of 6.12.40.	Tender for transportation of Government Stores.	Messrs. United Delivery Co., Ltd.
S. 564 of 29.11.40.	Tender for supply of Tricycle number plates.	Messrs. Jardine Engineering Corporation, Ltd.

N. L. SMITH,
Colonial Secretary.

3rd January, 1941.

S. 549 of 15.11.40.	Tender for providing and fiixing water storage tanks at certain Medical Institutions.	Messrs. Lee Yu Kee.

圖片 2.44：香港政府 1941 年 1 月 3 日發佈的憲報第 6 號輔政司署〈近期政府工程承辦商名單〉，載 *Hong Kong Government Gazette 1941 (Supplement)* no.6, p.8. 載香港大學圖書館 Hong Kong Government Reports Online (1842-1941) http://sunzi.lib.hku.hk/hkgro/index.jsp。

李耀記潔具工程個案六至九：1941 年 *Hong Kong and Far East Builder* 廣告所載李耀記工程四宗

有關這四宗工程的資料，我們還是不得不借助廣告，這就是 *Hong Kong and Far East Builder* 上的李耀記廣告。*Hong Kong and Far East Builder*（《香港及遠東建造商》）這本雙月刊，創刊於 1935 年，結束於 1980 年，原為英國倫敦 *The Builder* 雜誌的附屬刊物。*Hong Kong and Far East Builder* 流通於東亞地區，包括中國內地、香港、澳門、菲律賓、馬來西亞等，專門介紹英國在這一帶的殖民地的建造業、房地產與都市發展。[64] 就香港來說，該雜誌算是建造業業者的內部通訊雜誌。我們發現李耀記在該雜誌 1941 年度各期的四則廣告，顯示出李耀記最遲在 1941 年內完成的四宗潔具及管道工程，由於是廣告關係，資料比較簡略，茲按照廣告刊登先後，一併介紹如下。

64. 參見 L. Chee and MFE Seng（成美芬）, "Dwelling in Asia: translations between dwelling, housing and domesticity ", *Journal of Architecture*, Vol.22, No.6 (2017), pp.993-1000. MFE Seng（成美芬）, "The City in a Building: a brief social history of urban Hong Kong", *Studies in History and Theory of Architecture*, Vol. 5 (2017), pp.81-98. http://hub.hku.hk/handle/10722/215022。

Hong Kong and Far East Builder 第六卷（1941 年）第一期上，有李耀記工程廣告（圖片 2.45），顯示香港島跑馬地藍塘道上四至五幢、每幢三層高的住宅的照片，廣告說：這些住宅的衛生設備、排水系统，就是由李耀記供應及安裝的。[65] 年代久遠，圖片模糊，廣告又沒有具體的路段號碼，要找回這些住宅的原址，恐非易事。不過，這廣告反映出李耀記 1920 年代以來的廣告策略：把已經完成的工程和既有的客戶，作為商譽和質量之保證。另外，上門勘測評估是免費的。

Hong Kong and Far East Builder 第六卷（1941）第二期上，又有李耀記工程廣告（圖片 2.46），顯示九龍聖德肋撒醫院（St. Teresa Hospital）的照片，廣告說：該醫

圖片 2.45：李耀記在 *Hong Kong and Far East Builder* 第六卷（1941）第一期上的廣告，顯示自己完成香港島跑馬地藍塘道上幾座住宅的衛生和排水工程〔*Hong Kong and Far East Builder*, Vol.6, no.1 (1941), p.18〕。

圖片 2.46：李耀記在 *Hong Kong and Far East Builder* 第六卷（1941）第二期上的廣告，顯示自己完成九龍聖德肋撒醫院的衛生和冷熱水工程〔*Hong Kong and Far East Builder*, Vol.6, no.2 (1941), p.36〕。

65. *Hong Kong and Far East Builder*, Vol.6, no.1 (1941), p.18.

院的衛生設施及冷熱水系統等，就是由李耀記供應及安裝的。[66] 該醫院由天主教法國沙爾德聖保祿女修會（Congregation of the Sisters of St. Paul de Chartres）創立於 1940 年，[67] 可以推測，李耀記該工程也應該在 1940 年內完成。

Hong Kong and Far East Builder 第六卷（1941）第三期上，有李耀記廣告（圖片 2.47），顯示香港島南岸淺水灣道第 408 號地段一所平房住宅（R.B.L.408 Residence）的照片，廣告說：該住宅的衛生及排水設施，就是由李耀記供應及安裝的。[68] 本來，有關此工程的資訊到此為止，再無文章可做。但有趣得很，緊接這則廣告之後，是兩頁長的專文，介紹這座住宅。原來這座住宅並非一般的豪宅，而是著名建造公司 Messrs. Davies, Brooke and Gran 建築設計師特波特（H.J. Tebutt）為自己度身訂造的住宅。該文的照片，也正是李耀記這則廣告的照片。該文盛讚設計師別出心裁，做出屋頂不高但卻通風涼快的效果。最後交代總承辦商及磚瓦、電力及鋼窗、衛生三項工程的承辦商名單，李耀記就是該平房住宅的衛生工程承辦商。[69]

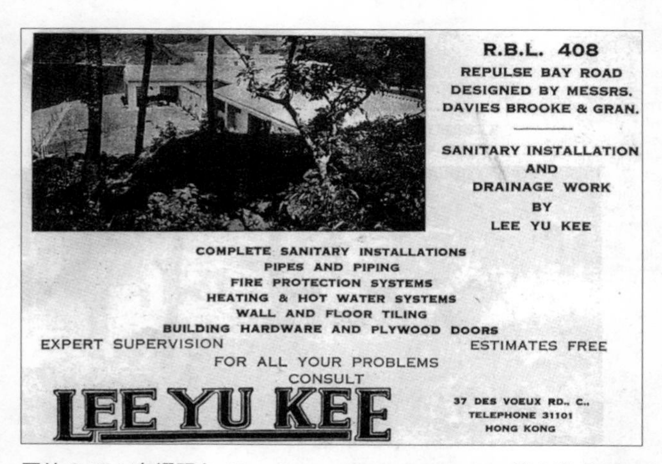

圖片 2.47：李耀記在 *Hong Kong and Far East Builder* 第六卷（1941）第三期上的廣告，顯示自己完成在香港島南岸淺水灣道第 408 號地段一所住宅的衛生和排水工程。*Hong Kong and Far East Builder*, Vol.6, no.3 (1941), p.30. 同期另有文章，顯示該住宅是著名建造公司 Messrs. Davies, Brooke and Gran 建築設計師特波特（H. J. Tebutt）為自己度身訂造的住宅。

66. *Hong Kong and Far East Builder*, Vol.6, no.2 (1941), p.36.
67. 參見該醫院網頁 http://www.sth.org.hk/background.asp?lang_code=zh。
68. *Hong Kong and Far East Builder*, Vol.6, no.3 (1941), p.30.
69. "An architect builds for himself-Compact residence on Repulse Bay Road", *Hong Kong and Far East Builder*, Vol.6, no.3 (1941), pp.31-32.

Hong Kong and Far East Builder 第六卷（1941）第四期上，有李耀記廣告（圖片 2.48），顯示香港島南岸香島道一座四層高的私人住宅（Private Residence on Island Road）的照片，廣告說：這座住宅是凡・韋力克（G. van Wylick）設計的。[70] 據林中偉研究，凡・韋力克即 Gabriel van Wylick，是義品洋行（Credit Foncier d'Extreme-Orient）的經理，比利時人。義品洋行起家上海，經營借貸、按揭、房地產、保險等業務，1931 至 1941 年間活躍於香港。該公司在太子道上有相當多建築項目。[71] 廣告又說：該住宅的衛生及排水設施，就是由李耀記供應及安裝的。換言之，這個著名建築設計師的建築項目，也有李耀記的貢獻。

圖片 2.48：李耀記在 *Hong Kong and Far East Builder* 第六卷（1941）第四期上的廣告，顯示自己完成在香港島一座四層高的私人住宅的潔具工程，該住宅由凡・韋力克（G. van Wylick）設計。

70. *Hong Kong and Far East Builder*, Vol.6, no.4 (1941), p.34.
71. Lam Chung Wai Tony, "From British Colonization to Japanese Invasion: The 100 years architects in Hong Kong 1841-1941", *HKIA Journal: the Official Journal of the Hong Kong Institute of Architects*（《香港建築師學報》）, no.45 (2006), p.49. 另外，林中偉又指出，廣東佛山出身的馬來西亞錫業大亨余東旋（Eu Tong Sen），也在香港經營地產，他在淺水灣有一座古堡式的大宅，名為余園（Euciiffe），建成於 1933 年，據說也是請凡・韋力克設計的。

（5）1949 年至 1970 年代李耀記工程個案

1941 年 12 月 8 日，日本侵華戰爭的硝煙，終於籠罩香港。日軍於該日開始，從北向南進攻香港，經過十八天的頑強抵抗之後，12 月 25 日，港英殖民地總督楊慕琦爵士宣佈投降，香港開始了三年零八個月的日佔時期，至 1945 年 8 月 15 日，日本宣佈投降，其「大東亞共榮圈」灰飛煙滅，東亞地區才迎來和平，香港歷史也展開新的一頁。[72] 日本侵華戰爭、國共內戰造成的破壞、政權交替及動蕩所造成的混亂，無可避免影響了歷史記錄的保存。因此，從 1942 到 1949 年間李耀記的記錄，我們無法找到。幸好，1949 年至 1970 年代李耀記的記錄，則相對完整和豐富，可以看到，從滿目瘡痍的戰後，到日漸繁榮的 1970 年代，李耀記默默耕耘，為香港的都市建設作出巨大貢獻，與香港共同成長。

我們翻查了 *Hong Kong and Far East Builder*、*Building Record* 等香港建築業專業雜誌，發現從 1949 至 1976 年間，李耀記經手的管道與磚瓦工程有 84 宗，真實數目應該遠不止此，但這 84 宗工程作為李耀記的業績，應該說是足夠讓我們大開眼界的，因為牽涉的建築，不乏著名或大型的公私機構，而工程的具體內容，則從潔具、冷熱水裝置、樓宇管道、瓦磚、地板、地下排水渠、濾水裝置、泳池等，不一而足。以下把這 84 宗工程所服務的建築，分四類介紹。

李耀記潔具管道工程所服務的第一類對象，是政府機關、宿舍、公共房屋、公園、法院、及外國使領館等，這類工程凡十宗，細節如下：

序號	機構或建築名稱	工程細節	資料來源
1	香港政府中區政府合署西座，工程費用凡港幣 41,328.12 元（1958 年 6 月）	玻璃外牆鑲嵌	*Hong Kong and Far East Builder*, Vol.13 no.5 (1958-1959), p.23.
2	香港政府部門，細節不詳，工程費用凡港幣 142,000 元（1958 年 12 月 1 日至 1959 年 11 月 30 日）	供應及保養地板瓷磚（瀝青乙烯基石棉）	*Hong Kong and Far East Builder*, Vol.13 no.6 (1958-1959), p.70.
3	美國駐香港總領事館（The American Consulate General）	樓宇管道	*Hong Kong and Far East Builder*, Vol.13 no.6 (1958-1959), pp.27-28.

72. 有關香港日佔時期的近年著作，參見：張慧真、孔強生：《從十一萬到三千：淪陷時期香港教育口述歷史》（香港：牛津大學出版社，2005）；劉智鵬、周家建：《吞聲忍語：日治時期香港人的集體回憶》〔香港：中華書局（香港）有限公司，2009〕。鄺智文：《重光之路：日據香港與太平洋戰爭》（香港：天地圖書，2015）；小林英夫、柴田善雅著，田泉、李璽、魏育芳譯：《日本軍政下的香港》〔香港：商務印書館（香港）有限公司，2016〕等等。

4	新界裁判署（New Territories Magistracy）	樓宇管道	*Hong Kong and Far East Builder*, Vol.16, no.4 (1961), pp.48-49.
5	香港大會堂（Hong Kong City Hall）	樓宇管道及潔具	*Hong Kong and Far East Builder*, Vol.16 (1962), no.6, pp.52-61.
6	九龍仔公園，工程費用凡港幣 123,208 元（1962 年 8 月）	牆壁及地板貼磚	*Hong Kong and Far East Builder*, Vol.17, no.3 (1962), p.114.
7	啟德機場（Kai Tak Airport）	樓宇管道及潔具	*Hong Kong and Far East Builder*, Vol.17 no.4 (1962), pp.75, 90.
8	北角警隊員佐級宿舍，工程費用凡港幣 $82,238 元（1962 年 12 月）	牆壁及地板貼磚	*Hong Kong and Far East Builder*, Vol.17, no.5 (1963), p.136.
9	漁光村（Aberdeen low cost housing project）	樓宇管道	*Hong Kong and Far East Builder*, Vol.18 no.1 (1963), pp.90-93.
10	九龍仔公園游泳池（Olympic pool in Kowloon Tsai Park）	地板及牆磚	*Hong Kong and Far East Builder*, Vol.19 (1964), no.2, pp.111-112.

從上表可見，李耀記甚得香港政府及外國政府信賴，像港府中區政府合署、啟德機場、大會堂、美國駐港領事館這樣的重要建築，其管道工程，均由李耀記完成。其中牽涉的工程費用，也不在少數。例如上表第二宗政府部門建築的地板瓷磚工程，費用達港幣 14 萬多元，中區政府合署西座的玻璃外牆鑲嵌工程，費用四萬多元，兩筆工程費用合計港幣 18 萬元以上，時為 1959 年，當時，香港住宅的平均建造成本是每座十萬多元。由此可知李耀記潔具管道業務規模之大。[73] 另外，李耀記負責管道工程的漁光村，更是香港早期公共屋邨之一，有「名字最美的屋邨」之譽（圖片 2.49、2.50、2.51、2.52）。[74]

李耀記潔具管道工程所服務的第二類對象，是醫院、教堂、學校、慈善及社會服務機構，這類工程凡 23 宗，包括 6 間醫院、14 間教堂及學校、3 間慈善及社會服務機構，細節如下：

序號	機構或建築名稱	工程細節	資料來源
1	葛量洪醫院（The Grantham Hospital）	樓宇管道、陶瓷瓦片	*Hong Kong and Far East Builder*, Vol.12 no.6 (1956-1957), pp.9-14.
2	伊利沙伯醫院（The Queen Elizabeth Hospital）	樓宇管道	*Hong Kong and Far East Builder*, Vol.18, no5 (1964), pp.81, 113.

73. 據香港政府統計數字，1959 年，為政府所登記的私人住宅樓宇（Residential houses and flats）有 1,297 座，總建造成本為港幣 140,440,000 元，可知平均每座建造成本為港幣 108,280 元，見 Census and Statistics Department, *Hong Kong Statistics 1947-1967* (Hong Kong: Census and Statistics Department, 1969), Table 10.1, p.171。

74. 香港房屋協會：《香港房屋協會 70 週年》（香港：香港房屋協會，2018），頁 33，77。

圖片 2.49：落成於 1962 年的香港大會堂，是香港著名地標之一〔資料來源：*The Hong Kong and Far East Builder*, Vol.16 (1962), no.6, pp.52-53〕。

The N.E. entrance to the Memorial Garden covered by the high-level walkway. The gates and air bricks are set in a glazed screen. Behind the screen can be seen the pool which runs alongside the colonnade.

◄ View of the Italian glass mosaic mural designed by the architects. It is adjacent to the secondary entrance to the main entrance foyer. Note the pierced grille of concrete pots to the side wall of the Concert Hall.

strong tie in the group as a whole, besides housing many services on the south and east sides and forming a protective parapet to the promenade on the north and West.

The building in its completed form represents many years of hard work during which the architects have been responsible not only for the plastic form of the building and its permanent decorative cladding and lighting, but also for the design and detail of many fittings and much furniture which could be made locally.

The two architects, Alan Fitch, A.R.I.B.A., and Ron Phillips, A.R.I.B.A., are both on the staff of the Hong Kong Public Works Department and have also designed the Star Ferry concourse and car parks, which are part of this new completed civic complex.

Mr. Fitch was trained at the King's College School of Architecture, the University of Durham, and joined the P.W.D. in October 1954. Previously he worked in various architectural offices in Britain and in 1951 received a commended award for his entry in the open competition for a design for the new Coventry Cathedral.

Mr. Phillips was trained at the Essex School of Art and Architecture with post-graduate work at the Architectural Association in London. Before joining the P.W.D. in January 1955 he was engaged in various architectural offices in England.

Special mention must be made in any account of the building of the City Hall of the late Mr. I.N.

◄ The Memorial Garden from the High Block staircase. The High level walkway facing the sea is supported on the garden side by blue engineering bricks imported from England. At the base of the wall can be seen the pool. The small polygonal shaped building is the Memorial Shrine which will be dedicated to members of H.K. Volunteer Defence Corp. who died in the Defence of the Colony and during the period 1941–1945.

▲ The Banqueting Hall in operation as a public restaurant seating 230. For banquets the seating is rearranged and seats 300. The large north light window overlooks the pedestrian piazza and harbour.

The Ballroom showing the teak & anodised aluminium clad R.S.J.'s which span through two floors supporting the large north window against winds of typhoon force. ►

Frenkel, chief engineer of the Franki Piling system, who dealt with the difficult problems created by the existence of the old sea wall underlying the site with courage, skill and the utmost co-operation and thereby enabled work on the superstructure to be carried on without any delay.

Sub-contractors and suppliers include:

PLUMBING AND SANITARY INSTALLATION: Lee Yu Kee Ltd.

LIFTS: The British General Electric Co. Ltd. (Three passenger lifts in tall block, one in concert hall, one in theatre, one book lift in library, two dumb-waiters for kitchen and bar).

INTERNAL TELEPHONES: Jebsen and Co. (Siemens).

ELECTRICAL: The British General Electric Co. Ltd. (electrical installation, stage lighting equipment, stage engineering equipment, lighting fittings and Osram lamps).

The Jardine Engineering Corporation Ltd. (Atlas Cold Cathode auditorium lighting and electronic dimming equipment in concert hall and theatre —

圖片 2.50：李耀記承辦香港大會堂的樓宇管道及潔具工程〔資料來源：*The Hong Kong and Far East Builder*, Vol.16 (1962), no.6, pp.60-61〕。

One simple idea achieves high standard living in Aberdeen low cost housing project

LOW cost housing need not mean low standard living as architect Mr. T. C. Yuen has admirably demonstrated in a five block project for the Hong Kong Housing Society at Aberdeen.

Mr. Yuen has achieved a feeling of spaciousness, cleanliness and privacy by the use of one major feature surprisingly simple in conception.

His idea, briefly, is a multi-storey, open-sided street in place of a corridor.

He first put the plan on paper in 1957 in the form of a tentative architectural layout for the then proposed Aberdeen low-cost housing scheme.

Since the actual building begun his broad idea has been adopted in one or two other local buildings.

Take an average low cost housing structure. Each of its eight or nine stories is divided down the centre by a narrow corridor.

Washing goes out the front windows, possessions and people cram the corridors. Cooking, toilet and other odours float through the stuffy, enclosed building.

Now, imagine a pair of giant hands grabbing either side of the building and pulling it apart from the spinal corridor leaving a gap of four to five feet on either side.

Build a connecting bridge to each pair of units, leave the rest wide-open horizontally and vertically ...... and there you have the essence of Mr. Yuen's idea.

Most of the washing can be placed out of sight between the bridges. Air continually circulates through the open ends of the "streets" and down through the two open sections of roof ...... sweeping away smells and drying clothes.

A tenant can walk out his door, over the little bridge he shares with his neighbour and onto the "street." As he walks down the "street" he is greeted by a view of the sky and the surrounding countryside instead of a patch of light filtering through a corridor window. There is no "shut-in" feeling.

Possessions that have to be left outside the housing units rest on the bridge and do not clutter the "street."

Each unit is divided by a four and a half inch brick wall that reduces sound to give added privacy.

All have their own balcony, water closet, kitchen, shower, concrete kitchen bench, food cupboard, wardrobe sink and desk (handy for children doing homework.)

The actual layout of rest of the space as far as beds, dining tables etc. are concerned has been left to individual tenants.

However for all types of units — ranging from 5½ to 12 person size — Mr. Yuen has suggested layouts that make excellent use of the small amount of space available.

An added feature in each building is a large party room for wedding receptions, celebrations and meetings.

The Aberdeen housing scheme, consisting of five reinforced concrete structures with brick infilling and cement plaster surfacing, is being conducted in two phases. It will have a total of 1,184 units accommodating 7,734 people.

Phase One, of three eight storey blocks, was completed recently and is now occupied. (655 units, 4,017 people).

Phase Two — the remaining two blocks — have yet to be started (529 units, 3,717 people). Tenders will be called for within a week or so and the buildings should be completed within the next 14 months.

A total of $7,200,000 has been budgetted for the scheme. This includes all fittings, the widening of Aberdeen Reservoir Road, which passes along one side, from 10 to 40

THE HONG KONG & FAR EAST BUILDER — VOLUME 18, NUMBER 1

91

圖片 2.51：「名字最美的屋邨」漁光村，其管道工程也由李耀記包辦〔資料來源：*The Hong Kong Far East Builder* Vol.18 no.1 (1963), pp.90-91〕。

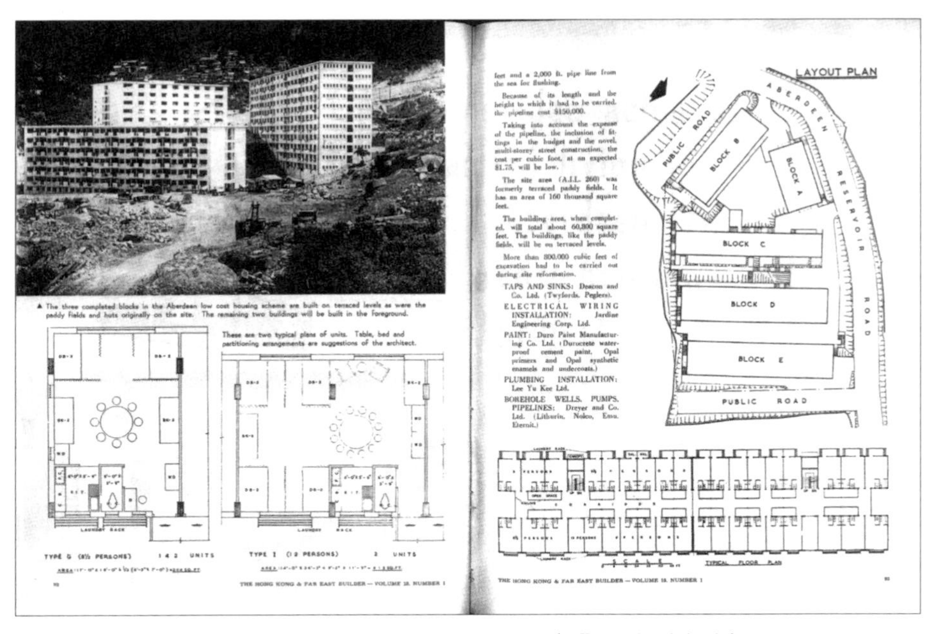
▲ The three completed blocks in the Aberdeen low cost housing scheme are built on terraced levels as were the paddy fields and huts originally on the site. The remaining two buildings will be built in the foreground.

These are two typical plans of units. Table, bed and partitioning arrangements are suggestions of the architect.

feet and a 2,000 ft. pipe line from the sea for flushing.

Because of its length and the height to which it had to be carried, the pipeline cost $150,000.

Taking into account the expense of the pipeline, the inclusion of fittings in the budget and the novel, multi-storey street construction, the cost per cubic foot, at an expected $1.75, will be low.

The site area (A.I.L. 260) was formerly terraced paddy fields. It has an area of 160 thousand square feet.

The building area, when completed, will total about 60,800 square feet. The buildings, like the paddy fields, will be on terraced levels.

More than 800,000 cubic feet of excavation had to be carried out during site reformation.

TAPS AND SINKS: Deacon and Co. Ltd. (Twyfords, Peglers).

ELECTRICAL WIRING INSTALLATION: Jardine Engineering Corp. Ltd.

PAINT: Duro Paint Manufacturing Co. Ltd. (Durocrete waterproof cement paint, Opal primers and Opal synthetic enamels and undercoats.)

PLUMBING INSTALLATION: Lee Yu Kee Ltd.

BOREHOLE WELLS, PUMPS, PIPELINES: Dreyer and Co. Ltd. (Lithurin, Nolco, Emu, Eternit.)

THE HONG KONG & FAR EAST BUILDER — VOLUME 18, NUMBER 1

圖片 2.52：「名字最美的屋邨」漁光村，其管道工程也由李耀記包辦〔資料來源：*The Hong Kong Far East Builder* Vol.18 no.1 (1963), pp.92-93〕。

3	青山醫院各座，工程費用凡港幣159,087元（1959年1月）	樓宇管道	*Hong Kong and Far East Builder*, Vol.14 no.1 (1959-1960), p.65.
4	新嘉諾撒醫院（New Canossa Hospital）	樓宇管道	*Hong Kong and Far East Builder*, Vol.14 no.6 (1959-1960), pp.26-28.
5	廣華醫院擴建（Extensions to Kwong Wah Hospital）	樓宇管道	*Hong Kong and Far East Builder*, Vol.15 no.4 (1960-1961), pp.47-48.
6	英軍醫院（British Military Hospital）	潔具	*Far East Architect & Builder* 1967 Sep, pp.43, 52.
7	香港大學何東宿舍（Ho Tung Hall，即何東夫人紀念堂），工程費用凡港幣42,000元。	樓宇管道	*Hong Kong and Far East Builder*, Vol.08 no.4 (1950-1951), p.49.
8	香港大學校長住宅（The Vice Chancellor's Residence）	樓宇管道	*Hong Kong and Far East Builder*, Vol.09 no.1 (1951-1952), pp.15-17.
9	香港大學何東夫人宿舍（Lady Ho Tung Hostel for The Hong Kong University）	樓宇管道及瓦磚	*Hong Kong and Far East Builder*, Vol.09 no.1 (1951-1952), pp.31-33.
10	中國基督教靈糧堂世界佈道會（九龍靈糧堂）（Ling Liang World-Wide Evangelistic Mission Church）	樓宇管道	*Hong Kong and Far East Builder*, Vol.09 no.2 (1951-1952), p.31.
11	循道公會九龍堂及學校（Chinese Methodist Church and School）	衛生設備	*Hong Kong and Far East Builder*, Vol.09 no.3 (1951-1952), pp.21-26.
12	香港基督教女青年會大樓（Y.W.C.A. Building）	樓宇管道及熱水設備	*Hong Kong and Far East Builder*, Vol.10 no.2 (1953-1954), pp.27-29.
13	新亞書院農圃道新校舍（The New Asia College）	樓宇管道	*Hong Kong and Far East Builder*, Vol.12 no.3 (1956-1957), pp.51-52.
14	循道中學（New Methodist College），工程費用凡港幣42,682.40元	樓宇管道（Plumbing）	*Hong Kong and Far East Builder*, Vol.13 no.5 (1958-1959), pp.11-13.
15	官立嘉道理爵士學校（1959年4月）	瀝青地磚工程	*Hong Kong and Far East Builder*, Vol.14 no.2 (1959-1960), p.62.
16	皇仁書院百周年紀念新大樓（New Buildings Celebrate Centenary of Queen's College）	樓宇管道及潔具	*Hong Kong and Far East Builder*, Vol.16 no.3 (1961), pp.42-43.
17	嘉道理爵士小學（西區）及中環小學	樓宇管道及潔具	*Hong Kong and Far East Builder* , Vol.18, no.4 (1963), p.168.
18	香港大學利瑪竇宿舍（Ricci Hall）	樓宇管道	*Far East Architect & Builder* 1968 Jan, pp.27-29.
19	畢架山小學（Beacon Hill Primary School）	樓宇管道	*Far East Builder* 1968 May, pp.21, 26-27.
20	香港理工學院（Polytechnic）	---	*Building Record 1974-76*, p.556.
21	賽馬會行政大樓（Jockey Club Administrative Building）	---	*Building Record 1974-76*, p.556.

22	沙爾德聖保祿女修會銅鑼灣孤兒院（Orphanage erected in Causeway Bay by the Sisters of St. Paul de Chartres）	衛生設備	*Hong Kong and Far East Builder*, Vol.08 no.4 (1950-1951), p.39.
23	伊利沙伯女皇二世青年遊樂場館（Queen Elizabeth II Youth Centre）	樓宇管道	*Hong Kong and Far East Builder*, Vol.10 no.3 (1953-1954), pp.35-36.

從上表可知，李耀祥先生為其母校香港大學出力不少，李耀記經手的 13 宗教堂及學校潔具管道工程，四宗均涉及香港大學。另外，青山醫院是香港第一家精神病醫院，啟用於 1961 年，可謂香港醫療社會史上的大事，而其樓宇管道，正是李耀記於 1959 年鋪設的，牽涉的工程費用接近 16 萬元，規模相當龐大（圖片 2.53、2.54、2.55）。

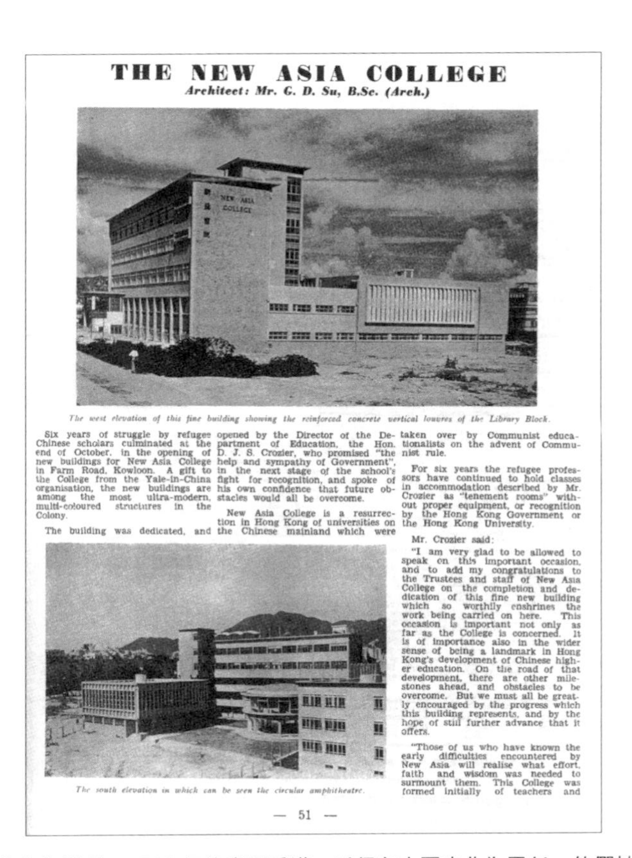

THE NEW ASIA COLLEGE

Architect: Mr. G. D. Su, B.Sc. (Arch.)

The west elevation of this fine building showing the reinforced concrete vertical louvres of the Library Block.

Six years of struggle by refugee Chinese scholars culminated at the end of October, in the opening of new buildings for New Asia College in Farm Road, Kowloon. A gift to the College from the Yale-in-China organisation, the new buildings are among the most ultra-modern, multi-coloured structures in the Colony.

The building was dedicated, and opened by the Director of the Department of Education, the Hon. D. J. S. Crozier, who promised "the help and sympathy of Government", in the next stage of the school's fight for recognition, and spoke of his own confidence that future obstacles would all be overcome.

New Asia College is a resurrection in Hong Kong of universities on the Chinese mainland which were taken over by Communist educationalists on the advent of Communist rule.

For six years the refugee professors have continued to hold classes in accommodation described by Mr. Crozier as "tenement rooms" without proper equipment, or recognition by the Hong Kong Government or the Hong Kong University.

Mr. Crozier said:

"I am very glad to be allowed to speak on this important occasion, and to add my congratulations to the Trustees and staff of New Asia College on the completion and dedication of this fine new building which so worthily enshrines the work being carried on here. This occasion is important not only as far as the College is concerned. It is of importance also in the wider sense of being a landmark in Hong Kong's development of Chinese higher education. On the road of that development, there are other milestones ahead, and obstacles to be overcome. But we must all be greatly encouraged by the progress which this building represents, and by the hope of still further advance that it offers.

"Those of us who have known the early difficulties encountered by New Asia will realise what effort, faith and wisdom was needed to surmount them. This College was formed initially of teachers and

The south elevation in which can be seen the circular amphitheatre.

— 51 —

圖片 2.53：錢穆先生學者，1949 年後南下香港，以保存中國文化為己任，他們被稱為「難民教授」（Refugee Professors），艱苦經營六年之後，終於在燕京學社和港府支持下，於 1956 年在農圃道成立新亞書院，其管道工程是由李耀記包辦〔資料來源：*The Hong Kong and Far East Builder* vol.12 no.3 (1956) p.51〕。

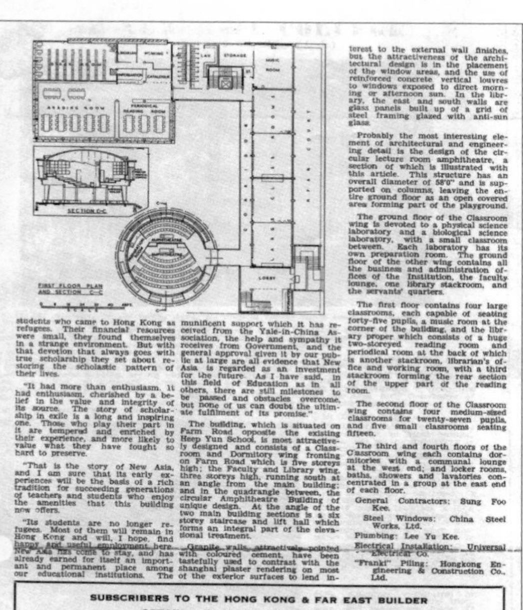

students who came to Hong Kong as refugees. Their financial resources were small, they found themselves in a strange environment. But with that devotion that always goes with true scholarship they set about restoring the scholastic pattern of their lives.

"It had more than enthusiasm. It had enthusiasm, cherished by a belief in the value and integrity of its source. The story of scholarship in exile is a long and inspiring one. Those who play their part in it are tempered and enriched by their experience, and more likely to value what they have fought so hard to preserve.

"That is the story of New Asia, and I am sure that its early experiences will be the basis of a rich tradition for succeeding generations of teachers and students who enjoy the amenities that this building now offers.

"Its students are no longer refugees. Most of them will remain in Hong Kong and will, I hope, find happy and useful employment here. New Asia has come to stay, and has already earned for itself an important and permanent place among our educational institutions. The munificent support which it has received from the Yale-in-China Association, the help and sympathy it receives from Government, and the general approval given it by our public at large are all evidence that New Asia is regarded as an investment for the future. As I have said, in this field of Education as in all others, there are still milestones to be passed and obstacles overcome, but none of us can doubt the ultimate fulfilment of its promise."

The building, which is situated on Farm Road opposite the existing Heep Yun School, is most attractively designed and consists of a Classroom and Dormitory wing fronting on Farm Road which is five storeys high; the Faculty and Library wing, three storeys high, running south at an angle from the main building; and in the quadrangle between, the circular Amphitheatre Building of unique design. At the angle of the two main building sections is a six storey staircase and lift hall which forms an integral part of the elevational treatment.

Granite walls, attractively pointed with coloured cement, have been tastefully used to contrast with the shanghai plaster rendering on most of the exterior surfaces to lend interest to the external wall finishes, but the attractiveness of the architectural design is in the placement of the window areas, and the use of reinforced concrete vertical louvres to windows exposed to direct morning or afternoon sun. In the library, the east and south walls are glass panels built up of a grid of steel framing glazed with anti-sun glass.

Probably the most interesting element of architectural and engineering detail is the design of the circular lecture room amphitheatre, a section of which is illustrated with this article. This structure has an overall diameter of 58'0" and is supported on columns, leaving the entire ground floor as an open covered area forming part of the playground.

The ground floor of the Classroom wing is devoted to a physical science laboratory and a biological science laboratory, with a small classroom between. Each laboratory has its own preparation room. The ground floor of the other wing contains all the business and administration offices of the Institution, the faculty lounge, one library stackroom, and the servants' quarters.

The first floor contains four large classrooms, each capable of seating forty-five pupils, a music room at the corner of the building, and the library proper which consists of a huge two-storeyed reading room and periodical room at the back of which is another stackroom, librarian's office and working room, with a third stackroom forming the rear section of the upper part of the reading room.

The second floor of the Classroom wing contains four medium-sized classrooms for twenty-seven pupils, and five small classrooms seating fifteen.

The third and fourth floors of the Classroom wing each contains dormitories with a communal lounge at the west end; and locker rooms, baths, showers and lavatories concentrated in a group at the east end of each floor.

General Contractors: Sung Foo Kee.

Steel Windows: China Steel Works, Ltd.

Plumbing: Lee Yu Kee.

Electrical Installation: Universal Electrical Co.

"Franki" Piling: Hongkong Engineering & Construction Co., Ltd.

— 52 —

圖片 2.54：於 1956 年在農圃道成立的新亞書院，其管道工程是由李耀記包辦〔資料來源：*The Hong Kong and Far East Builder* vol.12 no.3 (1956) p.52〕。

GOVERNMENTS CONTRACTS AWARDED
JANUARY, FEBRUARY, MARCH, 1959.

PARTICULARS	CONTRACTORS	AMOUNT
January 1959		
Construction of Tai Wo Ping salt water service reservoir	Gammon (Hong Kong) Ltd.	$ 1,218,244.00
Construction of North Kowloon Magistracy Building	Cheong Lee Construction Co.	2,403,420.90
Construction of Castle Peak Hospital	Winsome Co.	6,737,572.86
Construction of domestic resettlement housing at Wong Tai Sin, Phase III, Stage A	Cheong Lee Construction Co.	3,375,019.84
Tai Lam Chung Catchwaters, Northern Group, Sections A & B	Kwan On	3,975,430.00
Reconstruction of Lockhart Rd. from Marsh to Stewart Rds.	Hung Mau Construction Co.	162,280.00
Road widening and reconstruction of bridge at So Kun Wat, Milestone 18, Castle Peak Road	Chi Fuk Construction Co.	299,868.00
Maintenance of Waterworks in 1959	Kin Yick Lung Construction Co. H.K. Island	250,000.00*
	Union Construction Co. — Kowloon & New Territories	2,750,000.00*
Maintenance and repairs to Port Works in 1959	Fung Kau Kee Salvage and Engineering Co.	220,000.00*
Site formation and ancillary works, Fung Wong Village Development, Stage I	Union Construction Co.	137,177.00
Demolition of Buxey Lodge	Sang Hop Construction Co.	22,500.00†
Construction of a latrine and bath house, Yen Chow Street	On Lee & Co.	89,187.95
Construction of North Point high level service reservoir	Lam Construction Co.	749,853.00
Site formation at Kwun Tong Road	Wa Hing Construction Co.	115,000.00
Construction of a pavilion, toilet block, etc., at Shek Kip Mei Resettlement Estate	Hung Yue & Co.	48,364.00
Construction of barrack block and Inspectors' quarters at Police Training School	Hsin Heng Construction Co.	166,632.20
Reconstruction of Deep Water Bay Road	Wah Hing & Co. Ltd.	91,310.00
Construction of King's Park service reservoir	Wah Hin & Co. Ltd.	1,832,635.50
Removal of overburden from Hok Yuen Quarry-January to June, 1959.	Wing Lee Construction Co.	100,000.00*
PRIVATE TENDERS		
Conversion of lifts in Canton Road Police Quarters	Otis Elevator Co.	76,560.00
Preliminary investigations into formation of Ngok Yu Shan, Kwun Tong	Soil Mechanics Ltd.	33,792.00
Piling to foundations for resettlement housing at Shek Kip Mei, Stage IV	Hong Kong Engineering & Const. Co. Ltd.	$ 105,200.00
Piling to foundations for resettlement housing at Li Cheng Uk	Hong Kong Engineering & Const. Co. Ltd.	97,520.00
Electrical installation at Shek Kip Mei Primary School	China Engineers Ltd.	30,957.00
Electrical installation in the temporary Terminal Building, Kai Tak	Far East Electrical & Engineering Co. Ltd	22,385.00
Supply and fixing of decorative bronze doors and windows at Central Government Offices (West Wing)	Ronal Biguzzi	22,370.00
Piling to foundations of Wong Tai Sin School	Kee Yip Construction Co. Ltd.	58,540.00
Internal plumbing to various buildings at Castle Peak Hospital	Lee Yu Kee	159,087.00
Supply and installation of 1 lift in Kowloon Hospital	China Engineers Ltd.	45,600.00
Electrical installations at Chai Wan Resettlement Factory	Jardine Engineering Corporation, Ltd.	16,850.00
Electrical installations, Storm Warning Radar Station, Tate's Cairn	China Light and Power Co. Ltd.	25,000.00
Waterproofing basement of Causeway Bay Magistracy	Reiss, Bradley & Co., Ltd.	40,714.00
Piling to foundations for "Queen Elizabeth" Hospital	Gammon (H.K.) Ltd.	745,588.32
Site formation for radio equipment, Mt. Kellett	Winsome Co.	229,237.00
Salt water flushing scheme — Pumping Station at Cheung Sha Wan	Hong Kong Engineering & Const Co. Ltd.	19,500.00*
Construction of Tong Mi Road Primary School	Yick Lee & Co.	675,849.98
Piling to foundations of Tong Mi Road Primary School	Hong Kong Engineering & Const. Co. Ltd.	59,500.00
Supply & maintenance of Venetian blinds from 1.12.58 to 30.11.59	Webster Venetian Blind Co.	70,000.00*
Supply of rubber sleeves for Shek Pik Dam	Isler & Walter	5,000.00*
Construction of Forestry Division quarters	Wing Yip Construction Co.:—	
	Tai Lung Nursery	14,958.20
	Castle Peak Station	14,958.20
Housing Scheme at So Uk, Cheung Sha Wan. Piling of Blocks S, T and U	The Vibro Piling Co. Ltd.	835,176.00
Lift Installations in Blocks E, F, G, H & I	The British General Electric Co. Ltd.	507,500.00
February 1959		
Housing Scheme at So Uk, Cheung Sha Wan, Piling of Blocks R, Q & K	Gammon (Hong Kong) Ltd.	365,818.50
Construction of a freight building, Kai Tak	Sang Hop Construction Co.	1,708,389.26
Construction of Sisters' & Nurses' quarters and Nursing School for "Queen Elizabeth" Hospital	Cheong Lee Construction Co.	4,267,312.35
Site formation for Resettlement housing at Kwun Tong, Stage II	Union Construction Co.	$ 953,000.00

THE HONG KONG & FAR EAST BUILDER — VOLUME 14, NUMBER 1　　65

圖片 2.55：青山醫院是全港第一家精神病院，李耀記負責的樓宇管道工程，費用接近 16 萬港元〔資料來源：*The Hong Kong and Far East Builder* vol14 no1 (1959) p.65〕。

李耀記潔具管道工程所服務的第三類對象，是商業、企業機構、酒店、商業大廈等，這類工程凡 29 宗，細節如下：

序號	機構或建築名稱	工程細節	資料來源
1	大東電報局電訊大廈（Electra House for Cable & Wireless Limited）	潔具、管道及消防設備	*Hong Kong and Far East Builder*, Vol.08 no.6 (1950-1951), pp.9-11.
2	樂古大廈（Caxton House）	瓷磚	*Hong Kong and Far East Builder*, Vol.10 no.2 (1953-1954), p.9-11.
3	國民收銀機公司大廈（National Cash Register Building）	樓宇管道	*Hong Kong and Far East Builder*, Vol.10 no.2 (1953-1954), pp.13-14.
4	香港電車有限公司職員宿舍（Tramways Staff Quarters）	樓宇管道	*Hong Kong and Far East Builder*, Vol.10 no.3 (1953-1954), pp.13-14.
5	九龍麗斯戲院（Ritz Cinema）	樓宇管道	*Hong Kong and Far East Builder*, Vol.10 no.3 (1953-1954), pp.40-41.
6	成報大廈（Sing Pao Daily News Building）	衛生設備	*Hong Kong and Far East Builder*, Vol.10 no.4 (1953-1954), pp.34-35.
7	九龍保羅大廈（Paul's Mansions Kowloon）	樓宇管道	*Hong Kong and Far East Builder*, Vol.10 no.5 (1953-1954), pp.33-34.
8	灣仔福特汽車服務站及蜆殼加油站新服務站	樓宇管道	*Hong Kong and Far East Builder*, Vol.11 no.4 (1955-1956), pp.65-66.
9	福特汽車服務站及蜆殼加油站	樓宇管道	*Hong Kong and Far East Builder*, Vol.12 no.2 (1956-1957), pp.27-28.
10	半島大廈（Peninsula Court）	樓宇管道、衛生及排水工程	*Hong Kong and Far East Builder*, Vol.12 no.6 (1956-1957), pp.27-30.
11	文遜大廈（Manson house）	樓宇管道	*Hong Kong and Far East Builder*, Vol.12 no.6 (1956-1957), pp.53-54.
12	萬宜大廈（Man Yee Building）	樓宇管道	*Hong Kong and Far East Builder*, Vol.13 no.1 (1957-1958), pp.9-11.
13	新麗池酒店及泳池（New Ritz Hotel and swimming pool）	樓宇管道	*Hong Kong and Far East Builder*, Vol.13 no.4 (1958-1959), pp.59-60.
14	南洋紗廠有限公司觀塘工業區工廠（Nanyang Cotton Mill Ltd. Factory in Kun Tong Industrial Area）	潔具及管道安裝	*Hong Kong and Far East Builder*, Vol.14 no.2 (1959-1960), p.44.
15	帝國酒店（Imperial Hotel）	潔具	*Hong Kong and Far East Builder*, Vol.14 no.2 (1959-1960), p.50.
16	香港廣安銀行新總部（Hong Kong's Kwong On Bank in New headquarters）	潔具及管道安裝	*Hong Kong and Far East Builder*, Vol.14 no.5 (1959-1960), pp.27-28.
17	德成大廈（Tak Sing House）	Aqua —Clear Feeder 濾水器	*Hong Kong and Far East Builder*, Vol.15 no.4 (1960-1961), p.60.
18	興瑋大廈（Hing Wai Building）	Aqua —Clear Feeder 濾水器	*Hong Kong and Far East Builder*, Vol.15 no.4 (1960-1961), p.60.

19	陸海通大廈（Lok Hoi Tong Building）	樓宇管道、潔具及玻璃鑲嵌	*Hong Kong and Far East Builder*, Vol.16 no.3 (1961), pp.44-47.
20	The Hong Kong Metropolitan Bank Ltd's new premise	樓宇管道	*Hong Kong and Far East Builder*, Vol.16 no.4 (1961), pp.44-46.
21	帝后酒店（Empress hotel）	浴室設備	*Hong Kong and Far East Builder*, Vol.16 (1962), no.5, p.60.
22	九龍東亞銀行（Bank of East Asia）	樓宇管道	*Hong Kong and Far East Builder*, Vol.17, no.3 (1962), pp.58-60.
23	海港中心酒店（Hotel of Harbour Centre）	樓宇管道及潔具	*Far East Builder* 1969 Nov, pp.13, 15-20.
24	邵氏片場宿舍（Residential blocks at Shaws' studios）	樓宇管道	*Far East Builder* 1970 Feb, pp.19, 21-22.
25	香港怡東酒店（Excelsior Hotel）	樓宇管道	*Asian Building & Construction* 1973 Feb, p.15,17-19,21.
26	假日酒店（Holiday Inn Hotel）	樓宇管道、排水、過濾設備及泳池設施	*Asian building & Construction* 1975 June, p.15,17,19.
27	康樂大廈（Connaught Centre）	---	*Building Record 1974-76*, p.556.
28	惠安苑（Westland Gardens）	---	*Building Record 1974-76*, p.556.
29	B.A.T. Factory（British American Tobacco，即英美煙草集團工廠）	---	*Building Record 1974-76*, p.556.

從上表可知，李耀記服務的商用、非住宅建築，不僅數目多，而且名氣大。例如，上表第 2 號的樂古大廈，就是以原籍鶴山的李一諤的樂古印務公司來命名的。樂古印務公司是香港第一家上市的印務公司。1951 年，李一諤在今中環都爹利街 1 號建一座六層高的樓房，驚動了民國時期著名外交官傅秉常侄兒傅金城，傳入稟高等法院，以李新建物業阻擋自己物業的光線為由，要求制止李的物業工程，經過漫長的官司，1952 年 8 月，李一諤勝訴，這座樓房也於 1953 年落成啟用，是為樂古大廈。這場官司對於香港的都市發展，產生深遠影響。[75] 而樂古大廈的瓷磚工程，則正是李耀記負責的。又例如，上表第 12 號的萬宜大廈，是著名建築設計師朱彬的手筆，也是全香港第一座配備公共扶手電梯的大廈，在 1950 年代的香港，可謂開風氣之先。[76] 而其樓宇管道工程，就是李耀記負責的（圖片 2.56、2.57、2.58）。

75. York Lo, "Lee Yat-Ngok, the Local Printing Press Company and the Development of the Hong Kong Printing Industry", in Huge Farmer, *The Industrial History of Hong Kong Group* https://industrialhistoryhk.org/lee-yat-ngok-the-local-printing-press-and-the-development-of-the-hong-kong-printing-industry/ 訪問日期：2018 年 6 月 5 日。
76. 吳啟聰（香港註冊建築師）：〈萬宜大廈（第一代）〉，載香港建築中心：《十築香港——我最愛的・香港百年建築》（http://www.10mostlikedarchitecture.hk/page.php?71，訪問日期：2018 年 6 月 5 日）。

THE MAN YEE BUILDING

ARCHITECTS:
KWAN, CHU & YANG.

The growth of Hongkong has resulted in the spreading out of the business and commercial centre which was formerly principally confined to the City of Victoria, that part of the Island which was bounded by Murray Road, Pedder Street, Queen's Road and Connaught Road. The development of North Point since 1950 onward saw the establishment of an extensive shopping district in that area, and of course the growth of Kowloon's commercial and business centre has been phenomenal, Nevertheless, with the continued demand for office space, new commercial building projects of considerable size began to expand westward from Pedder Street, and during the past few years the Wing On Life Building, Commercial Press Building, Fu House, Yu To Sang Building and Li Po Chun Chambers have been erected.

The newest and by far the most impressive of these commercial buildings which were recently completed is the Man Yee Building, which stands on a considerable area fronting on Des Voeux Road, Pottinger Street and Queen's Road. Several innovations were introduced into the design, the principal one being a shopping centre on the first floor in addition to the one on the ground floor, the two floors being linked by two escalators capable of handling a flow of 5,000 persons per hour. Although there are now a number of buildings in course of erection which incorporate this feature, the original idea for commercial buildings was introduced in the Man Yee Building. The idea of having these two floors linked occurred to the architects because of a difference in level of 19'-0'' between the Queen's Road end and the Des Voeux Road side, which difference in the new building puts the Queen's Road entrance at the first floor level. Thus the public can enter that side, proceed through the length of the building and descend to the Des Voeux Road level

Photograph of the Upper Ground Floor Arcade.

— 9 —

圖片 2.56：萬宜大廈是全港第一座配備公共扶手電梯的大廈，李耀記負責其管道工程〔資料來源：Far East builder vol.13 no.1 (1957-58) p.9〕。

by means of the escalator. The attraction of this escalator, its speedy and smooth operation draws the pedestrian traffic through the building instead of through Pottinger Street. This traffic flow has indeed proved so heavy as to fully justify the judgment and confidence of the architects in providing 78 shops in the building where there were formerly only 26.

The arcade arrangement of a shopping centre within a building has, of course, been fully justified by experience, and provided the location is good enough to ensure the flow of clientele, the fact that they are under cover in all weathers is an additional attraction to shoppers. The lighting and general arrangement of these arcades must, of course, be attractive. In the case of the Man Yee Building no effort was spared to make them so. Aluminium shop fronts were largely used, the designs varying with the requirements of the goods sold, and attractive lighting, wide corridors and ready accessibility are points of attraction the public will appreciate.

Considering the long, narrow site on which the building stands and its exceptional height in comparison with its other dimensions, it was no inconsiderable task to produce a design which would be substantial and well-proportioned, avoiding the spindly appearance which the limitations of the dimensions of the area would ordinarily impose. In the finished design, the external appearance of the building displays the result of the high quality of materials used, and the practicability of its interior lay-out. The completed structure adds up to one answer — the architects had studied the problem presented to them and had come up with a perfect solution.

From whichever viewpoint one looks at the building, the feeling of dignity and symmetrical unity impresses itself immediately. The building is irregular in shape, being narrower in the Queen's Road end than on the Des Voeux Road side, the four corners are not all at right angles, the front of the building is 14 storeys high, the back is 12 floors, and they are linked by a 7-storey section with set-backs. These irregularities would be beyond the ability of a good many architect to overcome, but in this particular case there can be no doubt whatsoever that these difficulties have only helped to produce a structure of outstanding design.

Two 32R Otis Escalators, with a vertical rise of 19'-0'', were installed, each escalator having a capacity of 5,000 persons per hour. Seven Otis elevators efficiently handle the vertical traffic, of these three are at the Des Voeux Road entrance carrying 3,000 lbs. at 500 feet per minute, three at the Queen's Road entrance carrying 2,500 lbs. at 500 feet per minute, and one is in the middle of the building at the Pottinger Street entrance, and carries 2,000 lbs. at 300 feet per minute.

General Contractors: Paul Y. Construction Co.
C.M.A. Cable manufactured by British Insulated Callender's Cables Ltd.: Supplied by Inniss & Riddle (China) Ltd.
Electrical Contractor: Chuen Tai Electrical Co.
Plumbing Work: Lee Yu Kee.
Lifts & Escalators: Otis Elevator Company.
Steel Windows: China Steel Works Ltd.
Waterproofing: Dreyer & Co., Ltd.
Show Windows & Canopy: Hong Kong Aluminium Ltd.
Granite: American Engineering Corp.
Locks & Hinges: Shewan, Tomes & Co., Ltd.
Quarry Tiles (Arcade): Demig Trading (F.E.) Ltd.
Marble: Vannini Construction Co.
Fire Hydrant & System: Victory Mfg. Co.
"York" Air Conditioners and Electrical Installation (for Whi- away, Laidlaw & Co., ... Jardine Engineering C...

Architectural details of main elevations. (Left) Queen's Road side and (Right) Des Voeux Road side.

— 11 —

圖片 2.57：萬宜大廈是全港第一座配備公共扶手電梯的大廈，李耀記負責其管道工程〔資料來源：Far East builder vol.13 no.1 (1957-58) p.11〕。

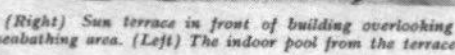

(Right) Sun terrace in front of building overlooking seabathing area. (Left) The indoor pool from the terrace.

large scale installation in the Colony. These heaters are built into the walls and only protrude about six inches. The exterior ventile for these heaters acts as both an air intake and an outlet for the products of combustion, and it is designed to be inconspicuous from outside.

An interesting architectural feature is the way the upper structure rests on girders supported by columns kept clear of the swimming pool.

Water for swimming is changed every four hours. A basement in rear of the pool contains the necessary pumping and filtering plant. The wall at one end of the pool includes a below-surface glass panel which allows spectators to watch swimmers in action under the water. A mosaic in shaded blue on the south side depicts various fish in its design. These are bathed in a continuous stream of water and give the impression they are alive and moving.

A novel feature is that those entering the pool pass through the field of an electric eye which activates geysers for the sanitary shower all must take before entering the water.

In front is a wide terrace for sunbathing and an area of seawater beyond has been enclosed from the harbour by a small pier and floating pontoon to make a safety area for outdoor bathing.

This jetty is also used by launches from Kaitak which can bring visitors arriving by air across the water to the hotel avoiding the necessity of using ferry and motor car. This should appeal greatly to tourists.

For the further convenience o guests the Hotel operates a moto coach service between the New Rit and Hong Kong's shopping district i the central area.

The Colony's veteran hotel manage Mr. Aubrey Dimond will manage th new enterprise, assisted by Mr. Ben Lui.

General Contractors: Hsin Heng Const. Co.
Schindler Passenger Lifts: Jardine Engineering Corp., Ltd.
Multi-Coloured Tiles: Demig Trading Co. (F.E.) Ltd.
Ascot Gas Water Heaters: Humphreys, Boyle & Co., Ltd.
Gas Installation: H.K. & China Gas Co., Ltd.
Plumbing Work: Lee Yu Kee.

NEW RITZ SWIMMING POOL
THE LATEST COVERED SWIMMING POOL IN HONG KONG
COMPLETE FILTRATION PLANT AND PURIFICATION SYSTEM
EQUIPPED WITH
AUTOMATIC PRIMING INTERCEPTOR, PUMPING UNITS, COAGULATION AND CHLORINE FEEDERS
DESIGNED AND INSTALLED BY
37 Des Voeux Rd., C. Hong Kong. · LEE YU KEE · Telephones: 23033 37064

— 60 —

圖片 2.58：新麗池酒店其室內泳池，為 1950 年代之先進設計，也是李耀記手筆〔資料來源：*Hong Kong and Far East Builder*, Vol.13 no.4 (1958-1959), pp.59-60〕。

李耀記潔具管道工程所服務的第四類對象，是私人住宅，這類工程凡 22 宗，細節如下：

序號	機構或建築名稱	工程細節	資料來源
1	白加道住宅（Martinhoe）	潔具及冷熱水裝置	*Hong Kong and Far East Builder*, Vol.07 no.3 (1949-1950), pp.37-38.
2	加列山道 La Hacienda 洋房	樓宇管道	*Hong Kong and Far East Builder*, Vol.07 no.5 (1949-1950), pp.67-68.
3	渣華大樓（Interocean Court）	潔具及管道安裝	*Hong Kong and Far East Builder*, Vol.08 no.2 (1950-1951), pp.33-34.
4	淺水灣 3 號平房（No.3 Bungalow Repulse Bay）	管道安裝	*Hong Kong and Far East Builder*, Vol.08 no.3 (1950-1951), p.47.
5	九雲居（Tjibatoe 山頂住宅）	潔具及管道安裝	*Hong Kong and Far East Builder*, Vol.08 no.3 (1950-1951), p.59.

6	雨時大廈（St. Louis Mansions）	樓宇管道	*Hong Kong and Far East Builder*, Vol.08 no.3 (1950-1951), pp.62-63.
7	赤柱 Banoo Villa 洋房	樓宇管道	*Hong Kong and Far East Builder*, Vol.08 no.6 (1950-1951), pp.25-26.
8	深水灣道 Rocky Bank 洋房	樓宇管道	*Hong Kong and Far East Builder*, Vol.08 no.7 (1950-1951), pp.13-14.
9	深水灣住宅（R.B.L. 601 Building）	樓宇管道	*Hong Kong and Far East Builder*, Vol.09 no.3 (1951-1952), pp.35-36.
10	麥當奴道住宅（Apartments on Macdonnell Road）	樓宇管道	*Hong Kong and Far East Builder*, Vol.10 no.4 (1953-1954), pp.29-30.
11	司徒拔道眺馬閣（Race View Mansions）	水廁（Universal Rundle）	*Hong Kong and Far East Builder*, Vol.11 no.4 (1955-1956), pp.17-18.
12	旭龢道住宅（Apartments at 2-8 Kotewall Road）	樓宇管道	*Hong Kong and Far East Builder*, Vol.11 no.4 (1955-1956), pp.33-34.
13	半山根德大廈（New Tregunter Mansions）	地下排水渠	*Hong Kong and Far East Builder*, Vol.11 no.5 (1955-1956), pp.15-17.
14	跑馬地比雅道住宅（Briar Avenue co-operative apartments）	衛生設施	*Hong Kong and Far East Builder*, Vol.11 no.6 (1955-1956), p. 51-52.
15	卑路乍花園住宅（Belcher Gardens Estate）	樓宇管道	*Hong Kong and Far East Builder*, Vol.12 no.5 (1956-1957), pp.55-57.
16	赫蘭道住宅（Headland Road Apartments）	樓宇管道	*Hong Kong and Far East Builder*, Vol.14 no.1 (1959-1960), pp.19-20.
17	干讀道（即今干德道）住宅（Conduit Road flats）	樓宇管道及浴室設備	*Hong Kong and Far East Builder*, Vol.16 no.3 (1961), pp.54-55.
18	Rozlyn Apartments（疑位於跑馬地桂芳街）	樓宇管道	*Hong Kong and Far East Builder*, Vol.17 (1962), no.2, p.78-80.
19	清水灣道連棟房屋（Terrace houses on Clear Water Bay Road）	潔具	*Far East Architect & Builder* 1965 Dec, p.55-57.
20	邵逸夫寓所（Mansion for Hong Kong' s movie mogul）	泳池、過濾設備及噴泉	*Far East Builder* 1971 May, pp.9-13.
21	梅苑（May Tower）	---	*Building Record 1974-76*, p.556.
22	Branksome Tower（今名蘭心閣）	---	*Building Record 1974-76*, p.556.

從上表可知，李耀記服務的私人住宅，多為香港島半山、山頂、南區之豪宅，而著名的實業家、慈善家邵逸夫，不僅其邵氏兄弟電影公司員工宿舍由李耀記負責安裝樓宇管道，連邵逸夫本人的寓所，也由李耀記鋪設泳池、過濾設備及噴泉（圖片 2.59、2.60、2.61）。

Mansion for Hong Kong's movie mogul

SHAW ORGANISATION LTD.	owners
PETER Y.S. PUN & ASSOCIATES	consulting engineers/architects
RONALD C.Y. POON	architect-in-charge
K.C. LUK	engineer-in-charge
LOCKWOOD CONSTRUCTION CO. LTD.	main contractors

THE sunken bath and 24 ct. gold plated taps in the master bedroom of Mr. Run Run Shaw's new house at Clearwater Bay, New Territories, are symbols of luxury living which one would expect to find in the home of Hong Kong's leading movie magnate.

But to conclude from this that Mr. Shaw is a flamboyant extrovert would be quite wrong. Though he owns several residences in the colony, he himself lives comparatively modestly and is a too practical man to bother with material extravagances.

The film world however demands that he must entertain his guests quite lavishly, and so his new home has been built primarily for just that. But a closer study reveals the owner's practical character. The swimming pool for example may be used for underwater filming, and the project includes a cinema and a scenery storage area.

The site is situated at the far end of Shaw's studio compound at Clearwater Bay and commands a panoramic view

Far East BUILDER, May 1971

圖片 2.59：著名的實業家、慈善家、電影大亨邵逸夫，其寓所建成於 1971 年，耗資 156 萬港元（資料來源：*Far East builder* 1971 5 p.9）。

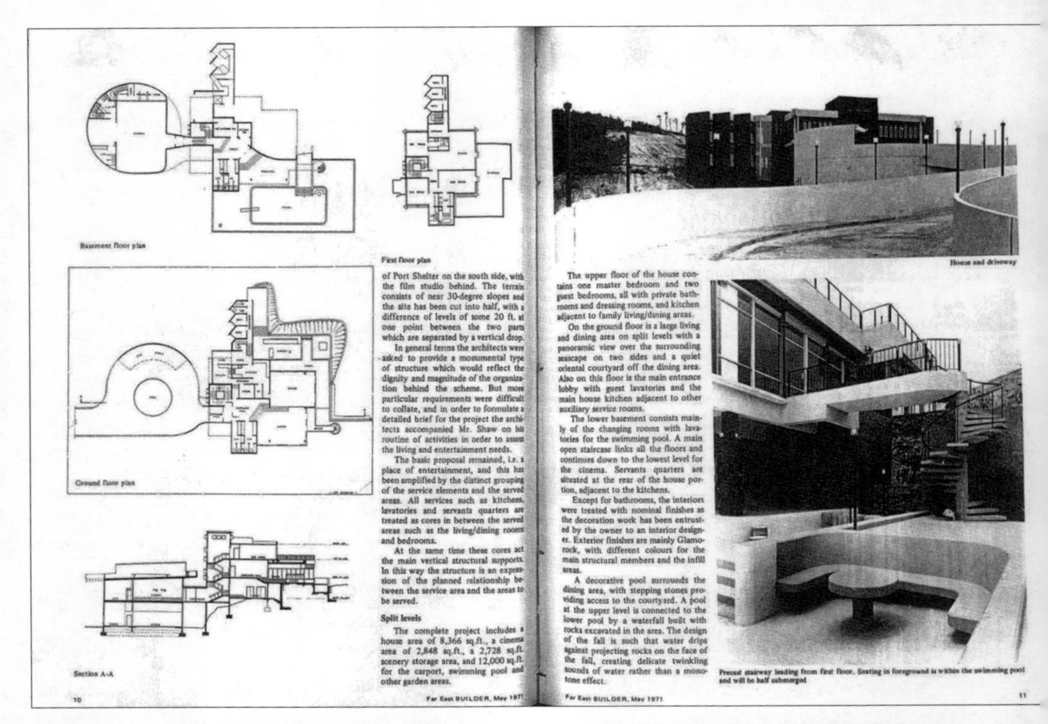

of Port Shelter on the south side, with the film studio behind. The terrain consists of near 30-degree slopes and the site has been cut into half, with a difference of levels of some 20 ft. at one point between the two parts which are separated by a vertical drop.

In general terms the architects were asked to provide a monumental type of structure which would reflect the dignity and magnitude of the organization behind the scheme. But more particular requirements were difficult to collate, and in order to formulate a detailed brief for the project the architects accompanied Mr. Shaw on his routine of activities in order to assess the living and entertainment needs.

The basic proposal remained, i.e. a place of entertainment, and this has been amplified by the distinct grouping of the service elements and the served areas. All services such as kitchens, lavatories and servants quarters are treated as cores in between the served areas such as the living/dining rooms and bedrooms.

At the same time these cores act the main vertical structural supports. In this way the structure is an expression of the planned relationship between the service area and the areas to be served.

Split levels

The complete project includes a house area of 8,366 sq.ft., a cinema area of 2,848 sq.ft., a 2,728 sq.ft. scenery storage area, and 12,000 sq.ft. for the carport, swimming pool and other garden areas.

10 Far East BUILDER, May 1971

House and driveway

The upper floor of the house contains one master bedroom and two guest bedrooms, all with private bathrooms and dressing rooms, and kitchen adjacent to family living/dining areas.

On the ground floor is a large living and dining area on split levels with a panoramic view over the surrounding seascape on two sides and a quiet oriental courtyard off the dining area. Also on this floor is the main entrance lobby with guest lavatories and the main house kitchen adjacent to other auxiliary service rooms.

The lower basement consists mainly of the changing rooms with lavatories for the swimming pool. A main open staircase links all the floors and continues down to the lowest level for the cinema. Servants quarters are situated at the rear of the house portion, adjacent to the kitchens.

Except for bathrooms, the interiors were treated with nominal finishes as the decoration work has been entrusted by the owner to an interior designer. Exterior finishes are mainly Glamorock, with different colours for the main structural members and the infill areas.

A decorative pool surrounds the dining area, with stepping stones providing access to the courtyard. A pool at the upper level is connected to the lower pool by a waterfall built with rocks excavated in the area. The design of the fall is such that water drips against projecting rocks on the face of the fall, creating delicate twinkling sounds of water rather than a monotone effect.

Precast stairway leading from first floor. Seating in foreground is within the swimming pool and will be half submerged

Far East BUILDER, May 1971 11

圖片 2.60：邵逸夫寓所平面設計圖及外觀，泳池、噴泉等即由李耀記負責（資料來源：*Far East builder* 1971 5 pp.10-11）。

...eway and main frontage of the house

...rs at first floor level

As stated, the swimming pool is also designed for underwater filming, special underwater glass panels being installed on two walls of the pool for the shooting of aqua scenes.

The sloping site necessitated a multi-storey solution. However in order to compensate the family quarters being on an upper level, thus lacking a 'house on the ground' feeling, a turfed garden has been provided off the master bedroom and the family living areas on the first floor.

Structure

The structural design is based on the London Building (Constructional) Amending By-Law (No.1) 1964.

There are three particular features of the structure. A large span thick slab was adopted for the roof of the circular-shaped private cinema at the lower level, as this also acts as the driveway to the house.

Large balconies between the core walls of the building, with edge beams at right angles projecting from the walls, have been treated as prop cantilevers supporting each other, since the deflection at the point where two beams meet together must be the same.

Circular cinema beneath the approach ramp to the house

Bedrooms overlooking the car port are supported by metal channels encased in concrete and suspended from the roof cantilevering beams.

Contractors

The total cost of the project, including air-conditioning, but excluding professional fees, was approximately HK$1,560,000.

The main contractor was Lockwood Construction Co. Ltd.

Sub-contractors and suppliers included:

Wang On Electrical Contractor – electrical installations

Lee Yu Kee Ltd. – swimming pool, filtration plant and fountain spray.

J. Mortensen & Co. – water sterilization installation

International Engineering Ltd. – airconditioning installation

HK L.P. Gas Co. Ltd. – gas installation.

Far East BUILDER, May 1971

Far East BUILDER, May 1971 13

圖片 2.61：邵逸夫寓所，泳池、噴泉等即由李耀記負責（資料來源：*Far East builder* 1971 5 pp.12-13）。

綜合上文，可知從戰後到 1970 年代，在 *Hong Kong and Far East Builder* 等香港建築業專業雜誌上，記錄了李耀記經手的 84 宗管道、潔具工程。原來，這一時期香港不少著名的公私機構建築，例如政府部門（中區政府合署西座）、法院（新界裁判處）、外國領事館（美國領事館）、酒店（半島酒店）、醫院（葛量洪醫院）、學校（香港大學）、銀行、工廠，以至於名人住宅（邵逸夫寓所），其潔具、外牆、管道等工程，原來都由李耀記承辦。現代香港都市的建設，絕對不能不提「李耀記」三字。信哉。

由陳大同、陳文元編輯，1941 年出版的香港工商業指南《百年商業》，對於李耀祥有一段稱譽有加的描述，已見本書第一章附錄二，但是《百年商業》對於李耀祥以潔具業起家致富，卻似乎有意不提。也許潔具業在一般人心目中形象欠佳，因此，《百年商業》描述李耀祥潔具業務時也低調處理。但事實上，李耀記從 1926 年底至 1970 年代，銷售潔具、包辦潔具工程，一直沒有間斷，而且業務蒸蒸日上。1920 至 1940 年代香港都市衛生的發展，固然不能不提李耀記的貢獻，甚至到了 1967 年美孚新邨興建，標誌着香港中產屋苑時代的開端，而美孚新邨的水喉工程，亦是由李耀記包辦。這時候，李耀祥已經淡出李耀記的日常管理工作，主持簽約儀式的是李耀祥的兒子李明。當時的《華僑日報》、《香港工商日報》均有報道（圖片 2.62、2.63）。

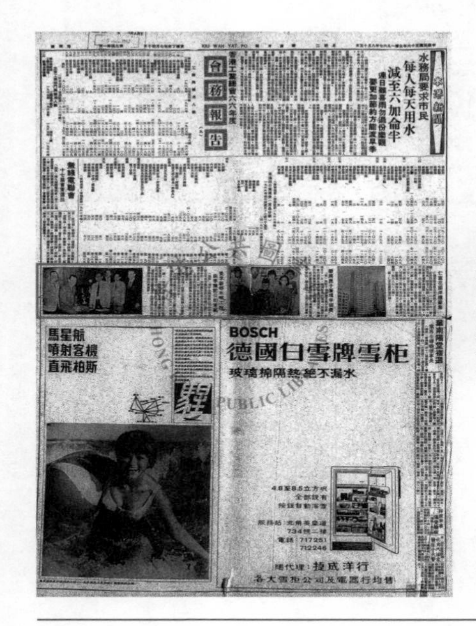
水務局要求市民每人每天用水減至六加侖半

會務報告

馬星航
噴射客機
直飛柏斯

BOSCH
德國白雪牌雪柜
玻璃棉隔熱絕不漏水

總代理：捷成洋行

美孚新邨水喉工程由李耀記公司承裝

圖片 2.62：1967 年 8 月 15 日《華僑日報》有關李耀記包辦美孚新邨水喉工程的報道（資料來源：香港公共圖書館多媒體資訊系統）。

美孚新邨水喉工程
由李耀記公司承裝

【本報訊】美孚企業有限公司昨日宣佈：該公司與李耀記有限公司經已簽訂一項重要合約，由李耀記有限公司承裝荔枝角美孚新邨第一期十四座大廈之水喉工程。

該合約包括裝設由泵房至每座天台貯水缸之食水輸送系統與水廁沖水系統，及供應全部器材。同時，首期十四座之全部滅火設備，亦將由李耀記有限公司承裝。

此耗資四億五千萬港元之龐大美孚新邨建屋計劃，首期工程定於明年完成。

圖左起：美孚企業有限公司營業經理溫明、工程經理高峯、李耀記有限公司總經理李明、羅澤柏利斯顧問公司淼斯、建築師嚴公奎及美孚企業有限公司總經理費爾倫簽約後留影。

圖片 2.63：1967 年 8 月 21 日《香港工商日報》有關李耀記包辦美孚新邨水喉工程的報道（資料來源：香港公共圖書館多媒體資訊系統）。

李耀記的新一頁，展開於 1986 年。是年 11 月底，李耀記的主席兼董事長、李耀祥的兒子李明，決定退休，就與森那美香港公司簽訂協議，由森那美收購李耀記全部股權（圖片 2.64、2.65）。

森那美收購李耀記

【本報訊】森那美香港有限公司已簽訂協議，收購李耀記有限公司全部股權。李耀記是本港規模最大及歷史最久的水管安裝公司之一。

此項協議，已於本月十九日由森那美行政總裁畢滌凡與李耀記主席兼董事經理李明簽署。

收購之後，該公司將成為森那美香港有限公司的全資附屬機構，並由森那美屬下的信昌機器工程有限公司經督，但李耀記的名字將保留不變。

畢滌凡表示，森那美的建設業務，一向集中於電力系統安裝工程，收購李耀記後，則會提供更全面性的服務。

畢滌凡（左）與李明簽訂協議

圖片 2.64：1986 年 11 月 21 日《大公報》有關森那美收購李耀記的報道（資料來源：香港公共圖書館多媒體資訊系統）。

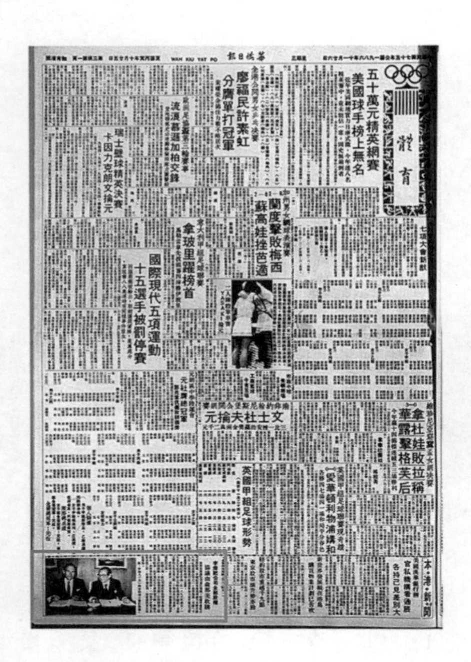
體育

五十萬元精英網賽
美國球手榜上無名

廖福民許素虹分膺單打冠軍

國際現代五項運動
十五選手被罰停賽

拿玻里躍榜首

文士杜夫掄元

美國甲組足球形勢

李耀記公司全部股權
協議由森那美收購

森那美香港公司簽訂協議，收購李耀記公司全部股權，李耀記是本港規模最大及歷史最久的水管安裝公司之一。此項協議，日前（十九日）由森那美行政總裁畢滌凡與李耀記主席兼董事經理李明博士簽署。

李耀記原名李基，在一八九六年創立，一九五九年成爲有限公司時改稱爲李耀記，本港主要的水管安裝工程，大都由此公司承辦。

李明博士表示，退休是他不擬繼續經營李耀記的主因。

收購之後，該公司將成爲森那美香港公司全資附屬機構，並由森那美屬下信明機器工程公司經營，但李耀記名字將保留不變。畢滌凡表示，森那美的建築業務，一向集中於電力系統安裝工程，收購李耀記後，則會提供更全面性服務。

圖：畢滌凡（左）與李明博士簽訂協議。

圖片 2.65：1986 年 11 月 26 日《華僑日報》有關森那美收購李耀記的報道（資料來源：香港公共圖書館多媒體資訊系統）。

三、李耀祥的其他商業經營

李耀祥先生的實業經營，並不止於李耀記，也不限於香港。以下羅列三項，可見李耀祥先生商業頭腦之靈活、經營手腕之成功。

（1）耀昌行

一如岑維休《李耀祥先生事畧》所載，李耀記在廣州是設有分行的，1939 年的 "*Business directory of Hong Kong, Canton and Macao*"（*Hong Kong: Far Eastern Corporation*）證實了這一點。李耀記在廣州的分行是耀昌行，應是《李耀祥先生事畧》所稱的「耀昌出入口」，可見耀昌行成為李耀記在廣州的分行，但 1949 年之後耀昌行的資料就找不到了。本章第二節已經有所提及，茲不贅。

（2）景星戲院

據 *The Hong Kong Telegraph*（《士蔑報》）1922 年 5 月 11 日報道，景星戲院的創辦人及擁有人是 Lee Yue-cheong，結合岑維休的李耀祥傳記，可知 Lee Yue-cheong 就是李耀祥（Lee Iu-cheung）。[77] 景星於 1922 年 6 月 1 日開張，李耀祥及景星戲院經理 Gonzalez de Bernado 出席開幕儀式。不過，李耀祥擁有景星戲院的時間很短，據 *The Hong Kong Telegraph*（《士蔑報》）1923 年 3 月 2 日報道，景星戲院由英商明達公司（The Hong Kong Amusements Ltd.）收購。換言之，李耀祥擁有景星戲院不足九個月。（圖片 2.66）

（3）天和洋行（Banker & Co.）及世界洋行（Globe Trading Co.）

在 1939 年度的 *Hong Kong Dollar Directory* 內，天和洋行與世界洋行的地址都是德輔道中 37 號；董事長都是李耀祥；而 T. C. Shum 這個人，既是天和洋行董事之

77. 按：李耀祥姓名的英文拼音頗不統一，例如在 1927 年出版的《香港商業人名錄》中，李耀祥的拼音又作 Li Yiu Cheong。

圖片 2.66：1930 年代的景星戲院（資料來源：香港政府新聞處圖片，藏香港公共圖書館多媒體資訊系統）。

首，又是世界洋行職員之首。顯然，世界洋行與天和行是一間公司、兩塊招牌。至於這位 T. C. Shum 又是誰？從日佔時代 1944 年安樂汽水廠的股東名單中，我們發現 T. C. Shum 應該就是岑子頌。而岑子頌左邊的岑維休，就是 1925 年創辦《華僑日報》的總編，他為李耀祥撰寫的傳記，是迄今為止有關李耀祥生平最重要的史料（圖片 2.67、2.68、2.69）。

行洋界世

GLOBE TRADING CO., The
37, Des Vœux Rd., C.
Tel. Add.: "Genuinely."
Proprietor—I. C. Lee.
Staff—T. C. Shum, P. S. Leung, K. K. Hau, Yuen Yue Kuen and Leong Po Hin.

圖片 2.67：1939 年度 *Hong Kong Dollar Directory* 有關天和洋行的條目（資料來源：1939 年度 *Hong Kong Dollar Directory*）。

司公限有行洋和天

BANKER & CO., LTD.
37, Des Vœux Rd., C.
Tel. 28177. P. O. Box 755.
Managing Director—Lee Iu Cheung.
Manager—Leung Tsai.
Directors—T. C. Shum and K. C. Tsang.

圖片 2.68：1939 年度 *Hong Kong Dollar Directory* 有關世界洋行的條目（資料來源：1939 年度 *Hong Kong Dollar Directory*）。

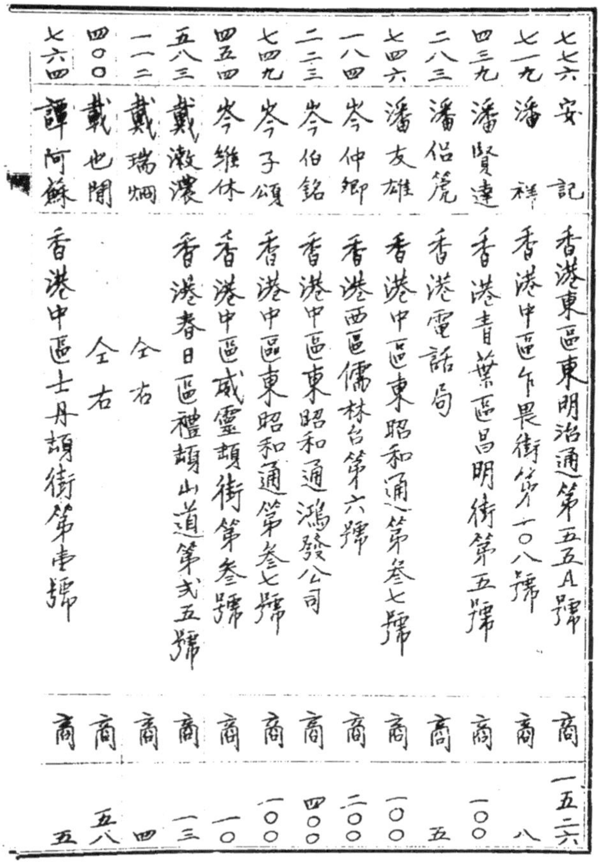

七七六	安記	香港東區東明治通第五五A號	商	一五二六
七一九	潘祥	香港中區乍畏街第一〇八號	商	八
四三九	潘賢達	香港青葉區昌明街第五號	商	一〇〇
二八三	潘侶莞	香港電話局	商	五
七四六	潘友雄	香港中區東昭和通第叁七號	商	一〇〇
一八四	岑仲鄉	香港西區儒林台第六號	商	二〇〇
二三三	岑伯銘	香港中區東昭和通鴻發公司	商	四〇〇
七四九	岑子頌	香港中區東昭和通第叁七號	商	一〇〇
四五四	岑維休	香港中區威靈頓街第叁號	商	一〇
五八三	戴激濃	香港春日區禮頓山道第弍五號	商	一三
一一二	戴瑞烱	仝右	商	四
四〇〇	戴也閒	仝右	商	五八
七六四	譚阿蘇	香港中區士丹頓街第壹號	商	五

圖片 2.69：1944 年安樂汽水廠股東之一岑子頌（資料來源：日佔時代 1944 年《舊香港會社登記申請書綴込帳》）。

四、小結：周谷城的夢想、李耀記的努力

1933年1月1日，《東方雜誌》第30卷第1號面世，其中有「新年的夢想」專輯，採訪當時中國各界名流賢達，請他們回答兩個問題：[78]

（一）先生夢想中的未來中國是怎樣？（請描寫一個輪廓或敘述未來中國的一方面。）

（二）先生個人生活中有甚麼夢想？（這夢想當然不一定是能實現的。）

參與這項訪問者，不乏現代中國文學、文化、學術界的名人，例如老舍、柳亞子、周作人、郁達夫、俞平伯、巴金、林語堂、茅盾、陶孟和、馬相伯、傅東華、夏丏尊等等。其中，暨南大學的周谷城教授，卻提供了非常獨特、甚至有點駭人聽聞的答案，他對於未來中國的夢想原來是：

我夢想中的未來中國首要之件便是：人人能有機會坐在抽水馬桶上大便。

開玩笑嗎？唯唯，否否。周谷城這看似開玩笑和玩世不恭的一小行字，反映出現代化的大道理。今天，抽水馬桶之有無、廁所衛生之優劣，往往成為我們衡量一個城市文明程度的「非官方指標」。2015年，我國政府還正式提出「廁所革命」的口號，足見周谷城中國夢之高瞻遠矚。但城市的廁所衛生，又以抽水馬桶及都市排污系統的建設為前提。李耀記經營潔具的時期，正好就是香港開始使用抽水馬桶的時期。在相當長的時間內，李耀祥被譴稱為「屎坑李」，反映出抽水馬桶作為一個概念，尚未進入香港市民的話語。香港城市衛生的改進，與李耀記的貢獻是分不開的。李耀記既為李耀祥帶來商業上的成功，也為香港城市衛生開創新局面。1933年周谷城的新年夢想，無論是玩笑還是嚴肅的願望，都代表着中國現代化的重要一步，這重要一步，至少在香港，就是由李耀祥先生及其李耀記實現的（圖片2.70）。

78.《東方雜誌》第30卷第1號（1933年1月1日），第（特）1頁。

纖。其最合理化二政制，必仍為全民主政治，而後可望治平，無復疑義也。

社會科學研究所　姜解生

我對於未來的中國人底生活有兩種夢想：

一、多數人底生活，一舉一動都須受統治者魔鬼底驅策。他們底腦筋日益退化，甚至簡單到要受機器人底指揮。他們只能住在鴿棚樣的房屋裏，終年穿着囚人樣的衣服，小米粥和黑麵條都不夠他們吃飽。繁華的都市雖然交通很便利，他們也難得去光顧，即使終其身能夠到過一二回，也只能在街上往來地徘徊。畏縮的他們，眼看着闊人們擠滿了所有的娛樂場所，卻絲毫沒有他們享受的份兒。他們底一生，只有受盡帝國主義者及其走狗底踐踏。

二、全國的人民都住在壯嚴偉大的公共住宅。他們底工作每天只有四小時或六小時。等到全國的電鐘放出了上工的聲號，他們已一秒鐘都不差地到達各人羣底工作地點。工作時他們個個人都是精神抖擻着像在戰場上那樣的緊張。可是經過了還不至於使人疲乏的勞動時間，他們就有相當時間的娛樂和休息。等到電鐘放出了下工的號聲，他們都一對一對或一羣一羣地跑到自己所喜歡的娛樂場所去。在那邊，他們可以盡情地，毫無顧慮地吸收大自然底賦與，享受人生底樂趣。那時候，人類社會所受自然底制限，已一天少一天。所謂人生，一方面是有計劃地有規律的，一方面是可以本能地盡量享受一切的。

這兩種夢想自然，我很希望第二種能夠實現。

暨南大學教授　周谷城

我夢想中的未來中國首要之件便是：人人能有機會坐在抽水馬桶上大便。

讀者　趙何如

曾經做過這樣一個夢，是中、印、俄、日、暨各小國聯合大會。中國是主盟國。各國同來赴會，印度當然脫離了英國的管轄而獨立，俄國亦分為亞洲部，歐洲部，日本亦由君主而民主，其他小國如高麗，如西藏，均改為中國的郡縣，緬甸改屬於印，還有俾魯志，土耳其，越南，暹邏一切的國，均開會於上海。那時的上海沒有租界，只有各地的會館。會場中的佔地，二百餘里。所有各地會員，約有三十萬人。提案共八件：（一）對外一致用亞洲名義。（二）取消國名，百里為縣，千里為郡，萬里為部。（三）以中國文為主文。（四）取消一切宗教。……那一天好像開會第三天，只見會場之中，萬頭攢動猶如螞蟻一般。我坐在書記席上，正要整理第五件議案，是排空取氣案，便一笑而醒了。

北平社會調查所主任　陶孟和

夢想是人類最危險的東西。人的生活，無論是個人的或社會的都

圖片 2.70：《東方雜誌》第 30 卷第 1 號（1933 年 1 月 1 日），第（特）23 頁。

第三章

李耀祥與東華三院

1940年庚辰，在香港歷史上可謂陰霾密佈、危機四伏的一年。這一年，是日本全面侵華戰爭的第三年，也是日本全面侵略東南亞及太平洋地區的前一年。大量內地人民逃難到香港，戰爭的威脅愈來愈嚴重，整個社會瀰漫着焦慮、恐懼的氣氛。李耀祥就在這一年2月13日被推選為東華三院董事局主席，2月22日正式上任，1941年2月12日卸任。[1] 究竟李耀祥在這短短一年內為東華三院做了甚麼工作，有何貢獻及影響？這是本章要探討的主要問題。但是，在此之前，我們必須首先認識東華三院的歷史。

1. 有關香港東華三院歷屆董事局成員姓名及任期，參見香港東華三院網頁之〈歷屆董事局成員芳名〉，網址 http://www.tungwah.org.hk/about/corporate-governance/board-of-directors/past-board/。有關李耀祥擔任東華三院董事局主席的具體日期，參見《一千九百四十年歲次庚辰香港東華醫院廣華醫院東華東院院務報告書》（香港：東華三院，1941年6月4日，藏東華三院文物館），頁1、18，以下簡稱《東華三院1940年度院務報告書》。

一、1930 年代的東華三院

「東華、廣華、東院，三大慈善機關，其非祇療治貧病者，顧亦為華僑唯一慈善總集團也」。[2] 這句話，是 1941 年一本香港百科全書對於東華三院的概括，概括得十分準確，東華三院的確不止是醫院，而且是香港華人社區最重要的慈善團體。有關東華三院的史料，除了三院自己編纂的各種年度報告、周年紀念文集外，研究論著也可謂汗牛充棟，茲述其犖犖大者。冼玉儀教授於 1989 年出版了 *Power and Charity* 一書，詳細敘述東華三院從開創至 1896 年的歷史，可謂東華三院研究的開山之作，此書於 2003 年再版。[3] 東華三院早於 1957 年在王澤森主席任內創立檔案制度，並於 1961 年出版《香港東華三院發展史》，慶祝三院成立 90 周年。[4] 又於 1970 年成立文物館，收集保存院史資料，並於同年出版《東華三院百年史略》，[5] 復於 2000 年刊行《東華三院一百三十年》，[6] 這三本書可算是東華三院自己的「官方」院史。2009 至 2010 年間，香港東華三院委託、由何佩然教授、葉漢明教授編著之五巨冊「東華三院檔案資料彙編系列」，把內容豐富而結構複雜的東華三院各類公文檔案披露於公眾眼前，再配以三院檔案以外的相關資料例如當時的報紙等，可謂勞苦功高。[7] 2010 年，丁新豹教授之《善與人同》一書，對於本章而言，更是不可多得的「及時雨」。[8] 另外還有不少與東華三院相關的重要史料及研究論著，篇幅所

2. 陳大同、陳文元編著：《百年商業》（香港：光明文化事業公司，1941），〈華僑百年慈善事業沿革〉之「東華三院」條目，無頁數。「東院」即東華東院。
3. Elizabeth Sinn（冼玉儀）, *Power and Charity: a Chinese Merchant Elite in Colonial Hong Kong* (Hong Kong: Hong Kong University Press, 2003). 另外，冼玉儀、劉潤和主編之《益善行道：東華三院 135 周年紀念專題文集》〔香港：三聯書店（香港）有限公司，2006〕，對於東華三院之研究，亦甚有價值。
4. 東華三院發展史編纂委員會編：《香港東華三院發展史》（香港：香港東華三院庚子年董事局，1961 年 2 月），有關 1957 年王澤森主席任內建立檔案制度，見該書〈編後語〉。
5. 東華三院百年史略編纂委員會編：《東華三院百年史略》（香港：香港東華三院庚戌年董事局，1970），兩冊。
6. 香港東華三院：《東華三院一百三十年》（香港：香港東華三院，2000）。
7. 香港東華三院委託、何佩然編著：《源與流：東華醫院的創立與演進》〔東華三院檔案資料彙編系列之一，香港：三聯書店（香港）有限公司，2009〕；香港東華三院委託、何佩然編著：《施與受：從濟急到定期服務》〔東華三院檔案資料彙編系列之二，香港：三聯書店（香港）有限公司，2009〕；香港東華三院委託、葉漢明編著：《東華義莊與寰球慈善網絡：檔案文獻資料的印證與啟示》〔東華三院檔案資料彙編系列之三，香港：三聯書店（香港）有限公司，2009〕；香港東華三院委託、何佩然編著：《破與立：東華三院制度的演變》〔東華三院檔案資料彙編系列之四，香港：三聯書店（香港）有限公司，2010〕；香港東華三院委託、何佩然編著：《傳與承：慈善服務融入社區》〔東華三院檔案資料彙編系列之五，香港：三聯書店（香港）有限公司，2010〕。
8. 丁新豹：《善與人同：與香港同步成長的東華三院（1870-1997）》〔香港：三聯書店（香港）有限公司，2010〕，尤其參見第四章〈共度時艱：全球經濟衰退與香港淪陷〉，頁 204-260。

限，勢難一一枚舉。[9] 以簡馭繁，不妨首先看東華三院網頁以下這接近七百字的自我介紹：[10]

> *東華三院的創辦，可溯自建於 1851 年位於港島太平山街的廣福義祠。義祠原用作市民安放先僑靈位的地方，後來卻成為流落無依人士及垂危病人的居所，衛生環境日益惡劣，引起政府及全港市民的關注。當時一群熱心公益的華人領袖有見及此，便倡議集資於附近興建一所醫院。1869 年，港督麥當奴撥出上環普仁街一個地段，資助十一萬五千元建院費用，並於 1870 年頒佈《倡建東華醫院總例》，創辦香港第一間華人醫院。醫院尚未落成，創院的華人領袖已在院址附近開設臨時贈醫所為貧病者提供服務。至 1872 年，東華醫院落成啟用，為貧苦市民提供免費中醫藥服務，奠定了東華三院善業的基石。其後，隨着人口不斷膨脹，醫療服務需求日增，位於九龍油麻地的廣華醫院及香港銅鑼灣的東華東院相應於 1911 年及 1929 年分別落成投入服務。1931 年，東華為加強三間醫院的行政管理及資源分配，決定由一個董事局統一管理三間醫院，合稱「東華三院」。創院初期，東華三院除贈醫施藥外，更同時提供社會福利及教育服務。在醫院工程施工期間，有見工人在院址掘出一批骸骨，當時的創院總理便於西環堅尼地城興建「牛房義山」，安葬骸骨，從此開展了東華三院的社會服務。此外，又肩負福利救濟工作，每遇天災人禍，必出錢出力賑濟災民，救濟範圍廣及國內同胞。教育服務方面，東華三院於 1880 年利用文武廟捐款收益，於荷李活道文武廟旁的中華書院創辦第一所義學，為貧苦學生提供免費教育，開創本港平民教育的先河。1941 年太平洋戰爭爆發，東華三院在這非常時期，仍堅持在東華醫院及廣華醫院提供有限度的醫療服務，又竭力協助疏散市民回鄉、施粥派飯、派送寒衣、殮死救傷。*

9. 就筆者撰寫本書的經驗，特別推薦兩個對於香港研究極有幫助的網上資料庫，一為香港大學圖書館之「Hong Kong Government Reports Online (1842-1941)」，網址 http://sunzi.lib.hku.hk/hkgro/index.jsp，該資料庫網羅香港政府四大類公文即提交立法局文件（Sessional Papers）、行政報告（Administrative Reports）、立法局會議記錄（Hong Kong Hansard）、憲報（Hong Kong Government Gazette），上起 1842 年，下迄 1941 年，均可檢索，並可以 pdf 形式下載。另一為香港公共圖書館多媒體資訊系統的「香港舊報紙」資料庫，網址為 https://mmis.hkpl.gov.hk/web/guest/old-hk-collection?from_menu=Y&dummy=，收錄《華字日報》等 14 種中文及英文香港早期報紙，均可檢索。
10. 參見香港東華三院網頁之「我們的起源」，網址 http://www.tungwah.org.hk/about/our-origin/，另參見東華三院網頁「發展史簡表」http://www.tungwah.org.hk/about/milestones/。

和平後，東華三院全面恢復醫療服務，及至五、六十年代，東華三院着手開辦中、小學及發展正規和系統化的社會服務。……

這篇自我介紹，樸實無華，言簡意賅，介紹了東華醫院從1870年創建，到1931年與廣華醫院、東華東院整合為東華三院、到戰後發展的歷史，也點出東華三院的三大項工作：醫療、慈善、教育。鑒於有關東華三院歷史的研究已經十分豐富，似無必要在此把東華三院歷史再度綜述一次，不如直接從李耀祥就任東華三院董事局主席的時代即1940年前後談起。

正如上文指出，1940年，整個香港瀰漫着焦慮與恐懼的氣氛，而東華三院此時亦危機與契機並存，正與香港政府進行極為複雜的博弈。眾所周知，香港政府於1926年成立委員會，以華民政務司為主席，成員包括周壽臣、羅旭龢等立法局華人議員，研究東華醫院及華人社區醫療問題。委員會與東華醫院各主席、總理協商後，終於在1931年，由香港政府根據1930年第三十一號條例，把1870年成立的東華醫院、1911年成立的廣華醫院，以及1929年成立的東華東院合併為東華三院。在這個意義上，東華三院是「誕生」於1931年的。

可是，歷史送給東華三院的第一件「大禮」，居然是起源於美國的全球經濟大蕭條。1931年度，東華三院合併當年，總收入287,197.07元，總開支274,310.71元，收支相抵，盈餘12,866.36元；1932年度，總收入303,109.98元，總開支285,495.28元，收支相抵，盈餘17,614.70元。連續兩年錄得盈餘，堪稱穩健。可是，1933年度，亞洲終於逃不過美國經濟大蕭條的衝擊波，東華三院財政收入的兩大來源即物業租金及商戶捐款均大受打擊，因此，當年東華三院總收入大幅下跌至233,124.52元，儘管總開支亦減少至253,465.33元，但收支相抵，仍錄得20,340.81元的赤字，套用丁新豹教授的分析，真是「形勢急轉直下」。[11] 隨後幾年，東華三院財政狀況繼續惡化。1936年度，東華三院財政赤字高達15萬元，為創院以來所僅見；相對而言，香港政府為廣華醫院增加的25,000元財政撥款，不啻杯水車薪。[12] 1937年7月7日，以「七七事變」為標誌的日本侵華戰爭全面爆發，這算是歷史送給東華三院的第二件「大禮」。面對大量從內地湧進香港的難民，東華三院本其慈善救濟的一貫宗旨，救助賑濟，責無旁貸，但亦因此令其財政赤字問題

11. 丁新豹：《善與人同：與香港同步成長的東華三院（1870-1997）》，頁212-213。

12. Elizabeth Sinn, *Power and Charity: a Chinese Merchant Elite in Colonial Hong Kong*, pp.67-69. 丁新豹：《善與人同：與香港同步成長的東華三院（1870-1997）》，頁216。

更加嚴重，唯一出路，是向香港政府求助。

這時，香港政府亦小心翼翼地佈局，打算充分利用東華三院的困境，加強對於東華三院的掌控。必須指出，東華醫院從 1870 年創建以來，一直遭到香港的西方人士的敵視和猜忌，他們認為東華醫院採用的中醫落後、無效，而東華醫院由華人管理，從事醫療以外的各種社會活動，容易成為「政府中的政府」，威脅香港政府的統治。[13] 香港政府雖然充分認識到東華醫院不僅不會威脅自己的管治，反而能夠協助自己、管理華人社會事務。但是，對於自己如何與東華醫院乃至日後的東華三院相處（例如撥款多少予東華三院才算合理、如何監察東華三院的運作等等），香港政府也並非一開始就成竹在胸。同樣，東華醫院的華人紳商們，也並非一開始就懂得如何與香港政府打交道。總體而言，香港政府並沒有強力鎮壓東華三院，東華三院也沒有強力反抗香港政府，雙方以立法機關及各類工作委員會為平台，以法例的制定和修改來進行多回合博弈，歷史證明，這場博弈的結果是香港政府、東華三院、香港社會的三贏局面，但這是後話。總之，1938 年東華三院的財政危機成為香港政府改革東華三院的「黃金機會」，[14] 這是香港政府和東華三院都始料不及的。

1938 年 8 月 17 日，當時的港督羅富國（Northcote, Sir Geoffrey Alexander Stafford，任期 1937-1941）向殖民地部大臣報告東華三院情形，謂東華三院財政本身大致健全，之所以出現問題，是經濟蕭條及戰亂影響等外部因素造成，港府正打算加強監管東華三院，迫使東華三院放棄中醫藥治療云云。須知東華三院採用中醫藥治療這一點，從來都是香港政府所看不順眼的，如今東華三院既然有難，主動請求港府增加撥款，港府也就樂得推出城下之盟。[15] 其實，港府早已出招，通過華民政務司向東華三院董事局發出公函，開列七項建議，大有不接受就不撥款之勢。這七項建議是：

（1）三院董事局須每年訂立財政預算，由政府認可之會計審核後，呈報政府。

（2）每年預算，須由永遠顧問批准。

（3）三院之醫務、慈善工作須劃分清楚，須分別訂立預算，分別設立嘗產。

13. 丁新豹：《善與人同：與香港同步成長的東華三院（1870-1997）》，頁 73-74。

14.「黃金機會」一詞，見丁新豹：《善與人同：與香港同步成長的東華三院（1870-1997）》，頁 216。

15. 關於中醫服務在東華三院屢遭港府排斥、最後在日佔時期被取締的過程，參見王惠玲：〈香港公共衛生與東華中西醫服務的演變〉，載冼玉儀、劉潤和主編：《益善行道：東華三院 135 周年紀念專題文集》，頁 34-79。

（4）設醫務值理（即委員會）來統攝醫務工作，成員包括東華醫院總理代表三名、醫務局代表二名，三院院長亦當由政府委任。

（5）三院須逐漸廢除以中醫藥治療留院病人。這又分兩步走：第一，只允許東華醫院、廣華醫院在部份病房使用中醫藥治療病人，換言之，東華東院不得再以中醫藥治療留院病人。第二，東華醫院、廣華醫院也只能在病人主動要求之下，才提供中醫藥醫治。

（6）東華醫院之公款投資，必須謹慎，不得再造按揭、置業。

（7）香港政府有權隨時調查三院經濟、醫務方面之任何事項。[16]

以周兆五為主席的東華三院董事局，亦於羅富國向殖民地大臣報告前一週，1938 年 8 月 10 日，開會討論這封公函內的七項建議。對於第一、第二、第六、第七項建議，董事局基本接受。對於第三項建議，董事局以慈善工作與醫療工作難以清楚劃分，予以否決。對於第四項建議，董事局以事涉東華三院內政，「當年總理自有權衡」，亦予以否決，只同意聘請政府醫務處為三院醫務顧問。對於第五項建議，董事局尤其反對，與會者之一楊永康甚至主張：寧願東華三院因財政不敷而關閉，亦不能因接受港府津貼而廢除中醫；只要中國政府未宣佈取締中醫，三院亦應保留中醫。[17] 顯然，東華三院雖陷入財政困境，卻不輕易接受港府的城下之盟。港府也沒有進一步施壓，而是靜觀其變。

兩個多月後，1938 年 10 月 17 日，東華三院召開顧問總理聯席會議，再度討論香港政府的七項建議。行政局華人議員兼東華醫院永遠顧問羅旭龢亦出席會議，成為香港政府的「非正式」代表。會議主要集中成立醫務委員會以管理三院醫療服務、廢除中醫藥治療兩大議題，亦即港府七項建議的第四、第五項。就成立醫務委員會一事，在羅旭龢、羅文錦、周埈年、李樹芬等人多番遊說下，東華三院董事局終於接受，但條件是醫務委員會的院方代表須增加至五名。蓋港府原本建議醫務委員會由港府醫務局代表二名、三院院長三名、東華三院總理代表三名組成，而三院院長由港府委任，這就意味着港府在東華三院醫務委員會穩操多數票，如今院方要求把院方代表增加至五名，就意味着在東華三院醫務委員會與港府打成平手。至於廢除中醫藥治療一事，院方堅決反對，已無轉圜餘地，東華三院當年主席周兆五

16. 丁新豹：《善與人同：與香港同步成長的東華三院（1870-1997）》，頁 217-218。有關華民政務司向東華三院提出的七項建議，見東華三院董事局 1938 年 8 月 10 日的會議記錄，載香港東華三院委託、何佩然編著：《破與立：東華三院制度的演變》，頁 52-54。

17. 香港東華三院委託、何佩然編著：《破與立：東華三院制度的演變》，頁 52-54。

反建議：「倡議要求政府保留三院現有中醫病房及中醫與西醫所共用之病房⋯⋯如欲廢除東院中醫，須得街坊同意」。[18] 香港政府也就接納了東華三院的反建議。於是，東華三院繼續保留中醫藥治療，而東華三院醫務委員會亦告成立，並於 1938 年 12 月 16 日刊登於香港政府憲報。成員包括醫務委員會主席即醫務總監司徒永覺（Dr. Percy Selwyn Selwyn-Clarke）、東華三院永遠顧問兼立法局議員羅文錦、東華三院永遠顧問李樹芬、東華三院董事局主席周兆五、總理勞冕儂、總理楊永康、巡院醫官一名、三院院長共三名，合共十人（圖片 3.01）。[19]

THE HONG KONG GOVERNMENT GAZETTE, DECEMBER 16, 1938. 921

No. 971.—His Excellency the Governor has been pleased, under the provisions of Statute 4 of the Second Schedule of the University Ordinance, 1911, Ordinance No. 10 of 1911, to nominate Mr. HARRIE VAUGHAN WILKINSON, D.S.O., as a Member of the Court of the University of Hong Kong for a period of three years, with effect from 8th December, 1938.

16th December, 1938.

No. 972.—His Excellency the Governor has been pleased, under the provisions of Statute 4 of the Second Schedule of the University Ordinance, 1911, Ordinance No. 10 of 1911, to nominate the following as Members of the Court of the University of Hong Kong for a further period of three years, with effect from 17th December, 1938:—

Right Reverend Bishop HENRY VALTORTA.
LI JOWSON, Esq.

16th December, 1938.

No. 973.—It is hereby notified that Mr. AKIYOSHI TAJIRI, Consul-General for Japan at Hong Kong, assumed charge of the Japanese Consulate-General on 10th December, 1938.

16th December, 1938.

No. 974.—His Excellency the Governor has been pleased to appoint the following to be members of a Committee to be known as the Medical Committee, Tung Wah Hospitals, to act as the executive authority in all matters relating to the medical administration of the Tung Wah Hospitals:—

The Honourable the Director of Medical Services (Chairman), *Ex officio.*
* The Honourable Mr. Lo Man-kam (**羅文錦**)
* The Honourable Dr. Li Shu-fan (**李樹芬**)
† Chau Shiu-ng, Esq., (**周兆五**)
† Lo Min-nung, Esq., (**勞冕儂**)
† Yeung Wing-hong, Esq., (**楊永康**)
The Visiting Medical Officer, Chinese Hospitals and Dispensaries, *Ex officio,*
The Medical Superintendent, Tung Wah Hospital, *Ex officio,*
The Medical Superintendent, Tung Wah Eastern Hospital, *Ex officio,*
The Medical Superintendent, Kwong Wah Hospital, *Ex officio.*

* To hold office for three years
† To hold office during their terms of office as Directors of the Tung Wah Hospital.

16th December, 1938.

NOTICES.

COLONIAL SECRETARY'S DEPARTMENT.

No. 975.—It is hereby notified for general information that His Excellency the Governor has given permission for fireworks, not being unlawful fireworks, to be kindled, discharged or let off in a lawful manner within the Colony, between 11.45 p.m. on the 31st December, 1938 and 12.15 a.m. on the 1st January, 1939.

N. L. SMITH,
Colonial Secretary.

16th December, 1938.

圖片 3.01：香港政府於 1938 年 12 月 16 日刊登憲報，宣佈東華三院醫務委員會之成立〔資料來源：香港大學圖書館數據庫 Hong Kong Government Reports Online (1842-1941)〕。

18. 丁新豹：《善與人同：與香港同步成長的東華三院（1870-1997）》，頁 220-222，周兆五發言原文見頁 222。載香港東華三院委託、何佩然編著：《破與立：東華三院制度的演變》，頁 59-62，周兆五發言原文見頁 61，有關成立東華三院醫務委員會的香港政府憲報原文，見頁 65。
19. 香港東華三院委託、何佩然編著：《破與立：東華三院制度的演變》，頁 65；香港政府憲報 1940 年 12 月 16 日憲報第 974 號，載香港大學圖書館數據庫 *Hong Kong Government Reports Online (1842-1941)*。

東華三院醫務委員會一旦運作起來，院方才發現港府的招數愈來愈凌厲，自己處境愈來愈狼狽，醫務委員會之於三院，真有點像希臘神話中之特洛伊木馬。首先，正如何佩然教授指出，院方代表雖在委員會佔半數，但由於部分代表往往支持港府，院方變相成為少數派。[20] 其次，正如丁新豹教授指出，三院內中醫、西醫在治療病人事務上矛盾愈來愈大，醫務總監司徒永覺與院方就安置難民問題亦意見相左，院方代表甚至一度請辭以抗議司徒永覺對院方之「輕慢」及侵權。最令院方不滿的，是到了 1939 年 8 月，院方才知道港府該年度雖提供 40 萬元以彌補東華三院財政赤字，但撇除建築費及每年例行撥款，港府實質只提供 199,000 元，換言之，院方須自行籌措 201,000 元。院方於 8 月 13 日召開緊急會議，譴責港府背信棄義。港府隨即作出讓步，增加撥款。[21] 雖然如此，可以想像，院方與港府的矛盾愈來愈大，互信程度愈來愈少。李耀祥就在此敏感、複雜的時刻，於 2 月 22 日正式就任東華三院 1940 年庚辰屆董事局主席（圖片 3.02、3.03、3.04）。

李耀祥自 1920 年代起，因應香港政府的市政建設，以李耀記潔具之經營而大獲成功，頗得香港政府信任，早於 1925 年，就曾擔任威靈頓街自衛團團長，[22] 李耀記水廁及潔具工程的客戶，不乏香港政府部門或公營機構。之後二十年，成為當時香港的重要華人企業家、慈善家之一，於 1926、1927 兩年擔任廣華醫院總理，位列財政部總理四名中的第三名，又於 1928 年擔任東華醫院總理，[23] 對於三院事務早有相當的掌握。因此，港府於 1940 年委任李耀祥為東華三院醫務委員會成員，既反映出李耀祥先生的實業基礎及公益活動經驗，也反映出港府對李耀祥的信任。

20. 香港東華三院委託、何佩然編著：《破與立：東華三院制度的演變》，頁 65。

21. 丁新豹：《善與人同：與香港同步成長的東華三院（1870-1997）》，頁 222-227。必須指出，港府對於三院的財政支持，還算是與日俱增的。1872 年，東華醫院正式啟用時，港府撥款為 115,000 元，見《香港東華三院發展史》，第一輯〈東華醫院創院九十年之沿革〉，頁 3 引述香港《孖喇西報》載港督麥當奴開幕詞。至 1940 年度，港府撥予三院之款項達 599,209 元，詳本章表二。兩相比較，可知從 1872 到 1940 年這 69 年間，港府對三院之財政撥款總共增加 4.2 倍，平均每年增加 6.1%。

22.〈香港華商總會新陣容〉，《經濟導報》第 79 期（1948），無頁數。

23.《東華三院 1940 年度院務報告書》，頁 1；又參見《香港東華三院發展史》第一輯〈廣華醫院創院沿革〉，頁 8；《東華三院百年史略》，上冊，〈東華三院一百年歷屆總理芳名〉，頁 72-73。

THE HONG KONG GOVERNMENT GAZETTE, APRIL 19, 1940. 607

No. 423.—His Majesty the KING has not been advised to exercise his power of disallowance with respect to the following Ordinance :—

Ordinance No. 2 of 1940.—An Ordinance to amend the Waterworks Ordinance, 1938.

C. BRAMALL BURGESS,
Deputy Clerk of Councils.

15th April, 1940.

APPOINTMENTS, &c.

No. 424.—His Excellency the Governor has been pleased, under instructions from the Right Honourable the Secretary of State for the Colonies, to appoint Miss SYBIL DOROTHY SPENCER to be a Nursing Sister, with effect from 6th April, 1940.

17th April, 1940.

No. 425.—His Excellency the Governor has been pleased, under instructions from the Right Honourable the Secretary of State for the Colonies, to appoint Miss DAISY MARY SAGE, B.Sc., to be a Mistress, Education Department, with effect from 6th April, 1940.

17th April, 1940.

No. 426.—His Excellency the Governor has been pleased, under instructions from the Right Honourable the Secretary of State for the Colonies, to appoint Mr. LANCELOT RUGGLES ANDREWES to be Registrar of the Supreme Court, Registrar of Companies, Official Administrator and Official Trustee, with effect from 21st April, 1940.

17th April, 1940.

No. 427.—With reference to Government Notification No. 974 published in the Gazette of the 16th December, 1938, His Excellency the Governor has been pleased to appoint Messrs. LEE IU-CHEUNG (李耀祥), LAM MING-FAN (林銘勳) and CHOW YAT-KWONG (周日光) to be Members of the Medical Committee, Tung Wah Hospitals, *vice* Messrs. CHAU SHIU-NG (周兆五), LO MIN-NUNG (勞冕儂) and YEUNG WING-HONG (楊永康), with effect from 22nd February, 1940.

13th April, 1940.

No. 428.—His Excellency the Governor has been pleased to appoint Mr. LESLIE HILTON CHATER, to be a Member of the Authorized Architects Consulting Committee, *vice* Mr. ARCHIBALD CAMPBELL, A.M.Inst. C.E., resigned.

10th April, 1940.

No. 429.—His Excellency the Governor has been pleased to approve the following promotion in the Hong Kong Volunteer Defence Corps, with effect from 28th March, 1940 :—

Staff Quartermaster-Sergeant RALPH JAMES SHRIGLEY to be Second Lieutenant.

15th April, 1940.

圖片 3.02：香港政府於 1940 年 4 月 13 日刊登憲報，宣佈委任李耀祥等為東華三院醫務委員會成員〔資料來源：香港大學圖書館數據庫 Hong Kong Government Reports Online (1842-1941)〕。

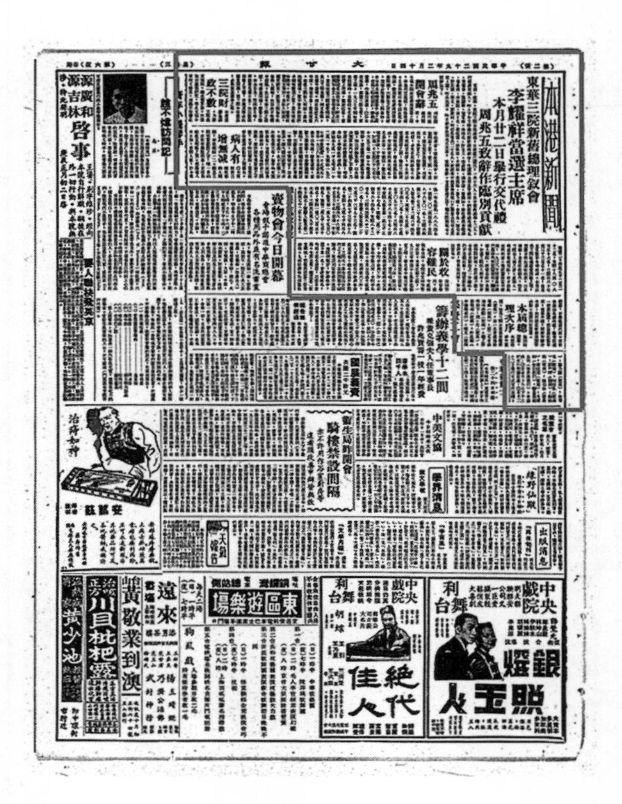

大公報

中華民國二十九年二月十四日

本港新聞

東華三院新舊總理敘會

李耀祥當選主席

本月廿二日舉行交代禮

周兆五致辭作臨別貢獻

周兆五開會辭

三院財政不敷

病人有增無減

關於收容難民

本屆總理次序

銀燈照玉人

絕代佳人

東區遊樂場

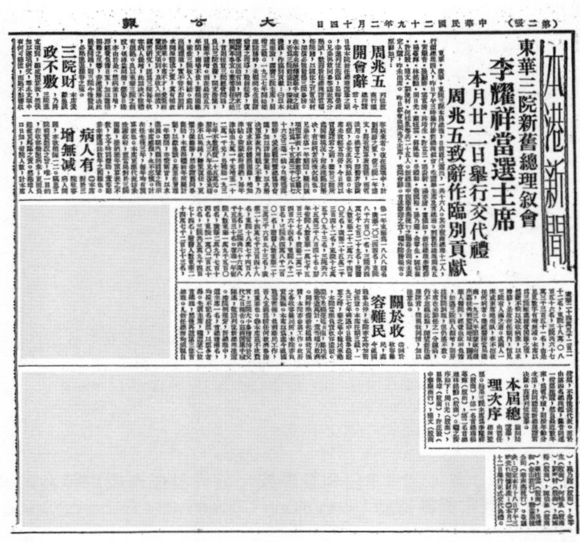

大公報

中華民國二十九年二月十四日

本港新聞

東華三院新舊總理敘會

李耀祥當選主席

本月廿二日舉行交代禮

周兆五致辭作臨別貢獻

周兆五開會辭

三院財政不敷

病人有增無減

關於收容難民

本屆總理次序

圖片 3.03：《大公報》1940 年 2 月 14 日第 6 版有關李耀祥當選東華三院主席的報道（資料來源：香港公共圖書館多媒體資訊系統「香港舊報紙」資料庫）。

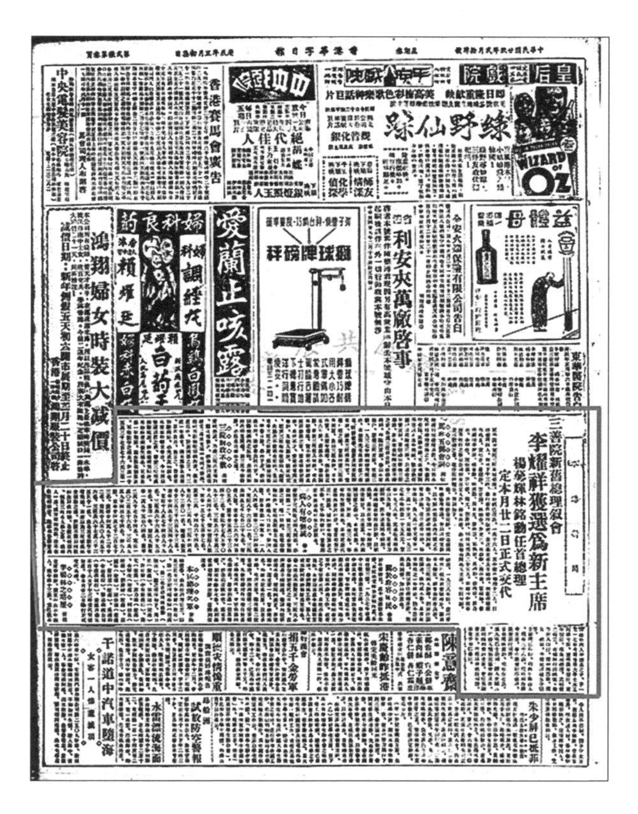

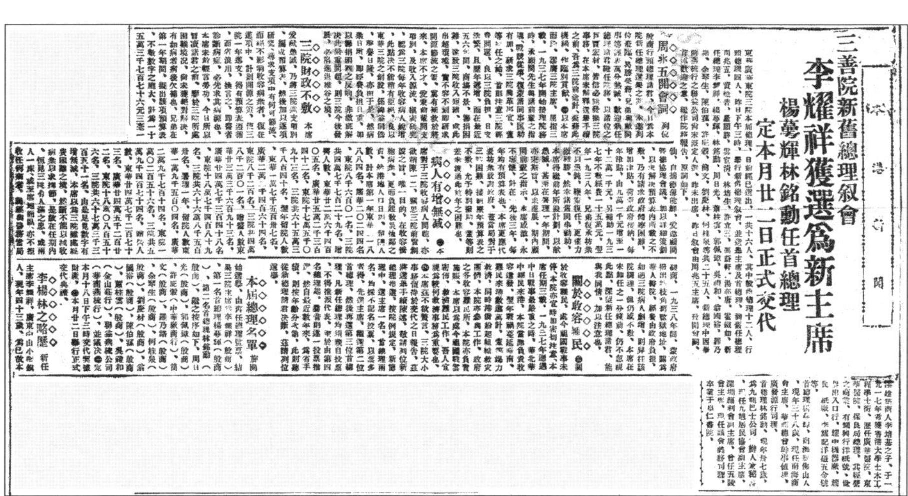
三善院新舊總理敘會
李耀祥獲選為新主席
楊蔓輝林銘勳任首總理
定本月廿一日正式交代

圖片 3.04：《華字日報》1940 年 2 月 23 日第 2 張第 3 頁有關李耀祥正式就任東華三院主席的報道。留意，該報同一頁有宋慶齡訪問香港的報道（資料來源：香港公共圖書館多媒體資訊系統「香港舊報紙」資料庫）。

二、李耀祥的改革

羅旭龢在 1940 年度三院院務報告書序言中，對李耀祥為首的董事局稱譽有加（圖片 3.05、3.06、3.07）：

> *時任總理者為李君耀祥，暨楊君萼輝、林君銘勳等，諸君素負時譽，復勇於任事，視事之後，故能力破艱難，銳意建設，其進步之速，整理之善，為近所罕覯。其大者如安集流亡、調整經濟、增加收入、改善中醫，皆於社會有莫大佽助。次如擴充義學名額，規定仵工價格，優給病人飲食，釐定醫療方案，又如廣聘專門顧問以備諮詢，重訂購料辦法以杜流弊。凡此種種，亦於院務之興革，裨助不鮮，偉績嘉猷，自足垂諸不朽。*[24]

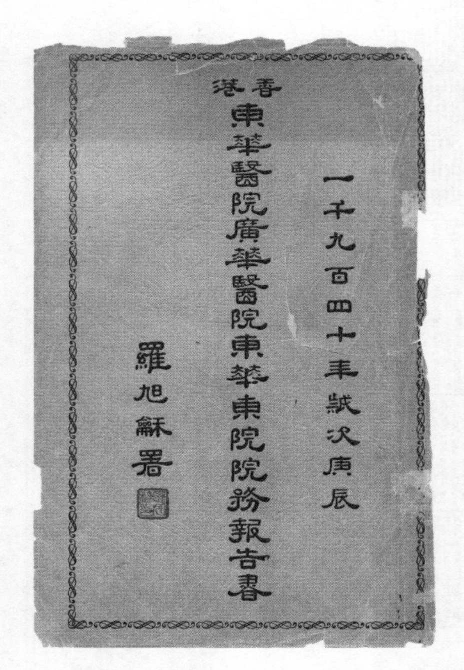

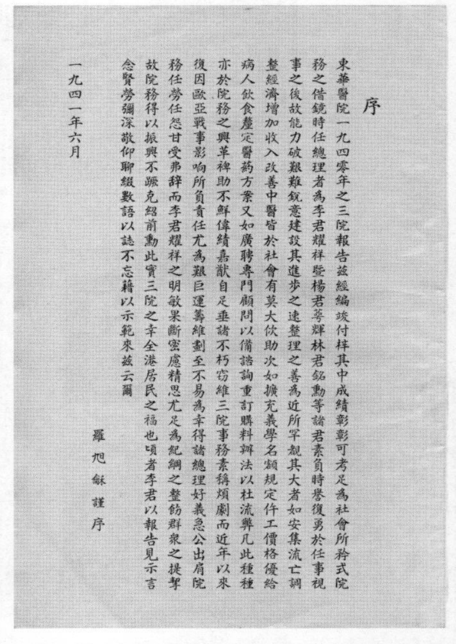

序

東華醫院一九四零年之三院報告茲經編竣付梓其中成績彰彰可考足為社會所矜式院務之借鏡時任總理者為李君耀祥暨楊君萼輝林君銘勳等諸君素負時譽復勇於任事視事之後故能力破艱難銳意建設其進步之速整理之善為近所罕覯其大者如安集流亡調整經濟增加收入改善中醫皆於社會有莫大佽助次如擴充義學名額規定仵工價格優給病人飲食釐定醫藥方案又如廣聘專門顧問以備諮詢重訂購料辦法以杜流弊凡此種種亦於院務之興革裨助不鮮偉績嘉猷自足垂諸不朽竊維三院事務素稱煩劇而近年以來復因歐亞戰事影响所負責任尤為艱巨運籌維劃至不易為幸得諸總理好義急公出肩院務任勞任怨甘受弗辞而李君耀祥之明敏果斷密慮精思尤足為紀綱之整飭群衆之提挈故院務得以振興不墜克紹前勳此實三院之幸全港居民之福也頃者李君以報告見示言念賢勞彌深敬仰聊綴數語以誌不忘藉以示範來茲云爾

羅旭龢謹序

一九四一年六月

圖片 3.05：《東華三院 1940 年度院務報告書》封面及羅旭龢前言〔資料來源：《東華三院 1940 年度院務報告書》（香港：東華三院，1941 年 6 月），藏香港東華三院文物館〕。

24.《東華三院 1940 年度院務報告書》，羅旭龢序，1941 年 6 月；亦參見丁新豹：《善與人同：與香港同步成長的東華三院（1870-1997）》，頁 231。

圖片 3.06：《東華三院 1940 年度院務報告書》內之當年總理照片〔資料來源：《東華三院 1940 年度院務報告書》（香港：東華三院，1941 年 6 月）藏香港東華三院文物館〕。

圖片 3.07： 1940 年庚辰東華三院全體總理合照，李耀祥居中〔資料來源：東華三院發展史編纂委員會編：《香港東華三院發展史》（香港：香港東華三院庚子年董事局，1961 年 2 月），〈玉照及題詞〉，頁 33〕。

但是，李耀祥及其仝人改革三院事務的艱辛，則非以上片言隻語可以道盡。李耀祥〈呈報 1940 年東華醫院等三院院務辦理經過〉一文，語氣沉重地指出當時東華三院的兩大難題：

> *是年院務，異常繁劇，事緣本港適與中國戰區毘連，難民避地而來者，視前迄無少減，是以開銷之鉅、診病之眾，實超三院歷年紀錄。復以管理辦法，近年方事改組，期間發生問題，尤須全體總理多費時光，特加注意。例如一九三八年十二月十六日，政府曾派醫務委員會，會同三院當局辦理醫藥事項，使與慈善事項，純由全體總理督辦者截然不同，但醫務委員會之任事，僅達初級階段，而職權問題之討論，自不能免。*[25]

所謂兩大難題，一是財政困難，二是醫務委員會與院方的矛盾。財政之困難，似乎還容易對付，因為財政赤字既非現在才發生，亦非院方自己責任，而是經濟大蕭條及戰亂這「大氣候」所造成，解決之道也無非開源節流四字，院方和港府都有共識要把東華三院維持下去。所以，財政困難只能算是東華三院的肘腋之患。但是，醫務委員會與院方的矛盾，其實也就是港府與三院之矛盾，涉及東華三院的日常行政，這個矛盾不妥善解決，則院方上下，人員無固志，工作無成規，這才是東華三院的心腹大患。李耀祥過去與港府關係密切，而又由港府委派進入東華三院，可以說是「港府的人」，雖然如此，卻並不意味着李耀祥唯港府命令是從，港府對於李耀祥亦非官僚部門內部上司命令下屬這樣簡單明確，李耀祥仍有很大的酌情及轉圜空間。李耀祥在三院的工作，具體而言，可分為整頓中醫制度、改善三院財政兩部分。茲分述如下。

（1）整頓三院中醫制度

醫務委員會與院方的矛盾，其實也就是香港政府與東華三院的矛盾，矛盾的焦點，其實還是東華三院中醫藥治療的存廢問題。在香港政府而言，西方醫療體系早就是其殖民地統治建制的一部分，再加上其西方文化優越感，自然不能容忍東華三院保留中醫藥治療。正如李耀祥指出，三院醫務委員會的醫務總監司徒永覺認

25.《東華三院 1940 年度院務報告書》，頁 1；又參見丁新豹：《善與人同：與香港同步成長的東華三院（1870-1997）》，頁 228。

為「中醫最佳之處，亦屬操術較劣」；另一位政府醫官也認為「中醫療治法殊為危險」；政府醫官及醫務委員會多數委員，都看不起中醫，「存心不以中醫為然」。[26] 在東華三院方面，要求保留中醫藥治療，固然有其民族尊嚴、文化價值的堅持，但我們不應厚誣院方盲目排外、因循保守。院方並不排斥西醫，但認為三院服務的是中下層民眾，既然中下層民眾廣為接受中醫藥治療，所以東華三院不能沒有中醫藥治療。院方和港府在中醫藥存廢方面已經進行多個回合的博弈，雙方已經僵持多時。李耀祥如何打破僵局？

以李耀祥為首的東華三院董事局，首先試圖改善東華三院的中醫制度。他發現，三院中醫門診極受民眾歡迎，三院中醫人手根本不足以應付求診者。三院是年度全年門診 689,144 宗，病人要求用中醫治療者 563,202 宗，佔總數八成以上。[27] 面對數目如此眾多的病人，三院每名主診中醫平均每兩小時診治 167 名病人，也就是說每名中醫只能為每名門診病人花 43 秒，完全達不到中醫藥治療的「望聞問切」程序，「於病人毫無裨益，且街坊嘖有煩言」。但是，若增聘中醫，院方開支固然增加，料想醫務委員會亦不會批准，因此，董事局於 1940 年 8 月 6 日開會，建議增設六名義務中醫，在不增加院方財政開支的前提下舒緩三院中醫門診的壓力。[28] 從博弈策略上來說，院方顯然要強化三院中醫建制，向港府展示中醫的迫切與必要。港府亦不會不明白院方這一招的用意。因此，在醫務委員會會議上，主席司徒永覺力表反對，表決時，只李耀祥、林銘勳二人支持，增設義務中醫之議遂遭否決。開會當日，三院永遠顧問羅文錦因事早退，無形中令院方少了一票，增設義務中醫之議遭到否決，羅文錦也許要負一些責任。不過，最終令院方成功增設義務中醫的，卻也仍然是羅文錦。在 1940 年 9 月 16 日的三院全體總理顧問大會上，羅旭龢、羅文錦、何東等永遠顧問均支持增設義務中醫。羅文錦作為知名律師，又作為東華三院的法律顧問，使出看家本領，仔細研究 1938 年港府向三院開出的七項建議，發現港府的法理破綻：「政府所提的第五條件中只指定留院中醫病床不能增加，並未提及門診，所以政府對於中醫門診無權干預」。[29] 確實，港府只要求不得增加三院內的中醫病床，沒有規定三院不得擴充中醫門診服務。香港政府倒也尊重程序公義，稍作讓步，在 1940 年底批准東華醫院增設義務中醫二名，試行三月，

26.《東華三院 1940 年度院務報告書》，頁 9。
27.《東華三院 1940 年度院務報告書》，頁 6 之「是年門診之數」表格。
28.《東華醫院董事局會議記錄》1940 年（庚辰）8 月 6 日，轉引自丁新豹：《善與人同：與香港同步成長的東華三院（1870-1997）》，頁 228；又參見《東華三院 1940 年度院務報告書》，頁 9。
29.《東華醫院董事局會議記錄》1940 年（庚辰）9 月 16 日，轉引自丁新豹：《善與人同：與香港同步成長的東華三院（1870-1997）》，頁 228。

若證明妥善，再於廣華、東院增設義務中醫。[30]

另一方面，香港政府亦進一步壓縮三院中醫的工作範圍，1940 年 7 月 26 日，三院巡院醫官指示三院院長，把當時由中醫藥診治的三類留院病人移送西醫病房，這三類病人所患疾病分別為：腳氣、瘴氣（瘧疾）、營養不良。巡院醫官並且規定：日後三院中醫不得再診治這三類病人。院方提出嚴正抗議，指巡院醫官此舉，事前未經醫務委員會及總理同意，屬於侵權。「醫務委員會主席司徒永覺為緩和雙方起見，將議案無期延擱」。但李耀祥對此卻並不固執。他平實地指出：「現為病人設想，如某症屬某種醫術診治為快捷者，則應用某種醫術診治，以期病者得早解決痛苦，非為國粹立場而言」。[31] 於是，李耀祥指示設立調查小組，統計三院中醫診治的這三類病人從庚辰年（1940）農曆正月一日至六月底為止的入院、痊癒、死亡數據，並在 1940 年 8 月 28 日會議上展示數據。數據顯示，「中醫療治上述各症，收效不如西法之佳」；中醫亦向李耀祥「坦白承認祇能療治普通之腳氣症，若急劇之腳氣衝心症，確屬無法應付」。[32] 李耀祥又展示廣華醫院 1940 年度數據，顯示因腳氣衝心症入院者 383 宗，撇除未及醫治即病故、醫治初期收效但感染他疾死亡兩類情況後，剩下 346 宗，全部使用「新發明之特效劑」注射治療，結果治愈者 252 宗、不治者 94 宗，治癒率達七成以上。[33] 事實擺在眼前，西醫治療腳氣症勝於中醫，院方為病者設想，遂主動提出將三院的腳氣病人由西醫診治，並「兩度在中文報紙宣傳」（圖片 3.08）。[34] 至於瘴氣（瘧疾）和營養不良兩類病人，院方亦以中醫療效遜於西醫，而決定由西醫治理。

李耀祥為三院中醫事務作出的另一重要措施，是把中醫藥方及藥物標準化。由於中醫門診人數太多，即使增設義務中醫師，仍然難以應付，所以要「籌募中醫驗方」。有了標準化的藥方，就能預先製作標準化的丸散，「則所用中藥較有標準，不致虛靡經費，且節省中醫處方及病人聽候配藥時間，三方均受其益」。於是，三院中醫義務顧問何甘棠、勞英群多番商議，籌募各類中醫藥方，加以改良，編成《備用藥方彙選》一書，最初收錄 96 條中醫藥方，後來壓縮為 81 方，大大加快了

30.《醫務委員會第二十四次會議記錄》1940 年（庚辰）12 月 23 日，轉引自丁新豹，《善與人同：與香港同步成長的東華三院（1870-1997）》，頁 228。

31.《東華醫院董事局會議記錄》1940 年（庚辰）8 月 26 日，轉引自丁新豹：《善與人同：與香港同步成長的東華三院（1870-1997）》，頁 231。

32.《東華三院 1940 年度院務報告書》，頁 8。

33.《東華三院 1940 年度院務報告書》，頁 9。

34.《東華三院 1940 年度院務報告書》，頁 9。

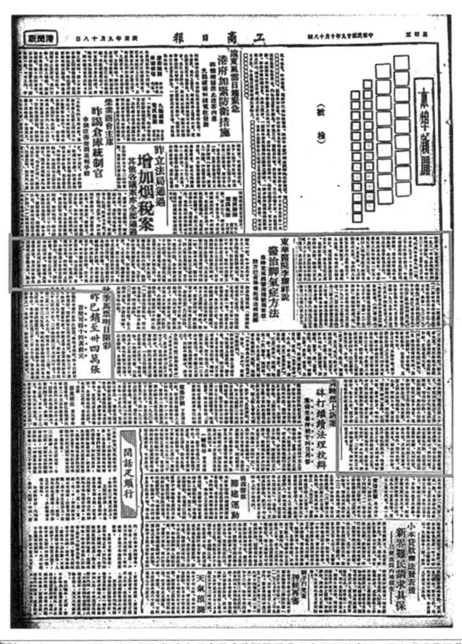

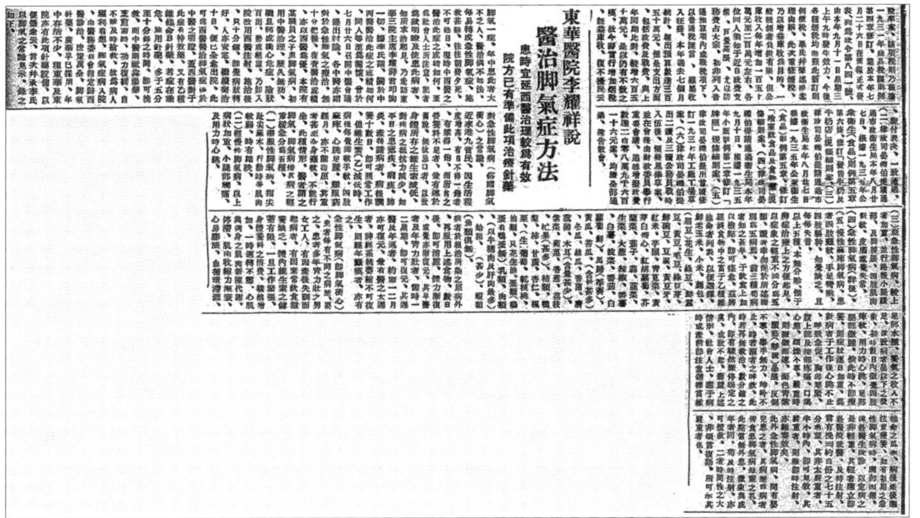

東華醫院李耀祥說

醫治脚氣症方法

患時宜延西醫治理較爲有效

院方已有準備此項治療針藥

圖片 3.08：《工商日報》1940 年 10 月 18 日有關李耀祥主張以西醫治療腳氣症的報道。留意，該版右上角一則新聞被港府禁止發表而「開天窗」，從殘餘文字看來，應該是涉及抗日戰爭，港府希望避免刺激日本，故有此舉（資料來源：香港公共圖書館多媒體資訊系統「香港舊報紙」資料庫）。

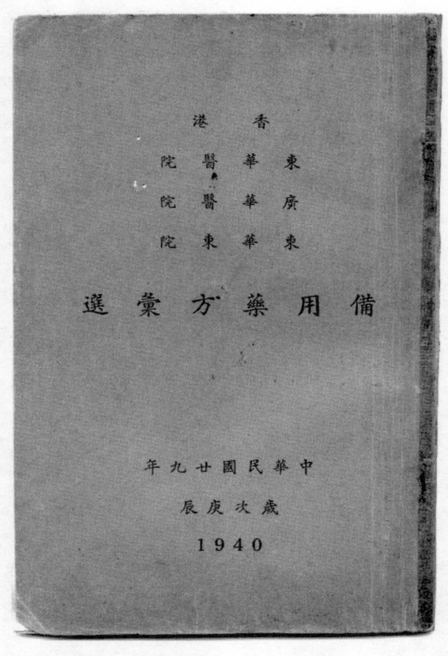

香港東華醫院
廣華醫院
東華東院

備用藥方彙選

中華民國廿九年
歲次庚辰
1940

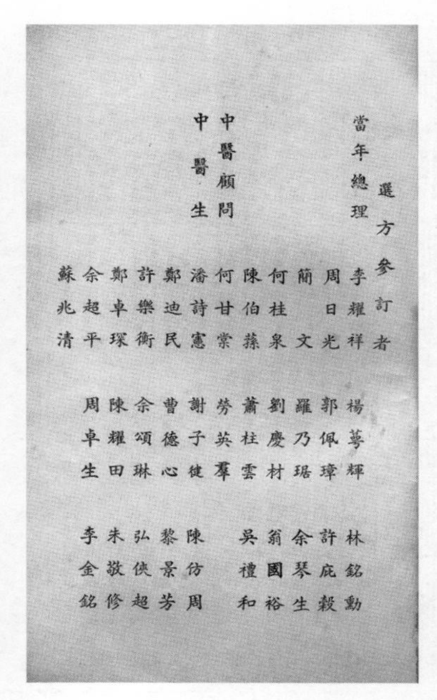

選方參訂者

當年總理

李耀祥　周　光　簡日文　何桂泉　陳伯蓀　何甘棠　潘詩憲　鄭迪民　許樂衡　鄭卓琛　余超平　蘇兆清

中醫顧問

楊萼輝　郭佩璋　羅乃琚　劉慶材　蕭柱雲　勞英羣　謝子健　曹德心　余頌琳　陳耀田　周卓生

中醫生

林銘勳　許庇穀　余琴生　翁國裕　吳禮和　陳仿周　黎景芳　弘俠超　朱敬修　李金銘

圖片 3.09：東華三院在李耀祥主理時期編製的《備用藥方彙選》（香港：東華三院，1940 年 10 月；藏香港中文大學圖書館）。

三院中醫的門診速度（圖片 3.09）。[35] 李耀祥的這項醫療改革，值得大書特書。

《備用藥方彙選》的第一篇文章，就是李耀祥的〈改進中醫藥方式宣言〉，李耀祥具體、平實地指出三院中醫制度的困難及改革方案：當時三院設有十六名中醫，每人每天「贈診街症三小時」，也就說，三院十六名中醫每人每日提供三小時的免費診症服務，由於病人數目太多，「平均計算，每診症治及處方時間僅得二分鐘」，實難確保診治水平之穩定。而處方寫好，還要等候診所其他員工按方配藥，每一藥方，「用藥數種或數十餘種」，秤量藥材所費之時間，比診治時間更長。病人、醫生、員工三方都要承受重大心理壓力。如何能夠在不收縮服務的前提下改進效率？李耀祥的方案有兩項。第一項是增聘六名中醫，上文已經提及，港府也已經批准，令提供免費診症的中醫從 16 人增加到 22 人。第二項是預先擬好三類「通治、固定、特效」三類藥方。所謂「通治」藥方，指可以「通治數種之病」的藥方，大抵如清熱祛濕固本培元之類；所謂「固定」藥方，指「審定其為何病，以固有之方

35.《東華三院 1940 年度院務報告書》，頁 9-10；又參見丁新豹：《善與人同：與香港同步成長的東華三院（1870-1997）》，頁 234-235；李耀祥等參訂：《備用藥方彙選》（香港：東華三院，1940 年 10 月，藏香港中文大學圖書館）。

劑，使之連服數日，以收全效也」，大抵如小兒感冒用「天保采薇湯」之類；所謂「特效」藥方，指針對「瘧、痢、吐血、下血、霍亂」的「必效之藥」。這些藥方，都要預先「製為粗末，編列號碼」。這樣，每名醫生每次書寫藥方的字數，可從平均每藥方 40 字縮減為書寫號碼寥寥數字，節省出更多時間來診斷病症。同時，由於藥方已預先配製成粗末，大大節省醫務人員按照藥方秤量藥材的時間。而且，磨成粗末的藥材，重量遠比原形草本藥材輕得多，「平常一煎劑，其分量普通二兩至三兩。若按選定方劑，每服不過數錢」，這樣就能節省三院藥材之開支。[36]

也許有人批評，李耀祥此舉，雖令中醫門診的速度加快，但亦犧牲了傳統中醫注重的望聞問切、因病施治原則，是為換取時間而犧牲質素。李耀祥及其同事並非不意識到這一點，但當時三院外要應付數量驚人的病人、內要應付港府對中醫的日益明顯的敵意，把中醫處方標準化、增加中醫門診的工作效率，實在是不得不然。其中，把藥材預先磨成粗末這一程序，更可說是開創中醫成藥化的先河，意義重大。而楊萼輝作為三院中醫藥主任總理，也於李耀祥改革宣言之後，以問答方式，為以上的中醫制度改革方案辯護，釋除各「持份者」的疑慮。例如，公眾可能擔心，草本藥材，其形狀、功能比較容易為人所知，一旦磨成粗末，如何取信於人？楊萼輝指出，當時市面不少藥品，其成分、配方皆「秘而不宣」，只因廣告做得好，公眾照樣購買服用。可見所謂藥材磨成粗末難以取信於人的批評，本來就站不住腳。但是，為了增加公眾信心，楊萼輝表示將於粗末藥包「之紙面，加印號碼、方名、主治、藥品、用法於上；或另紙刊印，包入藥中。俾病者明瞭一切」。又例如，中醫可能擔心，有此一書，有號碼、藥方，則人人可為醫生，豈不讓中醫自貶身價？醫生還有用武之地嗎？楊萼輝指出，各種方劑，刊印於各種醫案、醫書，由來已久，但中醫並沒有被淘汰，因為醫生的角色在於診斷病症，這就不是醫書可以做到的。何況對於特殊病症，非《備用藥方彙選》所記載者，仍然需要「醫者自出心所裁，另立方劑以治之。似不患不可以施展其長才也」。[37]

《備用藥方彙選》的 81 方，分為內科方劑 20 方、內科膏丹丸散方 46 方、外科跌打內服膏丹丸散方 15 方。每方於藥方名稱之外，還寫明治理何種病症、藥材及其重量、服用指引等，例如第一方主治哮喘的「千金定喘湯」，開列十種藥材及其分量，再寫明服用方式：「右研粗末，每服五錢，水半碗，煮取一碗之八分，去滓

36. 李耀祥等參訂：《備用藥方彙選》，頁 1-2。小兒感冒用「天保采薇湯」，見該書頁 14。
37. 楊萼輝：〈採用改進中醫藥方式之意見釋疑〉，載李耀祥等參訂：《備用藥方彙選》，頁 5-6。

溫服，每日早晚各一服，重者早午晚三服。」[38] 正如東華醫院潘詩憲醫生所言，《備用藥方彙選》「將以為東華三院醫師臨床上之臂助，並以竟湯液治病之全功」[39]（圖片 3.10）。

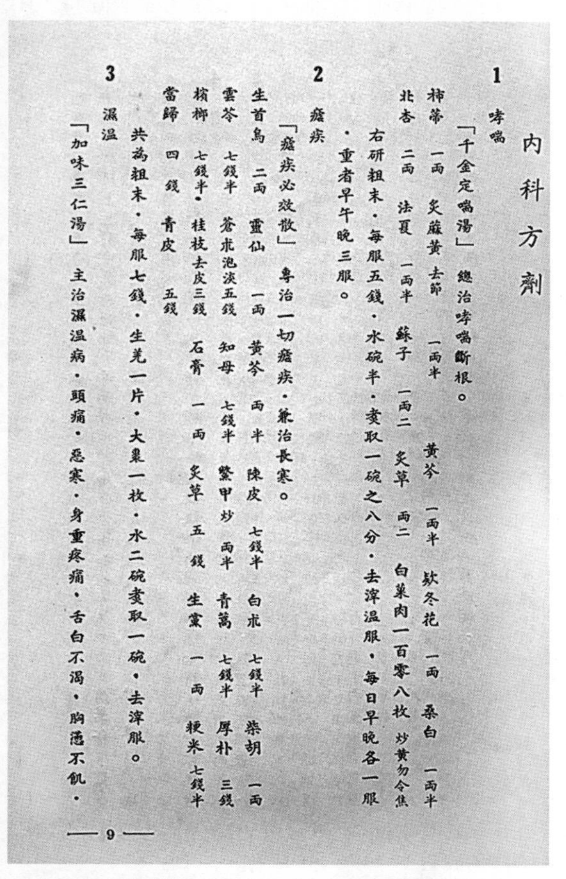

內科方劑

1

哮喘

「千金定喘湯」總治哮喘斷根。

柿蒂 一両　炙蔴黄 去節 一両半　黄芩 一両半　欵冬花 一両　桑白 一両半

北杏 二両　法夏 一両半　蘇子 一両二　炙草 両二　白菓肉一百零八枚 炒黄勿令焦

右研粗末。每服五錢。水碗半。煲取一碗之八分。去滓溫服。每日早晚各一服

。重者早午晚三服。

2

瘧疾

「瘧疾必效散」專治一切瘧疾。兼治長寒。

生首烏 二両　靈仙 一両　黄芩 両半　陳皮 七錢半　白朮 七錢半　柴胡 一両

雲苓 七錢半　蒼朮泡淡五錢　知母 七錢半　鱉甲炒 両半　青蒿 七錢半　厚朴 三錢

梹榔 七錢半。桂枝去皮三錢　石膏 一両　炙草 五錢　生黨 一両　粳米 七錢半

當歸 四錢　青皮 五錢

共為粗末。每服七錢。生羌一片。大棗一枚。水二碗煲取一碗。去滓服。

3

濕溫

「加味三仁湯」主治濕溫病。頭痛。惡寒。身重疼痛。舌白不渴。胸悶不飢。

— 9 —

圖片 3.10：《備用藥方彙選》第一方主治哮喘的「千金定喘湯」，第二方主治瘧疾的「瘧疾必效散」。

與中藥配方標準化相關的另一措施，是留院病人食譜的標準化。李耀祥任內，編製了病人新食譜，把每名留院病人每天的食米、肉（魚）類、蔬菜等分量都規定下來。並且決定把為腳氣病人及玉蜀黍疹病人的營養飲品，由牛奶改為維他奶（即荳乳精），其餘病人需要牛奶作為營養飲品者，亦改為牛奶、維他奶各半。僅此一

38. 李耀祥等參訂：《備用藥方彙選》，頁 9。
39. 潘詩憲：〈選方弁言〉，載李耀祥等參訂：《備用藥方彙選》，頁 8。

着，就每年為三院節省 6,000 元的開支。[40] 當然，食譜的標準化，除確保病人健康之外，亦有撙節開支、加強管理、降低舞弊機會的用意（表一及圖片 3.11）。

表一、東華三院 1940 年度開始實行的留院病人標準食譜

食品	每人每天分量
米	20 安士（約 566 克）
肉類或魚類	3 安士（約 85 克）
鹹魚及鹹菜	1 安士（約 28 克）
青菜類	8 安士（約 226 克）
荳類製品（荳腐等）	4 安士（約 113 克）
花生油	1.5 安士（約 42 克）
白粥	多少隨意

資料來源：《東華三院 1940 年度院務報告書》，頁 55（按：原文食物分量均以安士計算，按照 1 安士等於 28.3 克折算）。

除了把中醫藥方標準化之外，李耀祥及其同事亦積極提升中醫在三院建制內的地位，他們充分明白港府排斥中醫的立場，三院中醫事務的任何失誤，都有可能被港府通過醫務委員會來大做文章。因此，極力改善中醫事務的管理，刻不容緩。負責中醫部事務的總理楊萼輝，成立八人小組，調查中醫門診的弊端，謀求興利除弊之道。最後，建議設立三院中醫監督兼東華醫院中醫長一名，又在廣華、東院各設中醫長一名，這三個職位，還被寫進 1941 至 1942 年度的三院財政預算內。[41] 中醫監督和中醫長不像義務門診中醫，而是受薪的高級管理人員，中醫監督和中醫長的出現，意味着中醫在三院內的權責更分明、管理更完善，中醫地位之鞏固，不言而喻。

40.《東華三院 1940 年度院務報告書》，頁 7、頁 55（英文附錄 B2）；丁新豹：《善與人同：與香港同步成長的東華三院（1870-1997）》，頁 235。

41.《東華醫院董事局會議記錄》1940 年（庚辰）12 月 10 日，轉引自丁新豹：《善與人同：與香港同步成長的東華三院（1870-1997）》，頁 234；又參見《東華三院 1940 年度院務報告書》，頁 10。

Appendix B-2

（附錄「乙種第二項」）

STANDARD DIETS ADOPTED IN ALL THE THREE HOSPITALS.

（各醫院所採用之標準食譜）

RICE（米）............................	20 ozs. per day	（每日二十安士）
MEAT OR FISH（肉類或魚類）............	3 ozs. ,, ,,	（每日三安士）
SALT FISH AND SALT VEGETABLES（鹹魚及鹹菜）............................	1 oz. ,, ,,	（每日一安士）
GREEN VEGETABLES（青菜類）........	8 ozs. ,, ,,	（每日八安士）
SOYA-BEAN PRODUCTS, (TAU-FOO), ETC.（荳類製品（荳腐等））.............	4 ozs. ,, ,,	（每日四安士）
GROUND NUT OIL（花生油）............	1½ ozs. ,, ,,	（每日個半安士）
PLAIN CONGEE（白粥）................	Ad. lib.	（多少隨意）

圖片 3.11：東華三院 1940 年起為病人制定的標準食譜（資料來源：《東華三院 1940 年度院務報告書》，英文附錄 B2，頁 55）。

（2）改善三院財政

關於東華三院歷年財政問題，何佩然教授有詳盡的研究，對於 1935 至 1970 年三院財政情況，製作了清晰明確的報表。[42] 李耀祥的 1940 年度庚辰董事局，為東華三院財政留下漂亮一賬：截止 1940 年 12 月 31 日為止，三院總開支 903,272.71 元，總收入 1,028,323.46 元，收支相抵，居然錄得 125,050.75 元的盈餘。而正如上文指出，自 1933 年以來，三院財政幾乎年年出現赤字，而要乞援於港府。如今，1940 年度內，在留院病人比上年增加 18.82%、各類用品藥物成本增加的情況下，仍然轉虧為盈！是年，醫務部收入為 68 萬多元，其中接近 60 萬元為港府的補助；開支為 70 萬多元，出現了近 2 萬元的赤字；但慈善部收入為 34 萬多元，支出接近 20 萬元，出現了 14 萬多元的盈餘。三院正是依靠慈善部的這筆盈餘，不僅填補了醫務部的赤字，還留下 12 萬多元的盈餘 [43]（表二、表三、表四）。

今天，不少大企業遇到財政危機，往往大幅裁員及減薪。東華三院在 1940 年度的財政盈餘，是否也用這一招換來？絕對不是！由於抗日戰爭局勢惡化，大量內地難民湧進香港，東華三院以服務社會為宗旨，義無反顧，知難而進，在 1940 年度內，不僅沒有大幅裁員，反而大幅增聘人手，與 1939 年度比較，總增幅接近三成。其中，原本職員人數最多是女護士、工役兩類，而女護士一類，在 1940 年度內增聘至 434 人，比去年度增幅超過一半；工役一類，人數也增加至 397 人，比去年度增加接近二成。可見東華三院增聘職員之處，均為實際的前線服務，並無管理層膨脹之弊。參見表五。

公眾對東華三院慈善服務的需求日增、留院病人數目增加近兩成、東華三院增聘人手近三成、各類經營成本也上升，換言之，三院的開支應該比過往大幅增加，但李耀祥及其同事居然還能把三院財政轉虧為盈，何以有如此高強的理財本領？從表二、表三、表四可知，港府接近 60 萬元的撥款，誠為三院醫療、慈善兩項業務中的醫療業務的最大筆收入，但醫療業務收入與開支相抵，仍出現接近二萬元的赤字；真正讓三院渡過財政難關的，是三院的慈善業務收入，其中又以三院「嘗舖」即三院房地產物業的收入為最大筆收入，達 16 萬多元。可以說，三院 1940 年度的

42. 香港東華三院委託、何佩然編著：《破與立：東華三院制度的演變》，頁 249-252、317-318、表 2-2〈東華三院歷年收入總覽（1935-1970）〉、表 2-3〈東華三院歷年收入分佈統計（1935-1970）〉、2-4〈東華三院歷年收入分佈統計百分比（1935-1970））、表 2-7〈東華三院歷年支出總覽（1935-1970））。

43.《東華三院 1940 年度院務報告書》，頁 2-3。又參見丁新豹：《善與人同：與香港同步成長的東華三院（1870-1997））,頁 232-233。

表二、東華三院 1940 年度財政收入（港元）

收入		醫務	慈善
Government Grant（政府津貼）		599,209.00	
Private Wards:- 自理房			
	Rent and Medicine（租及藥費）	45,536.57	
	Provisions（食用）	4,678.52	
Sales of Chinese Medicine（沽中藥）		9,356.23	
Hire of Ambulance（十字車租）		16,722.05	
Donations:-（捐款）			
	General and Miscellaneous（普通及雜項）		67,267.40
	Theatre and Photographers（戲院及影相館）		3,320.00
	Chinese Public Dispensary（公立醫局）		4,196.80
	Coffin Home（捐義庄費）		4,420.00
Rents:-（租項）			
	Properties（嘗舖）		164,445.33
	Coffin Home（義庄）		39,939.40
	Pavilions（祭別亭）		3,560.00
	Iron Burners（鐵爐）		4,680.00
Grants from Temple & General Charity（廟宇及普通慈善款）			22,855.57
Receipts-Flower Day（賣花日收入）			14,654.91
Interest（息項）			13,079.00
Receipts-Transportation of Coffins, etc.（棺木等運費）			140.90
Miscellaneous Receipts（雜項收入）		9,265.04	816.19
Sales of Medicine Bottles（沽藥樽）		180.55	
小結		684,947.96	330,296.50
總收入		1,028,323.46	

表三、東華三院 1940 年度財政開支（港元）

開支	醫務	慈善
T. W. H.（東華醫院）	274,004.05	135,953.74
K. W. H.（廣華醫院）	250,139.51	48,697.56
T. W. E. H.（東華東院）	171,586.58	14,082.57
Special（特別銷費）	8,808.70	
小結	704,538.84	
總開支	903,272.71	

表四、東華三院 1940 年度財政盈虧（港元）

	收入	開支	盈虧
醫務	684,947.96	704,538.84	-19,590.88
慈善	343,375.50	198,733.87	+144,641.63
總數	1,028,323.46	903,272.71	+125,050.75

表二、表三、表四資料來源：《東華三院 1940 年度院務報告書》，附錄甲種第一類子項〈東華三院一九四零年入息及銷費表〉，英文部分頁 29。

表五、東華三院 1939、1940 年度職員數目變化

部門	職位	1939 年人數	1940 年人數	增減（%）
醫務部	醫官	12	14	+16.67%
	女護士	282	434	+53.90%
	中醫	16	16	---
	中醫助手	57	53	-7.02%
	文員	29	30	+3.44%
	工役	335	397	+18.50%
慈善部	文員	4	5	+25.00%
	工役	5	5	---
總人數		740	954	+28.92%

資料來源：《東華三院 1940 年度院務報告書》，頁 15-16。

12 萬多元的財政盈餘，主要是靠三院自己的房地產物業收入創造的。

李耀祥對於三院房地產物業方面的貢獻，不在於物業數量或總值的增長，而在於物業管理質素的改善。東華三院當時擁有的房地產物業總值約 155 萬元，其租金成為三院的主要收入來源之一。院方慈善為懷，不忍隨市場水平調整租金，結果，三院物業租金水平長期低於市值，例如，東華醫院嘗產每月租金實收 12,408 元，但市值租金應該是 17,141.47 元，換言之，東華嘗產月租比市值水平低了接近三成。其餘廣華、文武廟、天后廟等嘗產亦有類似情況。而且，一些租戶看準了院方的菩薩心腸，竟然得寸進尺，「仍大倡減租」，甚或乾脆拖欠租金。李耀祥認為三院對於自己的物業，沒有理由放棄權利，也沒有理由放棄正當收入，更沒有理由縱容不肖租客。因此，李耀祥一上任，即委任三名「熟悉租務人員」調查三院自置物業的租金水平，將可作為租金參照的若干屋宇，「請估價官估定租值，發給證書證明」。同時，李耀祥也親自透過傳媒解釋院方的立場，釋除公眾誤會（圖片 3.12）。這一輪租金調查及重估的結果是：「有若干層樓因而減租，惟多數則須加租」，三院商舖、住宅的月租，一律增加五成，12 個月後再根據政府之物業估值數據，進行檢討。而且收租事務，改由東華三院自行執行，並改用西曆日期收租，「以昭劃

李耀祥解釋

東院增租減租

係與住客磋商並非迫遷

住客不滿可交當局估價

東華三大醫院爲開源節流，調整院中一切財政收支，最近對於出租屋宇之租值，組織租務研究委員會，研究一切。近悉該院已實行增租。據首席總理李耀祥對記者解釋謂：本院之租務經委員會縝密考察後，決定予以調整。其中有增租者，亦有減租者。數日來已分別去函通知住客。但所謂增租，例如其公道之租值在七十元者，而其現收之租值爲五十元，則將之增至六十元。又所謂減租，例如其租值現在七十五元者，現減至六十五元左右。關於增租一層，本院通知住客之兩件，並非迫遷性質，不過係與住客磋商，酌量加租而已。如住客認爲不當者，則本院將該項租值事件呈交估價官，估定其租值。

圖片 3.12：《大公報》1940 年 6 月 15 日第 6 版有關李耀祥宣佈調整三院物業租金的報道（資料來源：香港公共圖書館多媒體資訊系統「香港舊報紙」資料庫）。

一」。根據《東華三院1940年度院務報告書》附錄丙種〈東華三院嘗業表〉，三院登記在港府、有地段號數（Lot Number）可稽者之物業凡93份，除位於森麻實道3號的物業的年租獲減120元之外，其餘92份物業年租均有所提升。從此，三院自置物業的租金收入每年將達184,968元，比之前增加32,788.08元，增幅達21.55%。但由於重訂租金正式生效於1940年下半年，故院方自置物業的租金收入實質只增加11,631.05元。[44] 若純就財政收入數字而言，這一萬多元只是三院全年財政盈餘12萬多元的十分之一，但從此強化三院物業之管理，讓三院物業收入與市場水平掛鈎，可謂大刀闊斧，振刷積弊，邁出重要一步。

另外，在物業租金收入之管理上，李耀祥還有一招，他發現三院的部分自置物業，因為年久失修，無法放租，白白損失租金收入。例如廣華醫院在油蔴地新填地街擁有「華人住宅屋宇一連十間」，由於年久失修，自1937年被港府宣佈為危樓，夷為平地，迄未重建。李耀祥建議把三院每年自置物業的租金收入，「撥出一成，作為改建屋宇基金」，以便改建殘舊物業，增加租金收入。三院醫務委員會在1940年度內兩次討論此建議，但因其他開支孔亟，「無從實現」。[45] 雖然如此，二十多年之後，東華三院回顧自己的物業管理的歷史時，仍高度稱讚李耀祥這個方案為「未雨綢繆之高見也」。[46]

義莊一向是東華慈善工作的重點之一，但對於三院財政而言，義莊又是一項沉重負擔。而且近年因戰亂影響，尤其因1938年10月日軍侵佔廣州之後，中港交通大受打擊，大量棺柩滯留東華義莊內。而在此之前，已經有寄存義莊達30年之棺柩，又有拖欠莊租多年者，而「查積欠莊租者計有百餘單，現僅得十餘單可以追問」。三院的義莊慈善服務，被人有意無意佔盡便宜，真正需要這些服務的人士，反而無從受惠。李耀祥認為不可縱容，因此，他以院方名義發出通告，要求租用義莊人士與院方訂立合同，強化權責。棺柩「寄莊不得過十年，欠租不得過五年」。逾期者院方自行安葬。自通告發出後，院方處置了無人認領之棺柩125具、骨殖135具。全年計算，義莊租金收入達到39,939.40元，比預算收入15,000元增加一倍以上。情況大為好轉。另外，又考慮到義莊一向允許死者親友燃燒冥鏹，容易

44.《東華醫院董事局會議記錄》1940年（庚辰）5月6日，轉引自丁新豹：《善與人同：與香港同步成長的東華三院（1870-1997）》，頁233。又參見《東華三院1940年度院務報告書》，頁10-11，附錄丙種〈東華三院嘗業表〉，英文部分頁72-74。

45. 這份物業具體位置在新填地街202/220號，面積為7,564平方尺，地段號數為K.I.L.878。見《東華三院1940年度院務報告書》，頁11-12，附錄丙種〈東華三院嘗業表〉，英文部分頁74。

46. 香港東華三院癸卯年董事局編纂：《東華三院嘗業建設計劃》（香港：香港東華三院，1964年1月31日），頁62。

引發火災，但卻從來沒有購買保險，於是請人估值，購保 113,500 元，保費 181.20 元。[47] 除義莊之外，三院一向有為貧苦大眾施贈棺木的服務，這也是一筆巨大開支。醫務委員會討論撙節之道，有人建議：凡死者家人無力安葬，或遺體無人認領者，不用棺木，直接下葬，謂之「肉葬」。李耀祥等考慮到當時社會的價值觀，反對此議，但同意把無人認領之遺體火葬。從前，三院請工役把棺材扛往墳場；現在，院方改為用汽車運送，「年中節省工役費約四千圓強」。同時，對於在三院身故的病人的殯葬費用，院方與各長生店磋商，明文制訂各類收費準則，「最廉之一種，連壽板殯葬喃巫山地費用在內，不過廿四圓而已」，減少長生店與死者家屬之間的糾紛。院方又禁止三院僱員在處理喪葬事務時收受佣金之陋習。[48] 這最後兩項措施雖無關三院開支之削減，但洗刷殯葬事務的積弊，亦堪稱一大功德。

必須指出，李耀祥對於三院喪葬事務的各項改革工作，早於三年之前即 1937 年就由當時的主席周兆五開始。周兆五任內，對於三院事務，除弊興利，貢獻良多。當時有所謂「棺材老鼠」，專門在三院內勒索和欺騙病人及其家屬，騙取棺木及壽衣，1937 年 5 月 1 日，周兆五下令驅趕這些歹徒（圖片 3.13）。[49] 1938 年，三院董事局請求港府委派專人教授和訓練護士學校學生，令院務行政、護士學校組織

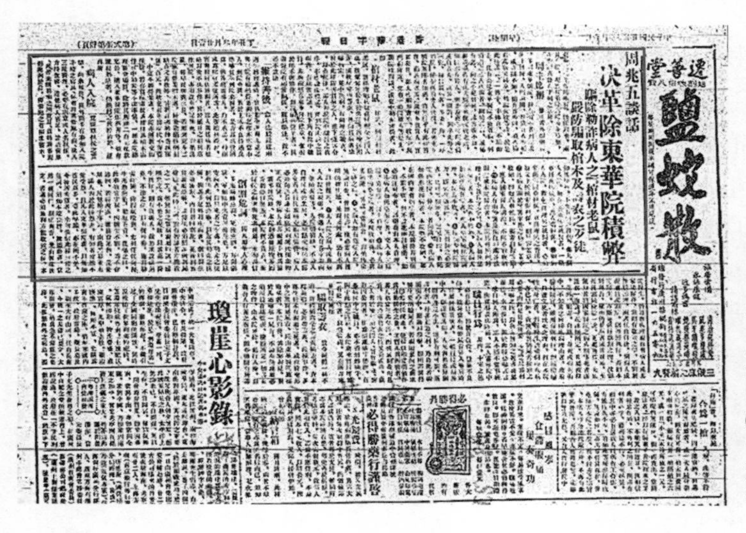
周兆五談話
決革除東華院積弊
驅除勒詐病人之棺材老鼠
嚴防騙取棺木及壽衣之歹徒

鹽蚊散

瓊崖心影錄

圖片 3.13：《華字日報》1937 年 5 月 1 日第 2 版第 4 頁報道周兆五改革三院喪葬事務，根治俗稱「棺材老鼠」的勒詐病人的歹徒（資料來源：香港公共圖書館多媒體資訊系統「香港舊報紙」資料庫）。

47. 香港東華三院委託、葉漢明編著：《東華義莊與寰球慈善網絡：檔案文獻資料的印證與啟示》，頁 90-91；又參見丁新豹：《善與人同：與香港同步成長的東華三院（1870-1997）》，頁 241-242；又參見《東華三院 1940 年度院務報告書》，頁 13-14。
48.《東華三院 1940 年度院務報告書》，頁 13-14。
49.《華字日報》1937 年 5 月 1 日第 2 版第 4 頁，又參見鄭寶鴻：《幾許風雨：香港早期社會影像，1911-1950》〔香港：商務印書館（香港）有限公司，2014 年 9 月〕，頁 226。

兩方面權責分明。同時，從 1938 年起，東華三院護士學校男護士也參加港府的護士會考。這也是周兆五的功勞。[50] 總之，周兆五在 1937 至 1939 年間完成東華三院架構之改組，又積極投身香港內外的賑濟工作，實在是東華三院歷史上的關鍵人物，不容忽略。也許最能表明周兆五及其仝人心跡的，是 1938 年秋周兆五等董事刻贈三院的「居仁由義」四字匾額。丁新豹教授指出，周兆五為首的董事局，面對三院組織架構的改革、日本侵華戰爭的威脅，以典出《孟子・盡心上》的「居仁由義」四字自勉，懷仁愛之心，行事遵循義理。[51] 周兆五與李耀祥兩任主席，後先相繼，都在三院困難時期作出巨大貢獻。

李耀祥任內，三院還大力改善財政管理，具體而言又可分成兩項措施，第一項措施是制訂了「採購章程」。1940 年 1 月，醫務委員會轄下增設財政分任委員會，對於業已開銷之款項，予以核准；對於未經開銷之款項，予以審查。採購價值 200 元以下之物料，不必招標，只須向數家商店查問價格，經院方比較、批准，即可採購。採購價值 200 至 1,000 元之物料，必須招標；採購價值 1,000 元以上之物料，必須登報招標之外，還必須由總理親自開標，再交醫務委員會財政委員審核。「此乃三院有史以來之創舉」，據院方估計，僅在採購中藥一項開支上，新制度就能夠為院方節省 25,000 元。[52] 第二項措施是改革會計制度。三院之帳目，一向採用傳統中國會計格式。院方認為這種會計制度「自難稱為完備」，決定於 1940 年改用港府會計司批准之複式簿記法。院方首先通過本身就是「政府批准之華人核數員」的總理郭佩璋，訓練三院會計人員，讓他們學習新式簿記法。然後從 1940 年 11 月 1 日開始，正式改用西式會計制度，這也是三院歷史上的創舉，「實開三院簿記之新紀元」。[53]

說到底，港府既用公帑資助三院，設立醫務委員會規管三院，也基本上尊重三院的自主；儘管不認同中醫，也仍然容許三院維持中醫門診服務。三院得以實踐理想，服務大眾。結果是港府、三院、香港社會的三贏，堪稱良性互動，視近現代中國歷史上的你死我活鬥爭模式，應該說是十分寶貴的社會治理經驗吧。

50.《香港東華三院發展史》，第二輯〈護士學校創辦經過及現況〉，頁 2。

51.《胞與為懷：東華三院文物館牌匾對聯圖錄》，頁 132-134；丁新豹：〈導讀〉，頁 xiii。

52.《東華三院 1940 年度院務報告書》，頁 5、15；又參見丁新豹：《善與人同：與香港同步成長的東華三院（1870-1997）》，頁 233。

53.《東華三院 1940 年度院務報告書》，頁 5-6；又參見丁新豹：《善與人同：與香港同步成長的東華三院（1870-1997）》，頁 233。

三、其他改革措施

周兆五主席任內，完成東華三院艱難的組織架構轉型，在醫療、慈善兩大工作範圍內，興利除弊，所在多有。同樣，李耀祥主席任內，克服了三院財政危機，改革了中醫門診制度，堪稱兩大成績。除此之外，他還為三院作了大量貢獻，其中值得稱道者約有四端。也許從 1940 年參觀三院的嘉賓的觀感入手，展開敘述，最為適合。

東華三院作為香港華人社區的慈善醫療機構，以基層民眾為服務對象，雖然得到港府的財政支持，但當時香港社會仍處於十分貧困的狀態，而日本侵華戰爭又迫使大量內地難民湧入香港，結果是 1940 年的東華三院，論服務能力、組織規模，其實遠遠不能應付社會需求，但三院上下一心，救急扶危，義無反顧，超負荷運行。這一點，1940 年度內參觀三院的一眾貴賓都異口同聲，既表擔憂，又表讚許。例如，駐港英軍指揮官賈乃錫少將（A. E. Grasett）於 1940 年 8 月 9 日參觀東華醫院後，認為收容病人太多，衛生條件惡劣，「但全院職工精明幹練，忠於所事，環境雖極困難，仍能照常服務」，他尤其稱讚譚嘉士醫官（Dr. G. H. Thomas）長期「為窮苦華人療治疾苦」的貢獻。醫務總監司徒永覺醫官（P. S. Selwyn-Clarke）於 1940 年 11 月 17 日巡視三院，也認為三院收容病人太多，例如銀禧樓第七號大病房，原本安排 17 名病人入住，但當時竟然安置了 100 名病人；原本只能應付 20 名病人的痢症病房，當時竟然安置 69 名病人。但司徒永覺特別指出兩項成績：「舊日之慢性潰瘍室，今已煥然改觀，令人不復認識，蓋首總理李君耀祥，與掌院譚嘉士醫官，業將此室大事改革，兩君建此殊績，殊足稱頌也。」「新廚房工程已實際開始，此舉甚佳，蓋本院需要新廚房刻不容緩，改建經費，純由李君耀祥及其朋好慨然捐助者。」[54] 可見李耀祥任內，翻新了東華醫院的慢性潰瘍病房及廚房。其中，東華醫院新廚房一事，尤值得詳細討論。

（1）東華醫院新廚房之建設

民以食為天，東華醫院的廚房，供給留院病人及員工的每日膳食，其重要性不言而喻。1940 年，東華醫院已經成立 70 年，其廚房每天要服務的留院病人與員工，分別達一千二、三百人和三百五十人，總人數比十年前增加兩三倍，但廚房

54.《東華三院 1940 年度院務報告書》，〈附錄癸種第一類：官紳巡閱三院留詞〉，頁 45。

則七十年如一日，從未擴建，實在難以衛生、妥善地供應留院病人及員工的每日膳食。東華醫院廚房之擴建，勢在必行，但李耀祥完成此任務出人意表之處，在於不動用三院公款，而是自行籌款。原本的擴建計劃，是在廚房原址動工，預算大概一萬元。但在李耀祥鼓動下，廣東銀行以銀行和員工名義捐款一萬元；李耀祥、楊蕚輝、許庇穀等三位董事自掏腰包，各捐一千元；再加上其他企業與個人的捐助，最後居然募得 23,600 元，於是擴建計劃也更上層樓，不在原址擴建，而是另擇地點，建設全新的兩層廚房。李耀祥撰寫的東華三院改建廚房捐款題名記，對此事原委交代甚為詳細，茲抄錄如下（標點及括號內文字為筆者所加）：[55]

東華三院改建廚房捐款題名記

廚為飲食製造之場所，其對吾人生命，負責綦重。故凡建屋者，必先致意於其廚；而善衛生者，必日滌其廚，無使滋垢。若夫多人聚處之場合，尤不能不對於廚屋加之意焉。古人稱廚灶為司命，豈無故哉。本院舊有廚屋，閱歲已多年，占地不廣，而年來留院醫理者，人數日增，每日動輒千二三百人以上，而院中職工，亦由百十人增至三百五十。於是凡在院飲食者，比十年以前，多至三倍。一切飲食，取辦一廚。同是廚也，供往日五七百人之用，故恒覺其寬，而在今日供千五六百人之用，則頓覺其隘。當時度勢，不能不亟為展拓也。而況壁黝棟黟，七十年來幾經修葺者哉。本年，耀祥等蒙街坊公舉為三院董事。接事之始，即有見及此，爰與同人商議改建，詢謀僉同，而許君庇穀，贊助尤力稱是。一面着手經營，一面籌集款項，而捐助數目，則又以廣東銀行為尤多。緣方事之初，本議在原址改建，預算需費萬元，便足蕆事。蒙該銀行職員慨捐萬元，獨任其成，及後因原址大隘，不足以資展拓，既無以供給現在，更無以應付將來。僉議擇地另建，並添樓面一層，為一勞永逸之計。於是再行估價，需款二萬三千餘元，改復分頭勸捐，以成斯舉。然有此萬元以為之倡，則捐貲者踴躍逾恒，而當事尤亦易於為力。然則此廚之成，廣東銀行實大有力也，而該行司理亦勇于為善哉。廚既成，特將捐款者姓名栞之於石，俾垂久遠，並綴其始本，弁數言於首。後之人，其亦有觀感於此乎。

李耀祥撰　　區建公書

當年董事（李耀祥等 15 人）、聯益燕梳公司同立石

中華民國二十九年庚辰（1940）冬月穀旦

55.《香港東華三院發展史》，第一輯〈東華醫院創院九十年之沿革〉，頁 45。

表六開列具體的捐款名單。其中可見，頭八位企業和個人捐款者的捐款合共19,000元，已佔總捐款的八成。可謂既反映東華三院在香港社會的崇高信譽，也反映出李耀祥先生的強大人脈云（圖片3.14、3.15、3.16）。

表六、東華醫院新廚房捐款名單：

序號	捐款者	捐款（港元）
1	廣東銀行	7,500.00
2	廣東銀行職員	2,500.00
3	匯豐銀行	2,000.00
4	華人普通慈善款	3,000.00
5	李耀祥先生	1,000.00
6	楊萼輝先生	1,000.00
7	許庇穀先生	1,000.00
8	東亞銀行	1,000.00
9	道亨銀行	500.00
10	九龍汽車公司	500.00
11	黃耀東公（The late Mr. Wong Iu Tung's Estate）	500.00
12	押文士頓先生（Mr. D. C. Edmondston）	250.00
13	榮泰祥	250.00
14	中華汽車公司	250.00
15	香港油蔴地輪船公司	250.00
16	中華百貨公司	200.00
17	永安公司	200.00
18	林子豐先生	200.00
19	林銘勳先生	100.00
20	余琴生先生	100.00
21	劉慶材先生	100.00
22	陳伯孫先生	100.00
23	吳禮和先生	100.00
24	黎振聲先生	100.00
25	中華兄弟製帽公司	100.00
26	美麗傢俬公司	100.00
27	符國瑩先生	60.00
28	周日光先生	50.00
29	郭佩璋先生	50.00
30	簡文先生（Mr. Ramon Kant）	50.00
31	羅乃琚醫生	50.00
32	何桂泉先生	50.00
33	翁國裕先生	50.00
34	蕭柱雲先生	50.00
35	何清海先生	50.00
36	華生茶莊	50.00
37	永發公司	30.00
38	梁津記	30.00
39	德隆號	30.00
40	華美電器公司	30.00
41	陳四宅	15.00
42	陳五宅	15.00
43	天廚味精廠	10.00
44	瑞祥號	10.00
45	協益號	10.00
46	黃楚璧女士	10.00
	總數	23,600.00

資料來源：《東華三院1940年度院務報告書》，〈附錄甲種第二類子項〉，英文部分頁35。

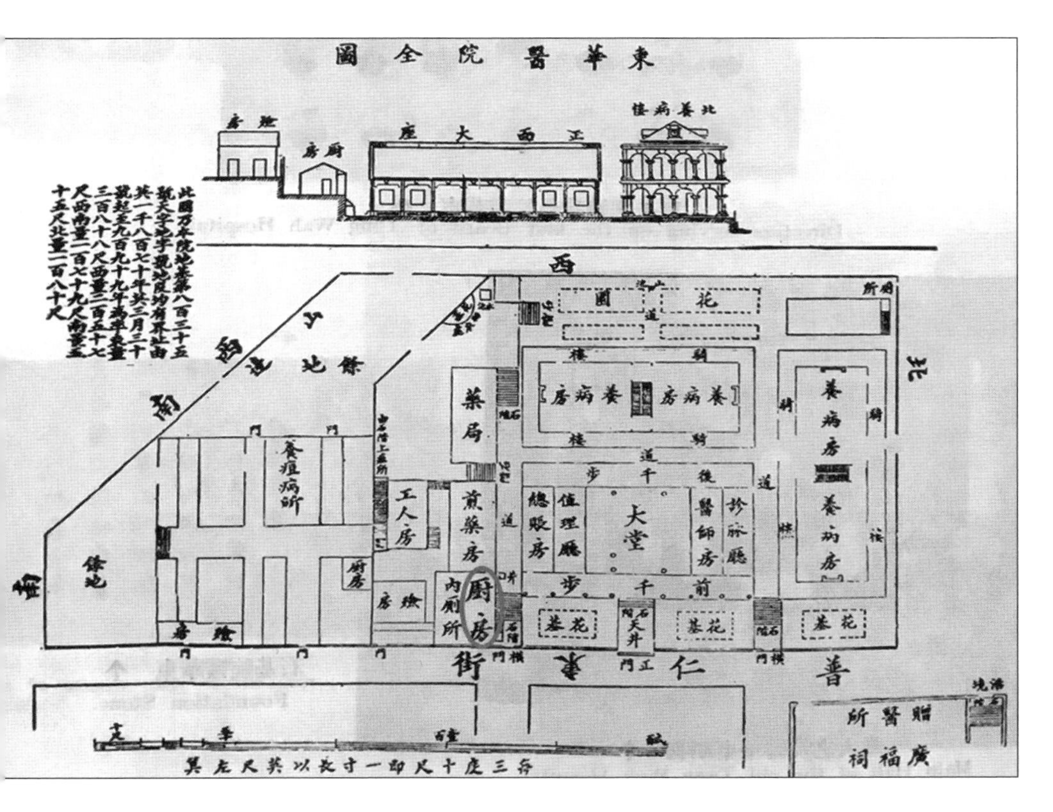

圖片 3.14：東華醫院新廚房位置圖（資料來源：《香港東華三院發展史》，第一輯〈東華醫院創院九十年之沿革〉，頁 51；〈東華三院新廚房及捐款題名記〉）。

圖片 3.15：東華醫院新廚房碑記（資料來源：《香港東華三院發展史》，第一輯〈東華醫院創院九十年之沿革〉，頁 51：〈東華三院新廚房及捐款題名記〉）。

圖片 3.16：東華醫院新廚房內景（資料來源：《東華三院 1940 年度院務報告書》，英文部分頁 6）。

另外，廣華醫院廚房，因是多年前建造，至 1930 年代，顯得格外狹窄陳舊，1938 年周兆五主席任內，決定改建，但因經費等各種原因而不果，至 1940 年李耀祥主席任內，繪成擴建圖則，算是進了一步。至 1941 年馮子英主席任內，終於開始動工，但擴建工程 10 月底開始，12 月就因日軍攻佔香港而中綴。直至日本投降、香港重光後才恢復擴建，於 1947 年 1 月竣工。[56] 此事再次反映出周兆五、李耀祥及歷屆主席之間承先啟後、和衷共濟的工作關係。

（2）廣華醫院李右泉骨科療治室、蒲魯賢 X 光室之落成

李右泉為香港早期實業家、慈善家之一，他和他兒子李忠甫都曾經擔任東華三院主席。蒲魯賢（A. W. Brewin）是港府早年的華民政務司，有份促成 1907 年廣華醫院之創建，李右泉也是廣華醫院創辦人之一。廣華醫院位於九龍，每年要處理不少骨科病人，但缺乏西醫骨科治療儀器，此難題歷三十年而無法解決。1940 年 8 月 23 日，代督（署理港督）岳桐中將（E. F. Norton）參觀廣華醫院，與李右泉等創院元老會晤，盛讚醫院員工之熱心服務，同時認為醫院設備簡陋，亟待改善。李右泉慨然應允捐助。不幸，數週之後，李右泉病逝。李耀祥一面指示院方悼念李右泉，一面與楊蕚輝接觸李右泉兒子李忠甫等五人，問能否完成李右泉這項捐助計劃。李忠甫等均表示願意完成父親遺志，不僅贊助骨科療治室的儀器，同時贊助 X 光室儀器，善款總值約一萬元。李耀祥遂以「蒲魯賢室」命名 X 光以「李右泉室」命名骨科療治室，「並在當眼處豎立匾額，表示紀念字樣。」[57] 從此，東華三院內，只有廣華醫院配備最先進的西醫骨科治療儀器。李耀祥曾撰文紀念李氏父子的這一善舉（標點及括號內文字為筆者所加）：[58]

李公右泉紀念室記

本院位於九龍平民區，每歲患外科病而求治於西法者達三千餘人，中以骨科之疾，占此數百分之二十，然儀器闕如，莫為之備，忽忽已三十年矣。估其值，約三萬餘金。念九年庚辰（1940），同人等議募款購置，以民

56.《香港東華三院發展史》，第一輯〈廣華醫院創院沿革〉，頁 11-12。
57.《東華三院 1940 年度院務報告書》，〈附錄甲種第二類丑項〉，頁 21-22，〈附錄癸種第一類．官紳巡閱三院留詞〉，頁 46；《香港東華三院發展史》，第四輯〈東華三院九十年來大事記〉，頁 11。
58.《香港東華三院發展史》，第一輯〈廣華醫院創院沿革〉，頁 16-17。

力凋敝，未果行。因請於李公右泉，進謀募集之策。公慨然曰：「予力尤能勉致之，毋事廣募也。」議既定，而八月，公遽歸道山。同人等方鰓鰓然以中綴為慮，是年十月，其哲嗣忠甫先生忽走相告曰：「予兄弟五人，籌之決矣。承產雖薄，敢不撙節衣食以竟先考之志。儀器購約已付郵，諸君子其稍候之。」越月，全部運至，附以 X 光鏡暨透熱療器各一，並充外科之用。至是而骨科療治之具，三院之中惟廣華獨備焉。嗚呼！李公善業，固所在爛然，然愷悌之澤，見於繼志述事者，將以茲院為獨厚矣。儻所謂日月之照，無遠弗屆，而扶桑崑崙之民，則炙光倍近者歟。故誌之，並壽於石以矚來者。

中華民國念九年（1940）三院董事李耀祥（等合共 15 人）敬誌

關於這兩間骨科治療室設備儀器的具體牌子、型號等，《東華三院 1940 年度院務報告書》有更詳盡的記錄。[59] 李忠甫經營醫療器具，1943 年成為三院主席。[60] 由他為廣華醫院訂購骨科醫療設備，堪稱內行（圖片 3.17、3.18、3.19）。

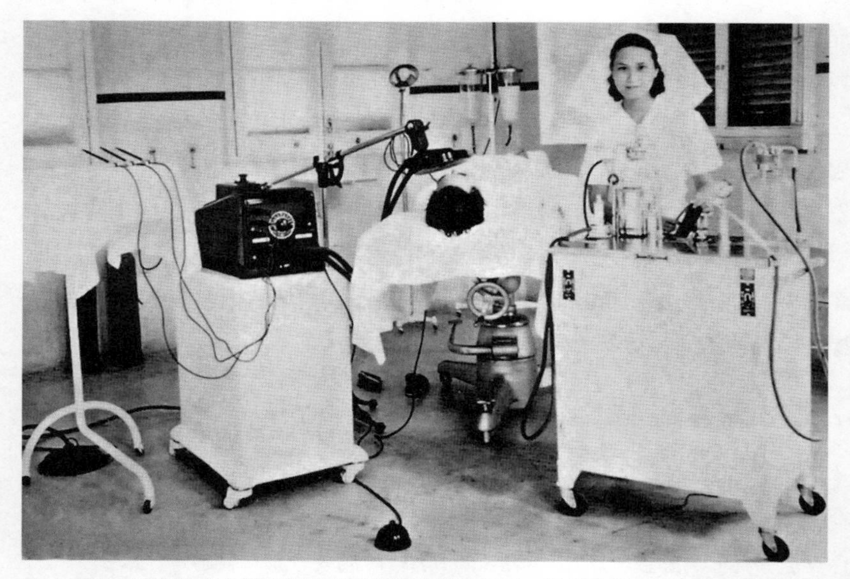

圖片 3.17：蒲魯賢室之電療儀器及真空泵（資料來源：《東華三院 1940 年度院務報告書》，英文部分頁 7）。

59.《東華三院 1940 年度院務報告書》，〈附錄甲種第二類〉，頁 21-22，附錄英文 A2b，頁 36-38。
60.《香港東華三院發展史》，第四輯〈東華三院九十年來歷屆總理芳名〉，頁 23。

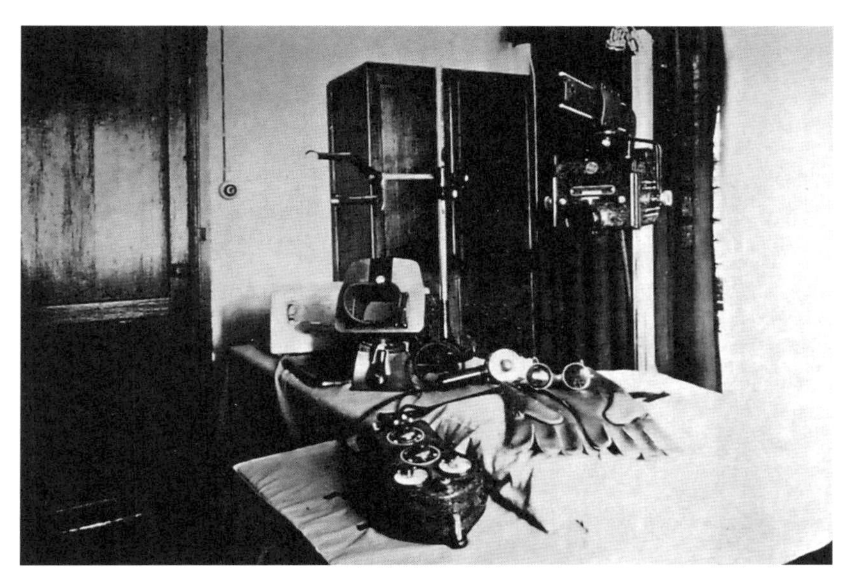

圖片 3.18：蒲魯賢室之手提 X 光鏡（資料來源：《東華三院 1940 年度院務報告書》，英文部分頁 8）。

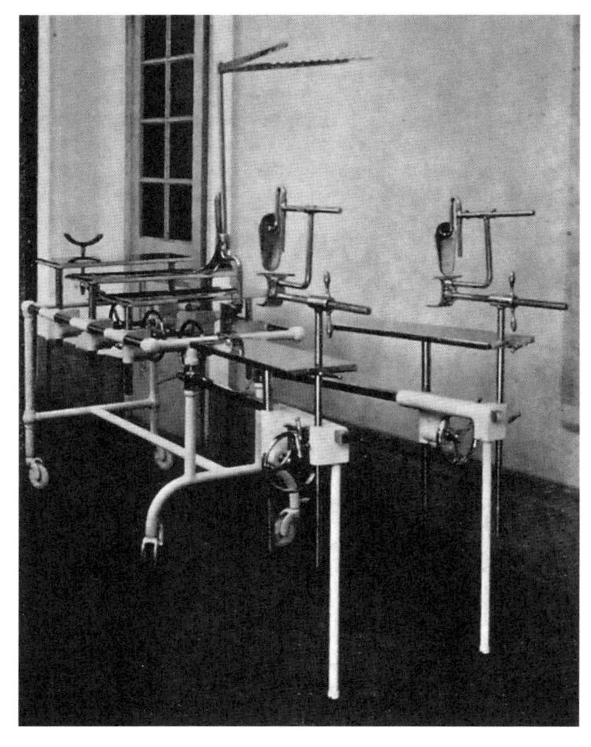

圖片 3.19：李右泉骨科紀念室之石膏床（資料來源：《東華三院 1940 年度院務報告書》，英文部分頁 9）。

（3）廣華醫院新殮房之建設

廣華醫院殮房，因建成年代久遠，面積狹窄，設備簡陋，1939 年周兆五主席任內，曾有意擴建，但因醫務委員會已經成立，這項擴建計劃遂以事前未編入預算及三院整體經費不足而作罷。至李耀祥主席任內，雖抗日戰爭局勢日益險惡，三院救濟工作日益困難，仍籌得 16,021.20 元，重建廣華殮房。[61] 此事不僅要歸功於李耀祥，也要歸功於周兆五。正如前述，三院喪葬事務改革，由周兆五發起，由李耀祥推進。同樣，廣華醫院殮房之擴建，也是由周兆五倡導，而於李耀祥任內完成（圖 3.20）。

李耀祥對廣華醫院似乎情有獨鍾，箇中原委不難理解。因為李耀祥與東華三院結緣，正好就是從廣華醫院開始的。正如上文指出，李耀祥早於 1926、1927 兩年擔任廣華醫院總理，位列財政部總理四名中的第三名，1928 年才擔任東華醫院總

圖片 3.20：廣華醫院新殮房之外景（資料來源：《東華三院 1940 年度院務報告書》，英文部分頁 17）。

61. 另外，李耀祥先生本來還計劃擴建東華醫院之殮房，但工務司署不予批准，見《東華三院 1940 年度院務報告書》，頁 12；《香港東華三院發展史》，第一輯〈廣華醫院創院沿革〉，頁 11；《東華三院百年史畧》，〈廣華醫院發展經過〉，頁 117-118。

理。[62] 但李耀祥任內對於廣華醫院的貢獻，也有偶然因素，蓋李右泉早已答應捐贈骨科醫療設備予廣華，他逝世之後，由他兒子李忠甫等五人完成遺志。在李右泉父子而言堪稱熱心慈善，後先一致，在李耀祥而言可謂順水推舟，樂見其成。但廣華醫院新殮房之建設，則可以說是李耀祥獨力完成周兆五未竟之業。

（4）東華三院義學教育之擴充

東華三院的服務，一向醫療與慈善並重，為基層民眾提供教育，也是三院慈善工作的重點之一。三院最早的義學，開辦於 1880 年，是為文武廟義學，位於荷李活道文武廟旁。1893 年，除增聘文武廟義學教師外，又於皇后大道西增設義學三所。之後陸續擴建。至 1908 年，三院義學合共 16 所，在港府立例規管下，義學經費主要由文武廟負責，天后廟及廣福祠亦承擔個別義學經費。[63]

1939 年，港府為保障學童健康，修改教育條例，縮減各校學額。當時東華三院轄下 12 間義學（男校八所、女校四所）原本合共 1,184 個學生名額，被裁去 220 個，剩下 964 個。這就意味着二百多名基層兒童失去受教育機會，院方對此深表遺憾又無可奈何。1940 年李耀祥主席任內，想出一個既符合法律又擴充義學服務的方案，把三院轄下義學由全日制改為上下午制，這樣一來，學校不增、學額照減，但 964 個名額反增加一倍至 1,928 個，讓更多基層兒童接受教育，同時也不違反港府法律，堪稱兩全其美，還開創了香港學校上下午班二部制之先河。當然，全日制改為半日制，分別很明顯，港府斷不至於不知道其分別，但相信是考慮到此舉能令更多學童受惠，有利無害，所以也樂見其成。李耀祥又努力撙節，把三院花在每位學生身上每年之經費，從 22.57 元減至 17.56 元，為三院是年義學開支節省一萬多元。是年，三院義學總開支達 30,760.10 元，港府津貼 9,660 元，其餘均由三院承擔。另外，三院還創辦夜校六所，分別為工科、商科、女子家政科各一所，漢文識字班一所，英文識字班兩所。[64] 有關李耀祥任內三院義學十二所的規模、改為上下午班二部制前後的學額，參見表七。

62.《東華三院 1940 年度院務報告書》，頁 1；又參見《香港東華三院發展史》第一輯〈廣華醫院創院沿革〉，頁 8；《東華三院百年史畧》，上冊，〈東華三院一百年歷屆總理芳名〉，頁 72-73。

63.《香港東華三院發展史》，第三輯〈三院小學校沿革暨中學之籌建〉，頁 1-2。

64.《東華三院 1940 年度院務報告書》，頁 14-15，又〈附錄辛種：教育部主任總理簡文報告書〉，頁 41-44；《香港東華三院發展史》，第三輯〈三院小學校沿革暨中學之籌建〉，頁 4；《東華三院百年史畧》，〈東華三院教育工作〉，頁 151。

表七、1940 年東華三院義學十二所的規模、學額

序號	校名	教職員姓名	校址	課室數目	學額		
					未減額前	減額後	改制後
1	文武廟中區免費初級小學校	張漢槎（校務主任）、梁勁謀、李猷存、林超然	樓梯街未編號	4	196	134	268
2	文武廟東區免費初級小學校	劉慶焯（校務主任）、陳少泉、梁誠立、譚日榮	德輔道西 246-252 號 3 樓	4	182	180	360
3	文武廟西區免費初級小學校	潘子逵（校務主任）、何伯璣、李文迪、崔寶齡	灣仔駱克道 194-196 號 3-4 樓	4	200	154	308
4	文武廟黃泥涌區免費初級小學校	劉慶烇、尹文光、何元勳	黃泥涌景光街未編號	3	107	83	166
5	廣福祠第一義學	何紫琴	筲箕灣電車路尾	1	50	45	90
6	廣福祠第二義學	溫承汝	油蔴地天后廟南書院	1	50	42	84
7	天后廟第一義學	黃裔剛	天后廟北書院	1	64	64	128
8	天后廟第二義學	劉慶鏘	天后廟北書院	1	64	64	128
9	文武廟女子免費初級小學校	李儷梅、李本仁、林少慧、呂雁兒	必列者士街 37 號	4	182	140*	280
10	廣福祠女子免費初級小學校	李少芝、李允順	大道西 385-387 號 4 樓	2	58	52	104
11	洪聖廟女義學	吳綺琼	灣仔駱克道 3802 號 4 樓	1	50	35	70
12	東華醫院總理女義學	羅侶梅	灣仔軒尼斯道 200 號 4 樓	1	47	35	70
總共**					1,184	964	1,928

* 原表有注曰：「未核完」。
** 這三項總數雖不符合該表三欄總數，但仍應以該三項總數為準，因為是簡文報告書及李耀祥報告內所開列者。
（資料來源：《東華三院 1940 年度院務報告書》，〈附錄辛種：教育部主任總理簡文報告書〉，頁 41-42。）

四、小結

李耀祥在 1940 年 2 月 22 日擔任東華三院董事局主席，無懼戰爭的陰影，極力維持三院內的中醫藥建制，極力推動中醫藥治療的標準化、制度化。亦承認中醫缺點，對於西醫更加擅長治療的疾病，同意由西醫治理。另外，李耀祥又大力整頓三院財政，開源節流，加強管理，轉虧為盈，在在反映出李耀祥之善於變通，務實、精明。由此觀之，羅旭龢在 1940 年度三院院務報告書前言中，稱讚李耀祥「明敏果斷，密慮精思，尤足為紀綱之整飭，群眾之提挈」，[65] 絕無誇飾。至於把中醫藥方編號、把藥材研為粗末，開創了中醫藥成藥化的先河；義學全日制改為上下午班兩部制，開創了全港中小學校上下午班制的先河，俱反映出李耀祥及其仝人的靈活、幹練。在香港的中醫藥歷史、教育歷史上，均有重要角色。

另外，李耀祥在其 1940 年度院務報告書內，還委婉提醒港府，謂慈善工作一向是三院的工作重點，「其主旨不獨治病，而凡華僑之遭遇各種困苦者，皆在救濟之列」。但是，三院接受政府津貼，又接受醫務委員會規管之後，已經逐漸變成「半政府之新式療治機構」，三院是否能夠維持初衷，服務全港華僑，李耀祥表示關注。[66] 這也反映出李耀祥對於三院社會責任及角色的全盤考慮和敏銳判斷。

李耀祥與東華三院淵源甚深。1950 年 5 月 6 日，三院成立歷屆總理聯誼會，於塘西金陵酒家舉行首次盛大聯歡會，出席者達一百五十餘人，何東、周壽臣等兩位香江大老親臨主持，李耀祥也有參加。[67] 李耀祥的賀詞曰「慈善為懷」。這四字也可以說充分反映出李耀祥自己的心跡吧（圖片 3.21、3.22、3.23、3.24、3.25、3.26）。

65.《東華三院 1940 年度院務報告書》，〈羅旭龢前言〉，頁 1。
66.《東華三院 1940 年度院務報告書》，頁 20。
67.《香港東華三院發展史》，第一輯〈東華三院組織之沿革〉，頁 9-10。

圖片 3.21：1960 年東華三院創院 90 周年慶祝大會之嘉賓合照，前排左七為李耀祥（資料來源：《香港東華三院發展史》，〈玉照及題詞〉，頁 44）。

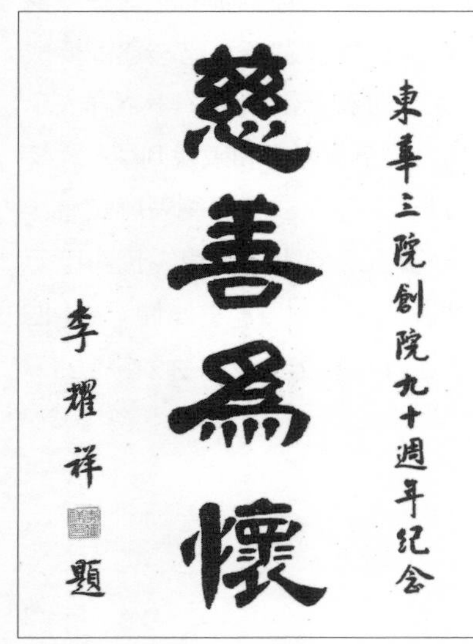

圖片 3.22：李耀祥於 1960 年為東華三院創院 90 周年題署賀詞（資料來源：《香港東華三院發展史》，〈玉照及題詞〉，頁 18）。

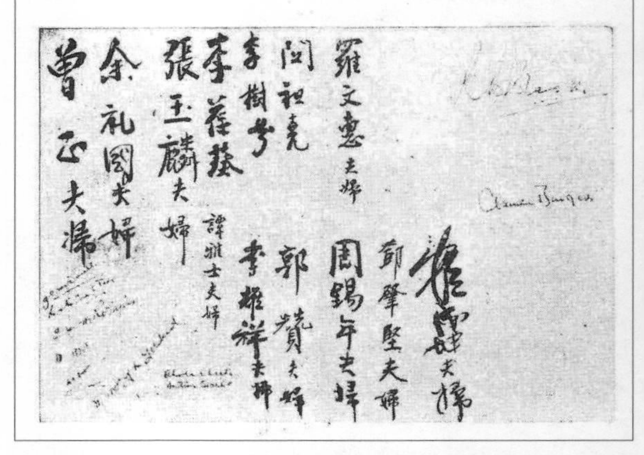
東華三院創院九十週年紀念大會
嘉賓題名冊（左）及卷首之官紳
題名

(Right) Guest Book for the Celebration of the 90th Anniversary of T.W.G.H.
(Left) Signatures of the dignitaries on the Guest Book.

圖片 3.23：李耀祥 1960 年為東華三院創院 90 周年名冊簽名（資料來源：《香港東華三院發展史》，〈玉照及題詞〉，頁 42）。

圖片 3.24：1950 年 5 月 6 日，東華三院歷屆總理聯誼會成立，坐在前排中間二人，左為何東，右為周壽臣，前排右一為李耀祥（資料來源：《香港東華三院發展史》，第一輯〈東華三院組織之沿革〉頁 10）。

首次大聯歡

開發大嶼山

PAN AMERICAN WORLD AIRWAYS

圖片 3.25：《華僑日報》1950 年 5 月 7 日第 7 頁有關東華三院歷屆總理聯誼會成立的報道（資料來源：香港公共圖書館多媒體資訊系統「香港舊報紙」資料庫）。

圖片 3.26：東華三院永遠顧問李耀祥（資料來源：《香港東華三院發展史》，〈玉照及題詞〉，頁 14）。

第四章

李耀祥的其他慈善公益事業

李耀祥先生急公好義、回饋社會、終生不懈，東華三院是他慈善公益工作上的最重要、最悠久的平台，正如岑維休《李耀祥先生事畧》所言，李先生「又於一九二六年至一九六七年間，斷續參加東華三院，管理事務凡二十九年，或為值理，或為總理，或為董事局主席，或為永遠顧問，或為醫務委員會委員」。[1]對此，本書上一章已經詳細介紹。但是，除服務東華三院之外，李耀祥先生還做了大量慈善公益工作，不應忽略。本章篇幅所限，僅敘述其自香港重光後至 1950 年代期間在三個慈善公益組織及地區組織之貢獻，非敢謂鉅細無遺者也。李耀祥參加的這三個慈善公益組織及地區組織分別是：成立於 1948 年的香港防癆會，成立於 1950 年 4 月 1 日的九龍城區街坊福利會，以及成立於 1952 年 9 月 3 日的平民屋宇公司。

1. 見本書〈附錄一〉。

一、香港防癆會

所謂「肺癆」，醫學名稱為結核病（Tuberculosis, TB），是人體受「結核桿菌」侵襲而引發的疾病。結核桿菌可侵襲人體各器官如淋巴、骨骼、關節、脊骨、腦部、腎臟等，但由於結核桿菌侵襲肺部最為常見，故稱「肺結核」，俗稱「肺癆」。[2] 這是一種古老而可怕的疾病，據說古埃及木乃伊就有死者患肺癆的特徵，中國古人也早已觀察到這種疾病的病徵，命名之曰「癆」、「癆瘵」，但結核桿菌之發現，則歸功於德國醫生羅伯特·柯賀（Robert Koch），時為 1882 年，他後來還因此獲得諾貝爾醫學獎。[3] 肺癆的元兇雖已找到，但要根治卻不容易，雖然 1920 年代法國已經研製出針對結核桿菌的兒童疫苗卡介苗（Bacillus Calmette-Guérin, BCG），1943 年美國醫學家也分離出鏈霉素（streptomycin）作為結核病抗生素，但二十世紀兩場世界大戰及其帶來的破壞、窮困及政治動蕩，長期困擾人類社會，許多國家和地區的民眾，都未能受惠於疫苗與抗生素。

因此，從十九世紀末至二十世紀中葉，肺癆成了令人談虎色變的絕症，而防癆也成為醫療與慈善事業的重點之一。在廣州，1920 年 4 月 5 日，李奉藻成立中華防癆會。開幕禮上，美國裔的廣州公醫院院長達保羅指出，中國人死於肺結核之人數，比死於其他疾病之總人數更多。呼籲中國公眾齊心合力對抗此惡疾。[4] 在香港，李樹芬、李樹培醫生昆仲於 1926 年就出版書籍，向公眾普及防癆知識。[5] 1937 年 8 月，李樹芬等人又登報呼籲成立香港防癆會，並呼籲公眾人士捐款贊助，但隨即因為抗戰爆發而中斷。[6] 至 1940 年，香港死於肺癆的人數為平均每年有 4,000 人，防治肺癆的任務日益迫切。是年 3 月，作為社會公益組織的香港防癆會終於成立，贊助人是港督羅富國，會長是港府醫務總監司徒永覺，其他成員包括彼得遜、羅旭龢、周壽臣、何東、鐸威路、何甘棠等，執行委員會則以羅文錦為主席，其餘成員包括蘇理士、李樹芬、鄧肇堅等。[7] 李耀祥雖不在其中，但一年多前，1938 年

2. 參見香港特別行政區政府衛生署資料 http://www.info.gov.hk/tb_chest/tb-chi/contents/c121.htm。
3. 參見大英百科全書 Encyclopaedia Britannica 的相關條目：https://www.britannica.com/biography/Robert-Koch。
4. 《香港華字日報》，1920 年 4 月 9 日，第 3 張第 4 頁，〈中華防癆會成立大事紀〉。
5. 李樹芬、李樹培編纂，吳天墀記述：《肺癆防治大要》（香港：李樹芬醫務院，1926 初版，1931 年再版，1933 年三版）。
6. 《香港工商日報》，1937 年 8 月 11 日，第 3 張第 2 版，〈香港防癆會積極籌備〉；1937 年 9 月 7 日第 3 張第 2 版〈本港防癆會工作暫告停頓〉。
7. 《香港華字日報》，1940 年 3 月 25 日，第 2 張第 3 頁，〈防癆會已成立〉。

12 月，東華三院醫務委員會成立，李耀祥是成員，司徒永覺、李樹芬、羅文錦等日後的防癆會諸公也是成員。因此，李耀祥瞭解防癆會工作，防癆會諸公希望李耀祥為防癆工作出力，都是很自然的。而李耀祥也果然成為香港防癆運動的健將。

1941 年末，日軍攻佔香港，剛成立不到兩年的防癆會也就因而中綴。可見香港防癆會工作兩度中綴，都拜日本侵華戰爭所賜。日本投降，國共大規模內戰隨即爆發，香港百廢待興之餘，又迎來大批難民，窮困、焦慮、疾病籠罩全社會。1948 年，香港居民死於肺癆的比率極高，達每十萬人之 108.9 人。律敦治先生（Jehangir H. Ruttonjee）振臂一呼，防癆工作再次啟動，1948 年，香港防癆會（Hong Kong Anti-Tuberculosis Association）成立，成員除香港防癆會律敦治父子外，還有周錫年爵士、顏成坤、岑維休、賓臣（Donovan Benson）、李耀祥、胡兆熾（Seaward Woo）等實業家及社會名流。[8] 1949 年 5 月 17 日，防癆會於「華人行九樓大華飯店」舉行募捐大會，李耀祥以主席身份致辭，這篇發言稿不啻一部香港防癆會工作簡史。他說，防癆會工作於戰前就開始，當時目標是在港島、九龍分別設立肺癆療養院五間，但財力有限，而且香港隨即被日軍攻佔，「醫務更無形停頓。」香港光復後，港府將舊海軍醫院（時值 300 萬元）撥出，作為防癆會醫院院址，「殷商律敦治先生捐出港幣八十萬元」作為啟動費，港府也允諾每年撥款 15 萬元。但是，舊海軍醫院受戰火波及，各種治療肺癆的儀器設備亦需購置，「截至防癆病院開幕時止，已用去修葺購置各費達六十萬之譜。」該院有大病房六間，總共可以收容 115 名病人，另有門診服務。但由於「愛爾蘭籍教會之女護士、看護、醫生」尚未全部抵港，人手不足，故目前僅收容 60 餘人。李耀祥估計，為防癆病院全面運作甚至擴充起見，除港府每年 15 萬元的撥款之外，需要大約「五百萬元之基金」。若籌得這筆基金，不僅醫院運作順利，也免卻每年向公眾募捐的麻煩。目前，除「西人方面各銀行及各大洋行⋯⋯表示決予盡力援助」外，何東答允捐助 88,000 元，梁耀答允捐助 20,000 元，李世華答允捐助 30,000 元，「中央銀行、中國銀行、偉綸紗廠、寶星紗廠等，認捐均在萬元以上」。李耀祥呼籲「香港人士，不問貧富，不論地位，努力合作」，完成籌款目標。在具體的籌款工作方面，防癆會下設華人募捐委員會，顧問人數眾多，同時又向一批華人派發「募捐冊」，責成他們籌募善款。

8. 香港防癆會後來更名為香港防癆心臟及胸病協會（Hong Kong Tuberculosis, Chest and Heart Diseases Association），參見該會網站 http://www.antitb.org.hk/en/about_us.php?cid=1。應該指出，香港 1948 年的肺癆死亡率，相比起同時期的台灣，尚屬不高。1947 年，台灣死於肺癆人數為 18,533 人，即死亡率為每十萬人口之 294.44 人，幾乎三倍於香港，見張淑卿，中央研究院歷史語言研究所生命醫療史研究室「醫學史課程基本課程綱領」第五部，單元四，〈台灣結核病史〉 http://www.ihp.sinica.edu.tw/~medicine/medical/2013/read_5-4.html。

這些顧問及認領「募捐冊」者，均為當時香港的華人精英。另外，防癆會又聯絡各電影院、娛樂場所，請其協助推廣募捐運動。其他募捐計劃還包括：發行防癆郵票、舉辦籌款舞會、展覽、球賽等等（圖片 4.01）。[9]

五年之後，1954 年 4 月 12 日晚，李耀祥更與防癆會另一成員、有利銀行（Mercantile Bank of India, London and China）經理賓臣出席電台節目，分別用粵語、英語呼籲公眾捐助防癆會和接受防癆注射。翌日的《香港工商日報》將李耀祥講話全文發表，循循善誘，平易近人，兼用粵語，今日讀來，饒有興味，茲全文轉錄如下（圖片 4.02）：

各位聽眾：

今天晚上，兄弟向各位呼籲，並不是完全站在防癆會方面，而是因為本人跟各位一樣，是香港的居民。各位要清楚知道，「肺癆」是一個極嚴重的社會問題，是關乎每一個人的問題。如何防止肺癆，並不是單純是有關當局，或者單純是醫務處的問題，而是的的確確關乎我們每一個人切身的問題。

在平常人看來，以為「肺癆」只是向一般貧苦的人侵襲，呢個觀念，絕對錯誤，「肺癆」是由於一種很微小的細菌，我們都叫牠做「肺癆菌」所傳播的。「肺癆菌」並不會尊重人，它並不管受害者是一個有名望，或有資產的人，或者是一個貧窮的大眾。當然，窮人被侵害的機會是多一點，這不過是貧窮人住在稠密的地方，食的東西又不夠營養，有以致之。如果在宇宙內，沒有「肺癆菌」的話，無論一個人點樣窮，每一餐都吃不飽，也沒有機會染上「肺癆病」的。在反面來說，一個人無論點樣富有，在社會上有很高的地位，亦都沒有辦法保障他，不會被「肺癆菌」所侵害。

明白呢點，我們該想一想防止「肺癆病」也並不太艱難，只要我們把「肺癆菌」呢樣東西趕走，豈不是沒有肺病存在了。

非常可惜，香港「防癆會」是不懂得魔術，而世界上也沒有一種魔術可以把「肺癆菌」趕走，防癆會並不能夠把肺癆菌滅盡。可是防癆會可以答應各位，假如大家通力合作的話，可以令到「肺癆菌」沒有繁殖的機會。各位首先從自己着手，注重自己地方的清潔，生活方式要有規律，每天食

9. 《華僑日報》，1949 年 5 月 18 日，第 2 張第 2 頁，〈香港防癆會昨舉行會議，五百萬元募捐運動即展開工作〉。

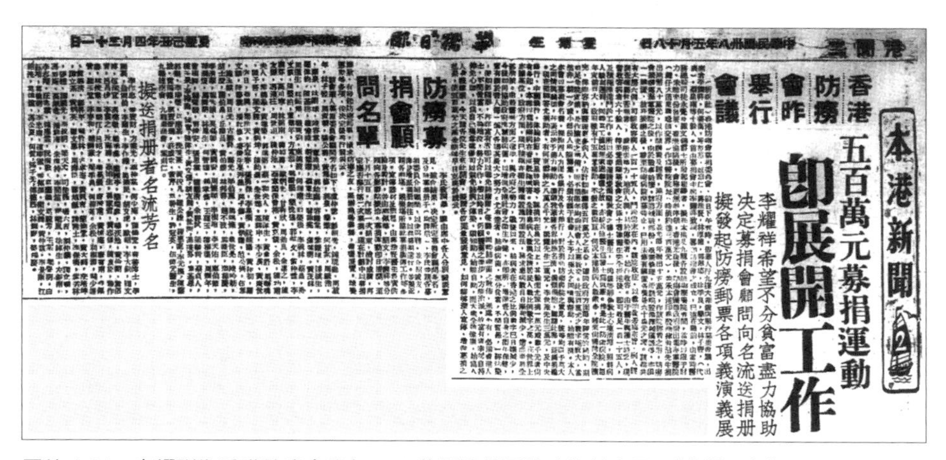

本港新聞 2

五百萬元募捐運動 即展開工作

李耀祥希望不分貧富盡力協助
決定募捐會顧問向名流送捐册
擬發起防癆郵票各項義演義展

香港防癆會昨舉行會議

防癆募捐會顧問名單

擬送捐册者名流芳名

圖片 4.01：李耀祥為香港防癆會發起 500 萬元捐款運動（資料來源：《華僑日報》，1949 年 5 月 18 日，第 2 張第 2 頁）。

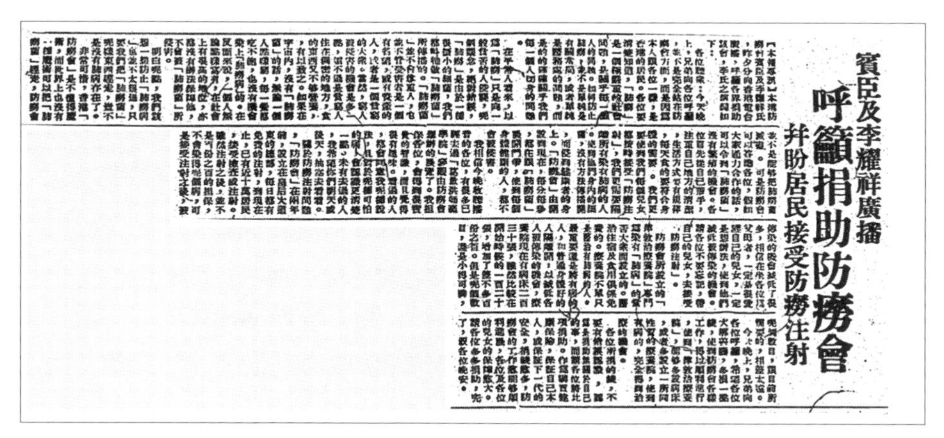

賓臣及李耀祥廣播

呼籲捐助防癆會

并盼居民接受防癆注射

圖片 4.02：李耀祥電台廣播稿，呼籲各界捐助防癆會、及呼籲公眾接受防癆注射（資料來源：《香港工商日報》，1954 年 4 月 13 日，第 6 頁）。

的要符合身體的需要。我們更要使到我們每個兒女都按時接受「防癆注射」，我們更需要隔離所有染有肺病的人。使到他們身內的細菌，沒有方法傳播開，而侵到健康者的身上。「防癆會」開設到現在，每分每秒，都在跟「肺癆菌」展開鬥爭，使到每個身體健康的人，都不會被侵害。

……

我相信今晚收聽播音的各位，有很多已經去過「葛量洪師範學院」參觀由防癆會舉辦的展覽了。我担保各位，會得到很寶貴的智識，而且覺得很有趣味。看過的人，都會同意我呢種說法，且對於呢種可怕的病，會認識更清楚一點。未有去過的人，我希望你們明天或後天，抽空去看看。

關於防癆注射問題，「防癆會」在兩年前，設立在皇后大道東的總部，每日都有免費的注射，到現在止，已有近十萬居民，接受檢查或注射。雖然注射之後，並不是百份之百的担保，不會染得呢個病，可是接受注射之後，被傳染的機會減低了很多，相信在坐各位為父母者，一定是很愛護自己的兒女，一定是想辦法，使到他們減低被傳染的機會。請各位不要忘記，帶自己的兒女，去接受「防癆注射」。

防癆會所設立的「律敦治療養院」專門為染有「肺病」的貧苦大眾而設立的。醫治住宿及食用俱係免費的。療養院不單只是醫治有肺病的人，最重要還是將有病的人，和普通身體好的人隔離開，以減低各人被傳染的機會，療養院現在有病床二百三十張，雖然比較在開始時候的一百二十張，增加了差不多百份之百，但是呢個數目，還是小得可憐，呢個數目，跟目前所需要的，相差太遠。

今天晚上，兄弟向各位呼籲，希望各位大解善囊，多捐一點錢，使到防癆會各樣工作，得以順利進行，使到「律敦治療養院」，能夠多設病床，或者多設立一所同性質的療養院，使到有病的，完全得到治療的機會。

各位所捐的錢，不要有錯誤認識，認為是捐助無關於自己的事，而請各位將此項捐助，作為購買健康保險，保証自己本人，或保証下一代的安全，捐錢愈多，防癆會的工作愈能夠順利進展，各位及各位的兒女的保障愈大。請各位多多捐助，完了，祝各位晚安。

資料來源：1954 年 4 月 13 日《香港工商日報》第 6 頁，李耀祥電台廣播稿，呼籲各界捐助防癆會、及呼籲公眾接受防癆注射。部分標點符號有所改動。

大概半年後，1954 年 10 月 30 日，防癆會賣旗籌款，李耀祥再度於前一晚在香港電台演講，呼籲公眾支持（圖片 4.03）。結合這兩篇電台演講稿，可知香港

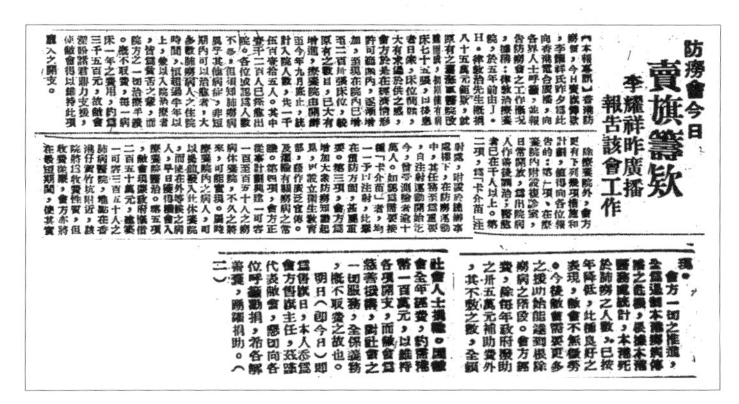

防癆會今日賣旗籌欵

李耀祥昨廣播報告該會工作

圖片 4.03：李耀祥電台廣播，呼籲各界支持防癆會賣旗籌款（資料來源：《香港工商日報》，1954 年 10 月 30 日，第 6 頁）。

防癆會自 1949 成立以來的成就：上文所述、由港府劃撥舊海軍醫院、由律敦治捐款八十多萬元而建成的律敦治療養院，最初只有 75 張病床，目前已增至 230 張，又已開設複診室、「卡介苗」注射處、衛生教育部，分別服務出院病人、兒童及公眾。療養院從 1949 年開辦至 1954 年 9 月底，共收容 1,515 人，其中 1,200 人痊癒出院。公眾也許不滿，認為處理病人數目太少。但肺癆之治理，極為棘手，「大多數肺癆病人之住院時間，恒超過半年以上」，且療養院服務「貧苦之輩」，醫療費用全免，因此，五年之間，病床從不足百張增至 230 張，治癒 1,200 人，已經是很好的成績。此外，防癆會「計劃興建一可容百人至百五十人之癆病休養院」，收容療養院內病情較輕的病人，從而提高療養院治理病人的效率。港府又貸款 250 萬元予防癆會，在黃竹坑附近興建一座能夠收容 350 人之肺病醫院，雖然需收費，但「收費從廉」。即使撇除以上擴建計劃，律敦治療養院每張病床每年的營運成本為 3,500 元，意味着 230 張病床一年總開支將逾 80 萬元，因此防癆會每年經費「約需港幣一百萬元」，但港府每年津貼僅為 35 萬元，「其不敷之數，全賴社會人士捐輸」，因此李耀祥以「售旗主任」身份，懇切呼籲公眾支持防癆會賣旗。[10] 由此可見，防癆會五年來工作成就很大，但制約也很多。能擁有收音機收聽廣播、願意買旗的中產市民，佔公眾捐助的比例恐怕不大，佔公眾捐助比例最大的，恐怕還是像律敦治父子、李耀祥、賓臣這類有雄厚實業與資本的慈善家。而李耀祥既利用「募捐冊」這種傳統中國的辦法來籌募善款，也利用當時先進的傳播技術（電台廣播）來動員公眾支持賣旗，堪稱既沉穩又靈活，中西合璧，雙管齊下，宜乎防癆會工作

10.《香港工商日報》，1954 年 10 月 30 日，第 6 頁，李耀祥電台廣播稿，呼籲各界支持防癆會賣旗籌款。

之日益進步也。

2016年，香港的結核病死亡率為每十萬人之2.18人，[11] 視1948年每十萬人之108.9的死亡率，[12] 不啻天淵之別，這是70年間香港整體社會進步、港府公共衛生體系成熟的結果。但是，在百廢待興的1940年代末，香港防癆會早已默默耕耘，對抗頑疾，其努力與貢獻是不容低估的。

二、九龍城區街坊福利會

港府管治香港期間，設計了不少卓有成效的制度，其一為各地區街坊福利會，又稱街坊福利事務促進會。這是一種地區居民組織，一般由當地「紳商」或熱心公益人士在港府官員支持下成立，平時促進官民溝通，改善社區環境，有事則提供救濟、協助管治。香港重光後，港府也許有感於香港社會百廢待興，而中國大陸內戰方殷，政權易手在即，為鞏固管治、改善社區管理，防止政治滲透，遂大力推動街坊福利會，以至於當時新聞報道謂「港九各區居民籌組街坊福利會運動風起雲湧中」。[13] 李耀祥也成為港府的「風起雲湧」的街坊福利會「運動」的健將之一，積極參與九龍城區街坊福利會的工作。為何是九龍城區呢？很可能因為李耀祥的住宅位於太子道230號，[14] 算是九龍城區內的「熱心名流」之一，所以再次受到港府的青睞。

為甚麼說街坊福利會是港府發起的「運動」？我們不妨截取1949年10月的一個片段為例以說明之。1949年10月13日，香港島的西區福利事務促進會在干諾道29號4樓寄儒別墅舉行第二次常委會議，討論將該會擴充為西區街坊福利會的事宜。列席者包括港府救濟署長李孑農、社會局西營盤服務分處主任鄺更生。與此同時，九龍城「區內熱心名流」，也舉行非正式座談會，商討創立九龍城街坊福利會事宜，他們是林子豐、陳能方、李耀祥、溫達明、黃篤修等。[15] 林子豐是香港現代商業史、

11. 香港特區政府衛生署數據，見 https://www.chp.gov.hk/tc/statistics/data/10/26/43/6493.html。
12. 香港防癆心臟及胸病協會數據，見 http://www.antitb.org.hk/en/about_us.php?cid=1。
13.《華僑日報》，1949年10月19日，第2張第1頁，〈中區街坊福利會開始徵求會員〉。
14. 見本書〈附錄三〉。
15.《華僑日報》，1949年10月15日，第4張第1頁，按，這篇新聞報道文不對題，因為其標題是「林子豐李耀祥等籌組九龍城街坊福利會」，其副標題為「西區籌委會議短期正式成立」，但全文約600字，真正有關九龍城街坊福利會的內容是第一段不足一百字，其餘皆有關西區街坊福利會者。

社會史上的名人，他出身潮州，在香港經營南北行致富，熱心公益，香港培正中學、浸會學院的創立，都與林子豐的努力和貢獻分不開。[16] 有林子豐這樣分量十足的紳商作為召集人，九龍城區街坊福利會的基礎和未來都有相當的保證。五天之後，1949 年 10 月 18 日，下午 2 時，港島中區福利事務促進會在華商總會四樓舉行第二次籌委會議，同日下午 5 時，九龍城街坊福利籌備會議於告羅士打酒店茶廳舉行籌備會議，出席者林子豐、李耀祥、陳能方、溫達明、黃篤修、張宗畊、陳祖澤等，列席者包括港府社會局局長麥道軻、社會福利署署長李孑農、油麻地服務處主任洪志華、九龍城社會服務處主任張俊庭等，張俊庭還擔任會議臨時記錄。[17] 由此可見，港府動員社會名流與紳商成立街坊福利會，五天之內，港島西區、港島中區、九龍城區的街坊福利會籌備會議一場接一場，密鑼緊鼓，港府負責社會福利事務官員如李孑農等也頻頻列席，說街坊福利會是港府發起的「運動」，並不為過。但當然，港府這類「運動」，主要還是依靠地區人士的主動，港府根據公司註冊條例授予街坊福利會公司牌照之外，往往因應特殊需要，撥出土地或贊助經費，支持街坊福利會工作，但並不直接管轄街坊福利會。因此，港府的街坊福利會「運動」，與列寧式政黨發起的「運動」，無論在動員模式、運動目標兩方面，均不可同日而語。

1949 年 8 月 27 日，港府舉辦「國際福利節」首屆慶祝儀式，也把這一天作為港府社會局創立紀念日。至 1949 年末，港九各地已成立 14 個街坊福利會，分別是：中區、西區、西環區、灣仔區、跑鵝區、大坑區、銅鑼灣區、北角區、筲箕灣區（以上港島）、深水埗區、油蔴地區、旺角區、九龍城區、紅磡區（以上九龍）。1950 年 3 月，各區街坊會理事、監事舉行春節聯歡大會，[18] 讓全港各區街坊福利會首屆理事、監事共聚一堂，互相勸勉，可算是街坊福利會「運動」的初步成果。從 1954 年開始，港府還於每年 10 月舉行「街坊節」，鼓勵各街坊會舉行慶祝活動，互相觀摩，也為香港社會增加一些歌舞昇平的氣氛。港府華民政務司麥道軻在 1958 年的第五屆街坊節特刊前言指出，街坊福利會「既非為政治機構，亦非為

16. 林子豐之生平事業，參見九龍城區街坊福利會：《九龍城區街坊福利會第二屆徵求會員特刊》（香港：該會，1951 年 3 月 1 日），頁 9；更全面及詳細之傳記，見曾向榮：〈香港華人傑出信徒之研究——林子豐（1892-1971）〉，香港浸會大學歷史學文學士（榮譽）學位課程畢業論文（2003 年 4 月）http://libproject.hkbu.edu.hk/trsimage/hp/00003115.pdf。

17. 《華僑日報》，1949 年 10 月 19 日，第 2 張第 1 頁，〈中區街坊福利會開始徵求會員〉。另外，告羅士打茶廳為香港著名西餐廳，1946 年 11 月完成翻新工程，重新營業，因不招待「穿不整齊唐裝衫褲者」而見報，見《香港工商日報》，1946 年 11 月 12 日，第 1 張第 3 頁，〈告羅士打茶廳復業，不招待唐裝客〉。

18. 陳大同：《港九各區街坊福利會福利年鑒》（香港：中國新聞社，1951 年 9 月 18 日），〈發刊詞〉。藏香港大學圖書館香港特藏部，圖書編號 HKS361.8A1Y3（按，本書是陳大同 1950 年 8 月發行之《港九各區街坊福利會成立紀念總輯》之續篇）。

政府之工具，純屬港九各區域之純樸及富有公德心之居民所組織之自由及獨立之團體」，其服務範圍包括商業、教育、醫療、一般社會福利及其他方面。至 1958 年內，全港街坊福利會數目已增至 28 個，正好是 1949 年數字的兩倍，分別是：大坑區、旺角區、鴨脷洲區、九龍城區、大磡區、深水埔區、何文田區、北角區、跑鵝區、掃桿埔區、灣仔區、銅鑼灣區、大坑西區、紅磡區、荔枝角區、油蔴地區、牛頭角區、竹園區、柴灣區、尖沙咀區、中區、香港仔區、西區、西環區、筲箕灣區、摩星嶺區、京士柏區、赤柱區（圖片 4.04）。[19]

街坊福利會雖以地區為服務範圍，但也不是完全「各家自掃門前雪」，往往也有跨區域之服務及活動。例如，1959 年夏，九龍的 13 個街坊福利會，有感於各區貧困無助、三餐不繼之民眾甚多，希望設立麵廠，予以賑濟。在當年尖沙咀區街坊福利會理事長吳多泰倡導下，由當時天主教香港主教羅民勞主教批准，動用教會資源，按月免費供應麵粉及借出製麵機器工具，並得紅磡區街坊福利會理事長胡盛孫借出該會會址樓下一層作為製麵廠。於是，九龍各區街坊會聯合製麵廠遂於 1960 年 3 月 2 日正式成立，港府署理華民政務司石智益夫人主持了剪綵儀式。由於紅磡廠房屬臨時借用性質，港府因應街坊會之申請，撥出九龍城道一幅約二千餘平方呎之官地，作為該廠新址。設立該廠的各街坊會，也發行「一元樂助獎券」籌款，又邀請百老滙、倫敦兩電影院，義映電懋公司「警世倫理巨片」《人之初》來籌款。終於，1963 年 11 月 1 日，九龍各區街坊會聯合製麵廠九龍城道廠房正式啟用，副華民政務司何蔭璇主持剪綵。至於該廠賑濟麵條數量，以 1966 年度為例，該廠合共製成麵條 436,425 磅，分派九龍各區街坊會 429,875 磅，剩餘六千多磅撥入下年分配額度。[20]

香港的街坊會，還得到英國政府的青睞。1960 年、1965 年、1971 年，港九各區街坊會代表四至五人，獲邀訪問英國，會晤英國政要，考察英國的社區組織和社會福利制度，又得與英國政要會晤。以 1965 年訪問團為例，成員包括陳樹渠五人，他們先後訪問美國三藩市、華盛頓、紐約、英國倫敦、愛丁堡等地，港督戴麟

19.《第五屆街坊節特刊》（香港，1958 年 10 月 23 日），麥道軻前言。藏香港大學圖書館香港特藏部，圖書編號 HKS361.8AS7。以上 28 區的排列次序，是該特刊目錄原有次序，「深水埔」，原文如此，應是「深水埗」之誤。

20. 九龍各區街坊會聯合製麵廠編：《九龍各區街坊會聯合製麵廠特刊》（香港：該廠，1967），〈發刊詞〉、〈九龍各區街坊會聯合製麵廠沿革誌〉、〈本廠一九六六年度麵條產量分配統計〉，無頁數。藏香港大學圖書館香港特藏部，圖書編號 HKS361.8A1K7。另外，該特刊還提供了香港 1960 年代社會經濟史的有趣史料：1966 年度內，該廠受薪員工八人，除文書、會計為義務性質因而每月各領交通費津貼 70 元外，六名技工，每人每天工作八小時，月薪在 230 至 260 元之間，年終加發薪金一月。該廠每月經常開支約為 1,600 元，每年臨時開支約為三四千元。見該特刊之〈財務概況〉。

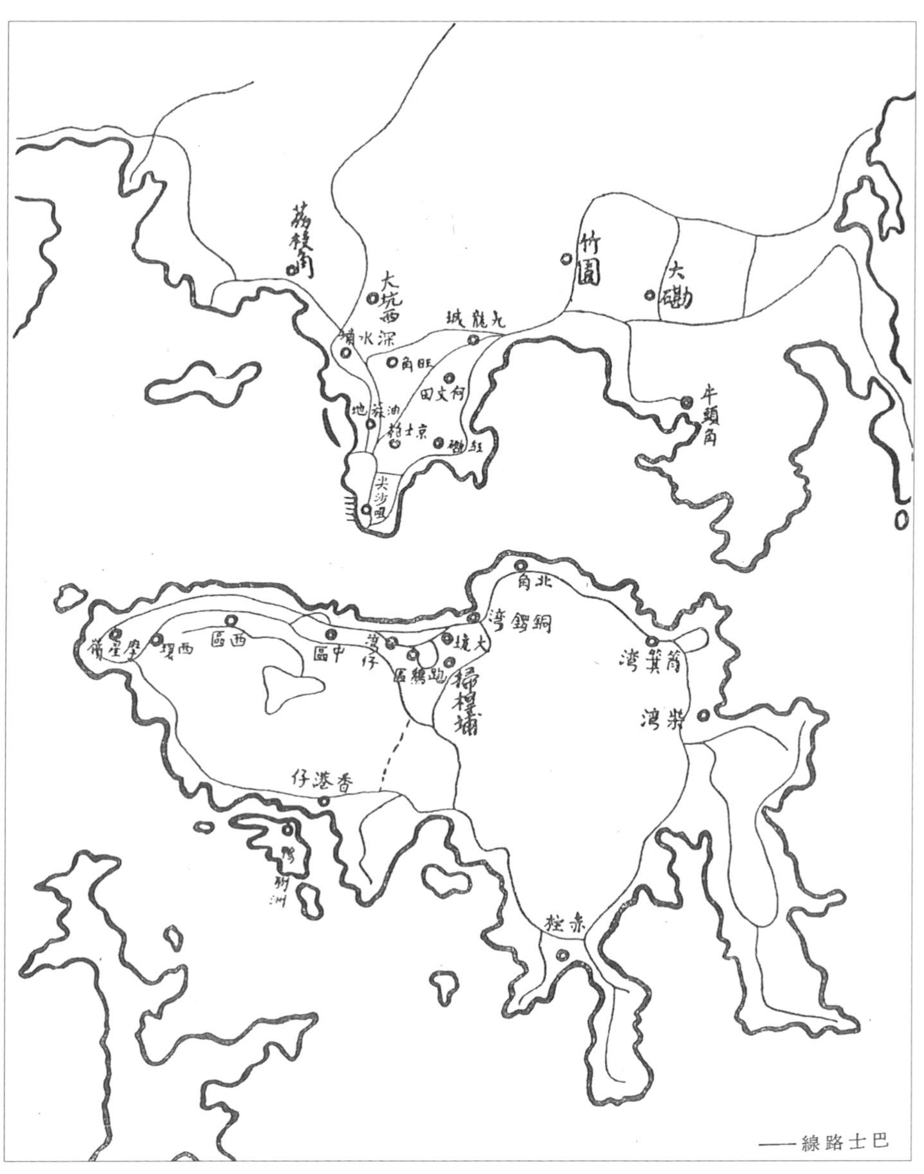

圖片 4.04：香港 1958 年各區街坊福利會位置圖〔資料來源：《第五屆街坊節特刊》（香港，1958 年 10 月 23 日）〕。

趾於 1965 年 6 月為他們寫序送行，他們訪英期間，還得英女皇伊莉莎伯二世的召見。[21] 又以 1971 年訪問團為例，此行由英國外交部的英聯邦事務部邀請，由港府民政司署、新聞處、倫敦辦事處官員籌劃，挑選銅鑼灣街坊會岑才生、旺角街坊會曹紹松、尖沙咀街坊會余祿祐、九龍城街坊會雷祖康四人為訪問團成員，在離港前開會 15 次，討論訪問計劃及行程。訪問團在英國參觀國會、交易所、大會堂，又會晤國會議員，考察新市鎮、工業學校及交通規劃系統。[22] 街坊福利會不過是英國殖民地的地區性、非官方組織，而英國政府如此隆重接待，可謂優禮備至。此舉應該是二戰之後，英國在全球反殖浪潮中，調整其殖民地管治模式，代之以英聯邦模式的其中一步。[23]

有趣的是，除了在港府積極動員和支持下、成立於 1950 年 4 月 1 日的「九龍城區街坊福利會」之外，還有一個成立於 1963 年 5 月 1 日的「九龍城砦街坊福利事業促進委員會」，其服務範圍顧名思義就是九龍城寨。這兩個社區組織名字很類似，也緊密相連，工作也類似。但是，九龍城區街坊福利會的管轄範圍「北至九龍舊城」，[24] 與九龍城砦街坊福利事業促進委員會的服務範圍相鄰而不相涉，楚河漢界，甚為分明。九龍城區街坊福利會第三屆理監事會成立典禮，1952 年 9 月 20 日在樂善堂舉行，講台上高掛孫中山先生照片。[25] 而九龍城砦街坊福利事業促進委員會 1967 年的紀念特刊首頁，則恭抄毛語錄一段。[26] 這兩個地區組織，名字相似、工作相似、地域相連，但意識形態上的分歧甚為明顯。香港不少行業、地區的組織，都有類似的現象，可說是香港現代歷史上的重要一環。

以上，筆者對香港的街坊福利會運動的來龍去脈，梳理一番。以下，筆者將探討九龍城區街坊福利會及李耀祥的工作。

上文提到，1949 年 10 月 18 日下午 5 時，九龍城街坊福利籌備會議於告羅士打

21. 港九二十八區街坊福利研究會：《街坊代表團英美訪問記》（香港：該會，1965），頁 102。藏香港大學圖書館香港特藏部，圖書編號 HK941.2C54。
22. 《香港街坊英國訪問團 1971》（香港：該團，1971），頁 102。藏香港大學圖書館香港特藏部，圖書編號 HK941.2L69。
23. 另外，1979 年 12 月，以岑才生為首的香港街坊福利會代表 19 人，訪問新加坡及馬來西亞，考察其公共房屋、醫療、教育等社會福利制度，見《香港街坊會首長星馬考察團訪問實錄》（香港：該團，1979），藏香港大學圖書館香港特藏部，圖書編號 HKP361.8H77h。這應該算是街坊福利會官式外訪活動的尾聲了。
24. 〈九龍城區街坊福利會〉會章第四條，載《九龍城區街坊福利會第二屆徵求會員特刊》，頁 34。
25. 〈廿五年會務摘要〉第三點，〈第三屆理監事就職典禮許庇穀理事長致詞〉照片，〈第二、三屆交接禮〉照片，載九龍城區街坊福利會：《九龍城區街坊福利會銀禧紀念特刊》（香港：該會，1975 年 4 月 17 日），無頁數。藏香港大學圖書館香港特藏部，圖書編號 HKS361.8K8。
26. 見九龍城砦街坊福利事業促進委員會編：《九龍城砦街坊福利事業促進委員會成立四週年紀念特刊》（香港：該會，1967 年 5 月 1 日），無頁數。藏香港大學圖書館香港特藏部，圖書編號 HKS361.8J61J6。

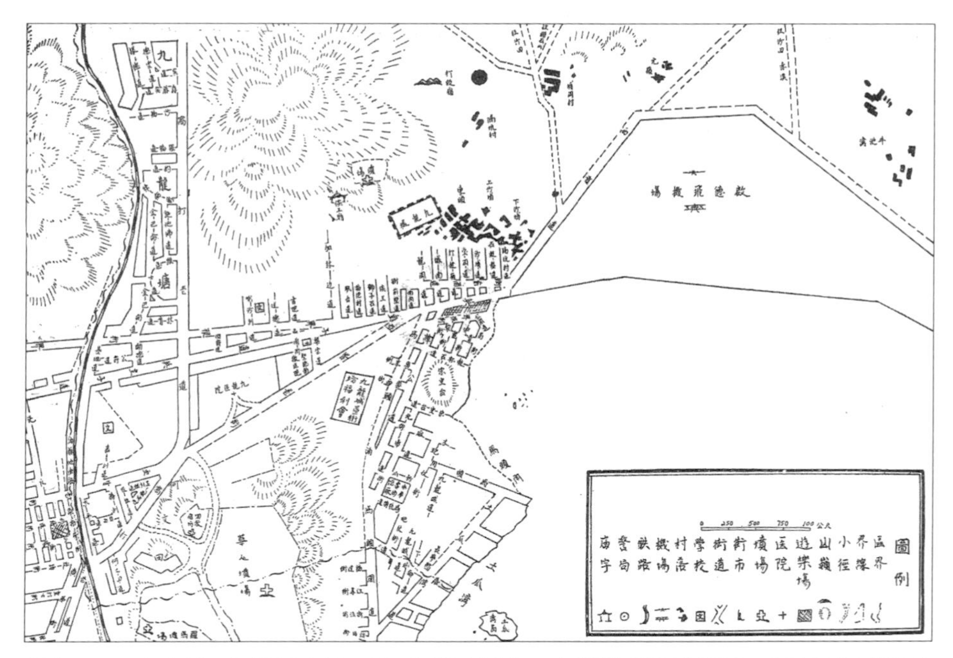

圖片 4.05：九龍城區街坊福利會地域全圖〔資料來源：九龍城區街坊福利會，《九龍城區街坊福利會第二屆徵求會員特刊》（香港：該會，1951 年 3 月 1 日），頁 1〕。

酒店茶廳舉行籌備會議，出席者林子豐、李耀祥等，列席者包括港府社會局局長麥道軻等，社會福利處九龍城服務處主任張俊庭擔任臨時會議記錄員。[27] 這其實並不是九龍城區街坊福利會首次籌備會議，根據李耀祥對該會會務之介紹，首次籌備會議舉行於是月 7 日，地點同樣是告羅士打酒店，當時「即席公推林子豐為臨時主席，先後推舉區內熱心人士一百二十名為籌組委員」，而且籌備會的辦事處就設於港府社會福利處的九龍城服務處內。[28] 該服務處主任張俊庭既是籌備會之會議記錄員，還把籌備會辦事處設在自己「衙門」。該會成立之後，其臨時會址仍然是九龍城社會服務處，即亞皆老街 157 號。而且該會的管轄範圍「以九龍城警署管轄地區為界，東至牛池灣之牛頭角村，南至土瓜灣落山道，西至火車橋，北至九龍舊城。」[29] 這種種設計與安排，都反映出港府對於街坊福利會支持和指導之深，也反映出街坊福利會與港府社區管理工作之互補。有關該會管轄範圍之地圖（圖片 4.05）。

九龍城區街坊福利會的籌備工作歷時五個月，期間舉行五次全體籌備會議、六

27.《華僑日報》，1949 年 10 月 19 日，第 2 張第 1 頁，〈中區街坊福利會開始徵求會員〉。
28. 李耀祥：〈會務的推進〉，載《九龍城區街坊福利會第二屆徵求會員特刊》，頁 26。
29.〈九龍城區街坊福利會〉會章第二、四條，載《九龍城區街坊福利會第二屆徵求會員特刊》，頁 34。

次常務籌備會議、四次徵求會議、兩次小組會議、一次會員大會、五次複選及互選職員會議。最特別的是「徵求會員隊」這一舉措：全體籌委 120 人分成 30 個「徵求會員隊」，每隊設隊長一名、副隊長六名、參謀一名、隊員若干名，授予隊旗，在九龍城區指定地段內徵求會員。這個帶有體育競賽、社區動員味道的徵求會員運動，開始於 1949 年 12 月 20 日，結束於 1950 年 2 月 5 日，合共徵得「特捐會員」8 名、「榮譽會員」52 名、「贊助會員」68 名、「廠店會員」257 名、「智通會員」830 名，合共 1,215 名。籌委會遂清收會費、編列會員名號、印製選票，1950 年 3 月 4 日於樂善堂義學召開首次會員大會，修訂及通過會章，並以公開投票方式選出理事及監事 126 人，候補理事及監事 24 人，再經複選互選成立理事會、監事會，選出林子豐等 101 人為理事、李耀祥等 25 人為監事，林子豐為理事長，李耀祥為監事長。然後，1950 年 4 月 1 日，九龍城區街坊福利會成立及首屆理事會、監事會就職禮，正式舉行於九龍窩打老道青年會支會禮堂，惜李耀祥因事未能出席。[30] 該會理事會、監事會二部之成員名單（表一、表二）。

表一、九龍城區街坊福利會第一屆理事會成員名單

正理事長：林子豐；副理事長：陳能方、郭佩璋
常務理事：溫達明（服務部主任）、譚智仁（教育部副主任）、柯達文（總務部主任）、顧超文（教育部主任）、陳祖澤（財務部副主任）、柯德昌（體育部主任）、伍煥（衛生部副主任）、馬亦駒（總務部副主任）、韋斗樞（教育部副主任）、余伯玖（財務部副主任）、黃根（慈善部副主任）、譚希天（財務部主任）、張中畊（衛生部副主任）、黃篤修（服務部副主任）、倪少雄（慈善部副主任）、譚澤霖（衛生部主任）、陳業初（慈善部主任）、向前（服務部副主任）、鄭夢鵬（總務部副主任）、朱福勝（體育部副主任）、沈冠雄（體育部副主任）、張俊庭（福利顧問）
理事：趙俊、李濟平、馬汝良、鄭光、霍葆強、譚傑生、楊向榮、雖都照相、[31] 梁伯惠、鄭毓林、李鴻、倪少強、單培根、何建朝、甘偉堂、繆信康、黃承璋、鄺命光、丘鴻昌、游文光、黃日雄、丘六秀、許庇穀、[32] 羅森、潘國新、王梓生、丘伯球、徐亮星、林坤、培正中學、培道中學、民生書院、伯特利書院、朱石麟、中華書局、南華營造、淘化大同支店、南洋影片公司、有達玖記布廠、南僑餐室、黃啟彬、民生服裝、友僑影業、大陸印務、新華服店、嶺南金屬廠、李炳、三鳳粉廠、太子酒店、東華布廠、勞泰銅鐵、大觀聲片公司、廣興泰、南洋紗廠、大華遮骨廠、陳新布廠、裕珍醬園、勝如茶樓、祥元染廠、禎昌染廠、益利建造廠、崇珍堂、新亞藥廠、淘化大同、開記、陳福遠、陳明輝、蘇友竹、王秀桐、何錦、蔡澤原、黃坤標、合盛酒莊、裕興隆

資料來源：九龍城區街坊福利會：《九龍城區街坊福利會第二屆徵求會員特刊》（香港：該會，1951 年 3 月 1 日），頁 4。

30. 李耀祥：〈會務的推進〉，載《九龍城區街坊福利會第二屆徵求會員特刊》，頁 26。此外，該會還有七位名譽顧問：港府社會局局長麥道軻、華民政務司鍾景培、社會局副局長韋輝、社會福利處處長李孑農、羅文錦爵士、周埈年爵士、周錫年爵士，見該書頁 3。又參見《華僑日報》，1950 年 4 月 2 日，第 2 張第 2 頁，〈九龍城福利會成立，韋輝局長勉勵坊眾〉。
31. 原文如此。
32. 原文作「許庇谷」，為「許庇穀」之誤。許是九龍城區街坊福利會第三屆理事長。

表二、九龍城區街坊福利會第一屆監事會名單

監事長：李耀祥；副監事長：曾靖侯、韋爵生
監事：黃茂林（審核部主任）、卓恩高（監察部副主任）、麥俊三（監察部主任）、李毓林（監察部副主任）、華則仁（審核部副主任）、[33] 黃錦熙（審核部副主任）、吳蘊初、冼秉熹、鄭翼之、王道安、翁練雲、陸佑、曾憲洪、呂桂芬、鮑志成、鄧以賢、黃恩光、勞英群、陳覲光、康濟增、羅少川、劉偉煥

資料來源：九龍城區街坊福利會，《九龍城區街坊福利會第二屆徵求會員特刊》（香港：該會，1951 年 3 月 1 日），頁 4。

與其說九龍城區街坊會成立之後積極展開工作，不如說該會成立之前就已經積極服務社區。社會局局長麥道軻於 1950 年 4 月 1 日該會成立典禮的賀詞中指出，該會籌備過程中，適值九龍城木屋區大火，該會仝人，並不計較該會成立與否，立刻提供賑濟，對此他深表欽佩。[34] 這場大火發生於 1950 年 1 月 11 日，災民達 12,000 餘人。[35] 當時，該會籌備會諸公立刻行動，林子豐捐出 1,000 元，黃篤修、溫達明、李耀祥、陳祖澤各捐 500 元，以為倡導之外，又動員全體常委，協助社會局辦理災民登記，建設何文田新村（1950 年 5 月 15 日落成）。[36] 1950 年 12 月 4 日，長沙灣李鄭屋村發生火災，災民 2,500 餘人，該會參與聯合救濟及捐助款項外，又通過浸信會募捐舊衣服十大袋予災民。一個多月後，1951 年 1 月 16 日，花墟村及侯王廟老虎岩村同時發生火災，兩地災民 2,000 餘人。花墟村由當地村民防火會自行善後救濟。侯王廟老虎岩村位於九龍城區內，遂由九龍城區街坊福利會全力救濟。該會籌募賑款 11,000 餘元，供應災民膳宿七天，並向災民派發救濟金，每人十元。[37] 有關這次賑濟行動之細節（詳見表三）。

同樣，該會在 1958 年成立九龍城區街坊福利會小學，但在正式成立學校之前，該會就已經借用樂善堂義學興辦免費夜校六班，1950 年 6 月 1 日開學，一學期內，受惠學子凡 340 餘人。此外，該會甚熱衷於社區體育活動。例如，在譚公道建籃球場，舉辦全港男女校籃球比賽；建足球場，成立小型足球隊；舉辦區內男女乒乓球單打比賽、太極班等。該會還計劃籌建網球場、排球場。該會又於 1950 年 12 月開設救傷班，邀得聖約翰救傷隊派人充當義務教練，湯兆章、韋爵生、林樹

33. 原文作「華剛仁」，為「華則仁」之誤。華則仁是當時九龍城區內之西醫。
34.《九龍城區街坊福利會第二屆徵求會員特刊》，頁 19。
35.《工商晚報》，1950 年 1 月 12 日，第 4 頁，〈九龍城大火浩劫，各方展開救濟〉，這場大火焚燒七小時，數千間木屋遭焚毀。有關是次火災災民數目，見〈龍城區會工作〉，載《港九各區街坊福利會福利年鑒》，無頁數。
36. 李耀祥：〈會務的推進〉，載《九龍城區街坊福利會第二屆徵求會員特刊》，頁 26。
37.〈九龍城區會工作〉，載《港九各區街坊福利會福利年鑒》，無頁數。

表三、九龍城區街坊福利會救濟老虎岩火災難民急賑項收支對比表（1951 年 1 月 27 日）

摘要	借方金額	摘要	貸方金額
1951 年 1 月 19 起購米煑飯救濟老虎岩村火災難民七天合計米 2,726.75 斤	1,345.65	1951 年 1 月 16 日起至 25 日止各界捐助老虎岩村火災難民款項合計	11,152.00
1951 年 1 月 19 起購餸茶施與老虎岩村火災難民合共七天銀	445.70		
1951 年 1 月 16 晚起急賑老虎岩村火災難民 12 天文具，車費什用	201.85		
1951 年 1 月 19 起僱用散工煑飯與老虎岩村火災難民七天工資合計（12 名）	244.00		
1951 年 1 月 26 日散發救濟金與老虎岩村火災難民共 815 名每名 10 元	8,150.00		
1951 年 1 月 27 日結存撥交本會慈善部作救濟專款用	764.80		
合計	11,152.00	合計	11,152.00

資料來源：九龍城區街坊福利會，《九龍城區街坊福利會第二屆徵求會員特刊》（香港：該會，1951 年 3 月 1 日），頁 33。

基三位理監事也參與教課，第一期課程順利結束，受惠學員凡 64 人。[38] 有關九龍城區街坊福利會從籌備期間至 1951 年底的財政狀況（表四）。

九龍城區街坊福利會以上種種籌備、服務工作，李耀祥作為監事會監事長，參與其中，不遺餘力。隨着該會換屆在即，上文提及的「徵求會員隊」運動再次展開，李耀祥也負責十四大隊內的一隊（表五）。

「徵求會員隊」這個制度究竟有何重要性？李耀祥的解釋最為清楚。他以九龍城區街坊福利會第一、第二屆監事長身份，在 1952 年 9 月 20 日第三屆理監事會就職禮上致謝詞，指出：「本會唯一收入，係每年徵求會員一次，收得會費，用來辦事。」[39] 難怪該會各理監事要親自掛帥，以體育競賽方式徵求會員。

可是，李耀祥在九龍城區街坊福利會最為人稱道的業績，並不是招募會員，而是捐助款項，為九龍城區建立一座旨在服務基層民眾的、具備慈善性質的醫療機構：李基紀念醫局。

38.〈龍城區會工作〉，載《港九各區街坊會福利年鑑》，無頁數。

39.《華僑日報》，1952 年 8 月 21 日，第 2 張第 1 頁，〈九龍城街坊福利會新理監事昨就職〉。值得補充的是：可口可樂、安樂汽水廠分別為就職禮的聯歡宴會贈送汽水 300 枝，安樂汽水廠與李耀祥淵源甚深，詳見本書第二章。

表四、九龍城區街坊福利會由籌備期間至 1951 年 1 月底財政進支報告表

會員入會費	15,780.00	籌備期間各項開支共廿一柱	1,918.30
義學堂費	3,364.00	存入銀行	27,595.00
救傷班報名費	64.00	幹事及工友薪金	3,040.00
各項比賽及常務理事等捐款	320.00	義學夜校	5,417.00
救濟調景嶺難民及各理監事捐款	1,389.00	體育部	1,472.30
代東華三院賣花款	70.00	慈善部	11,387.20
救濟侯王廟側火災難民各界捐款	11,152.00	購置	582.20
理事捐助本會特刊印刷費	20.00	文具	663.65
銀行往來款	22,043.00	什支	172.75
		其他	1,850.10
		合計	54,098.50
		結存現金	103.50
	54,202.00		54,202.00

存結旺角匯豐銀行 $5,552.00 資產負債平衡表			
生財工具	582.20	慈善部專用款	764.80
銀行款存	5,552.00		
結存現金	103.50	差額	5,472.90
6,237.70		6,237.70	

資料來源：九龍城區街坊福利會：《九龍城區街坊福利會第二屆徵求會員特刊》(香港：該會，1951 年 3 月 1 日)，頁 33。

表五、九龍城區街坊福利會第二屆徵求會員十四大隊內的耀祥隊名單

隊長：李耀祥；副隊長：黃茂林、華則仁、呂桂滔、楊佐治、黃蘊賢、呂桂芬；參謀：勞英群
隊員：張雪明、區夢塘、林偉成、黎景珉、陳清和、陳秀芬、鄭文彬、李乃煒、陳就、陳廣良、季宅、郭詠華、劉家仁、董韻明、陳國偉、曹國崙 、Mrs. L. Flaherty、繆德維、楊清炎、李徐氏、鄺蘇氏、潘長銘、梁兆雲、黃錫均、周達權、張素清、黃植生、曹鍵、飽國昌、[40] 周秩泉、曾振坤、黃菲律、吳信雄、鄭可博、范寶祥、梅振錫、徐東、張霆濟、黃文前、李士彬、彭蔭球、譚賜良、黃梓山、何貽文、飽志成、[41] 賈景盛、周克、佃敬洲、賈德誠、鄧寒郁、羅振聲、李俠基、黃錫康、陳烈甫、蘇子卿、蘇讚恩、余朝光、段右星、李華、蘇仁生、梁容華、麥華生、王伯群、劉孝京、張仁徵、張擴強、廖奕、曾培、馮樹生、黃碧喬、馮全君、馮華、陳紹新、胡義興、戴偉明、劉威、楊光益、譚捷、廖尚、黃華、邵錫偉、李好

資料來源：九龍城區街坊福利會：《九龍城區街坊福利會第二屆徵求會員特刊》(香港：該會，1951 年 3 月 1 日)，頁 15。

40. 原文如此，疑為「鮑國昌」之誤。
41. 原文如此，疑為「鮑志成」之誤。

1951 年 11 月 24 日，對於李耀祥及九龍城區街坊福利會都是一個重要日子。這一天，是九龍城區街坊福利會成立一周年紀念日，也是第二屆理監事舉行就職禮的日子，還是李基紀念醫局舉行奠基禮的日子。所以，該會主席林子豐說此日為該會「三喜」之日。該會第二屆理事會、監事會的結構如下：理事長林子豐、副理事長陳能方、郭培璋二人，監事長李耀祥、副監事長譚則仁、韋爵生二人。換言之，林子豐、李耀祥分別蟬聯理事長、監事長。是日觀禮嘉賓甚多，除主持奠基禮的醫務總監楊國璋外，還包括港府社會局正副局長何禮文、黎敦義，救濟處處長李孑農，東華三院主席馬錦燦，七個街坊福利會代表（中區陳慶雲、銅鑼灣何獻明、筲箕灣林國珍、北角陳公哲、油蔴地黃大釗、王漢青、深水埗朱文裔、旺角李求恩和王丁田），潮州商會陳志鴻，華德業餘社黃肇等，可以說是港府「街坊福利會運動」的實力展示。林子豐發言，謂九龍城原有公立醫局（意即服務基層民眾、帶有慈善色彩的醫療機構），後因日軍攻佔香港後，擴建啟德機場，醫局因此關閉。香港重光之後，九龍城區人口日增，但醫局卻一直未能恢復。李耀祥遂「慨捐巨款」，成立醫局，紀念其先父李基。[42] 林子豐的就職發言無法照顧細節，而事實上 1951 年 11 月 24 日只是李基紀念醫局奠基禮之日，該醫局尚未正式啟用。下文將參考其他史料，展示李基紀念醫局成立的來龍去脈。

李基紀念醫局奠基禮於 1951 年 11 月 24 日舉行，開幕禮於 1952 年 4 月 4 日舉行，正式啟用於 1952 年 4 月 7 日，是當時第一所由街坊福利會創辦的醫療機構，但其成立過程可謂好事多磨，一波三折。早在該醫局正式成立之前，九龍城區街坊福利會同仁，就已經痛感區內民眾就醫困難，華則仁、呂柱滔、黃蘊賢、韋爵生、黃日雄、楊佐治、陳覲光、林樹基等區內西醫兼該會理監事，由 1950 年 6 月起，每人每天贈診五名，藥費以不超過兩元為限。每月平均贈診約 1,350 人。同時，該會向港府申請資助，成立一所服務基層民眾的醫院。具體方案為：一、該會向港府申請區內官地，作為醫院地址；二，預算該醫院建築成本為 15 萬元，該會向港府申請資助半數。換言之，即使港府同意撥地撥款，該會仍然要自籌半數的建築費用。該會原本希望在太子道、界限街交界之一幅官地建立醫院，港府工務局否決之，但於 1951 年 7 月撥出衙前塱道尾一幅面積約 13,000 平方呎的官地作為建立醫院之用。醫院地址算是有了眉目，但港府答應補助建築費用的一半，另一半如何籌

42.《香港工商日報》，1951 年 11 月 25 日第 6 頁，〈九龍城街坊會李基紀念醫院奠基〉；〈廿五年會務摘要〉第二點，載《九龍城區街坊福利會銀禧紀念特刊》，無頁數（按：該會第一屆理監事會就職典禮在 1950 年 4 月 1 日舉行，但第二屆周年紀念及第二屆理監事會就職禮卻是在 1951 年 11 月 24 日，不知何故）。

措？這時，「李耀祥先生為紀念其先翁李基公，捐貲六萬餘元」。於是，港府撥出官地，該會籌得建築經費半數之後，港府再資助其餘半數，該醫院遂於 1951 年 11 月 24 日舉行奠基禮，而於 1952 年 4 月 4 日以「李基紀念醫局」為名，正式開幕。李基紀念醫局成立之後，在行政上隸屬醫務處，成為公共醫療體系之一員。九龍城區街坊福利會華則仁等醫生從前贈醫施藥的活動，也因此終止（圖片 4.06、4.07、4.08、4.09）。[43]

圖片 4.06：1951 年 11 月 24 日，九龍城區街坊福利會理事長林子豐在李基紀念醫局奠基禮致詞〔資料來源：九龍城區街坊福利會：《九龍城區街坊福利會銀禧紀念特刊》（香港：該會，1975 年 4 月 17 日），〈本會第一、二屆會務各項活動圖片〉，無頁數〕。

圖片 4.07：1951 年 11 月 24 日，李基紀念醫局奠基禮嘉賓合影〔資料來源：九龍城區街坊福利會：《九龍城區街坊福利會銀禧紀念特刊》（香港：該會，1975 年 4 月 17 日），〈本會第一、二屆會務各項活動圖片〉，無頁數〕。

43. 綜合以下六份史料：〈龍城區會工作〉，載《港九各區街坊會福利年鑑》，無頁數；李耀祥：〈會務的推進〉，載《九龍城區街坊福利會第二屆徵求會員特刊》，無頁數；《香港工商日報》，1951 年 11 月 25 日，第 6 頁，〈九龍城街坊會李基紀念醫院奠基〉；《華僑日報》，1951 年 11 月 25 日，第 2 張第 1 頁，〈九龍城街坊福利會三喜典禮盛況〉；《華僑日報》，1952 年 4 月 5 日，第 2 張第 1 頁，〈……李基紀念醫局，輔政司柏立基主禮，李耀祥監事長致謝各方，定七日開始為病者服務〉；〈廿五年會務摘要〉第二點，載《九龍城區街坊福利會銀禧紀念特刊》，無頁數。引文出自第六份。

圖片 4.08：1951 年 11 月 24 日，港府醫務處處長楊國璋在李基紀念醫局奠基禮致詞〔資料來源：九龍城區街坊福利會：《九龍城區街坊福利會銀禧紀念特刊》（香港：該會，1975 年 4 月 17 日），〈本會第一、二屆會務各項活動圖片〉，無頁數〕。

圖片 4.09：1951 年 11 月 24 日，九龍城區街坊福利會監事長李耀祥在李基紀念醫局奠基禮致詞〔資料來源：九龍城區街坊福利會：《九龍城區街坊福利會銀禧紀念特刊》（香港：該會，1975 年 4 月 17 日），〈本會第一、二屆會務各項活動圖片〉，無頁數〕。

1952 年 4 月 4 日的李基紀念藥局開幕禮，由輔政司柏立基主持，期間有兩個特別環節，第一是由九龍城街坊福利會理事長林子豐將藥局圖則獻給港府醫務署署長楊國璋，宣告醫局開幕，答謝港府補助資金，並承認醫局日後由港府醫務處管理的事實；第二是由柏立基為藥局打開鑰匙，謂之「啟鑰」。該藥局有診症室、包紮室各兩間，嬰兒福利指導室一間，助產士室兩間，看護室、配藥室、儲藏室各一間，另有工人宿舍等。（圖片 4.10、4.11）[44] 1953 年 8 月 25 日，港督葛量洪與署理

圖片 4.10：1952 年 4 月 4 日，李基紀念藥局開幕禮，九龍城街坊福利會理事長林子豐（左）將藥局圖則獻予港府醫務署署長楊國璋（右）〔資料來源：九龍城區街 195 坊福利會：《九龍城區街坊福利會銀禧紀念特刊》（香港：該會，1975 年 4 月 17 日），〈本會第一、二屆會務各項活動圖片〉，無頁數〕。

圖片 4.11：1952 年 4 月 4 日，李基紀念藥局開幕禮，港府輔政司柏立基（右）為藥局啟鑰〔資料來源：九龍城區街 195 坊福利會：《九龍城區街坊福利會銀禧紀念特刊》（香港：該會，1975 年 4 月 17 日），〈本會第一、二屆會務各項活動圖片〉，無頁數〕。

44.《華僑日報》，1952 年 4 月 5 日，第 2 張第 1 頁，〈……李基紀念醫局，輔政司柏立基主禮，李耀祥監事長致謝各方，定七日開始為病者服務〉（按：該報道的圖片標題把「啟鑰」誤為「啟籥」）。

醫務衛生總監李斯頓醫生等，巡視九龍區醫療機構三處，分別是九龍肺病診療所、九龍醫院門診部，第三處就是李基紀念醫局。葛量洪「巡視該醫局一週，對李氏斥資興建該醫局極表贊許。」[45]（圖片 4.12）

莫德惠牙疾漸癒

總督巡視九龍醫療機構
對各部門設施頗表滿意

親臨主持

社會局紀念成立六週年

鄉師新生考試揭曉

譽為「香港之虎」
其意為反映華醜匪跡

昨日小輪戰

須知

圖片 4.12：1953 年 8 月 25 日，港督葛量洪參觀李基紀念醫局。〔資料來源：《華僑日報》，1953 年 8 月 26 日，第 2 張第 1 頁，〈港督巡視九龍醫療機構，對各部門設施頗表滿意〉〕

45.《華僑日報》，1953 年 8 月 26 日，第 2 張第 1 頁，〈港督巡視九龍醫療機構，對各部門設施頗表滿意〉。

今天，如果我們到九龍城區一行，仍可看見李基紀念醫局，局內牆壁上有碑，碑文曰：「本醫局為九龍城街坊福利會所建，而由李耀祥先生 M.B.E.、J.P 及其夫人慨捐鉅款，紀念其先翁李基先生，並蒙香港政府補助，以底於成。本局醫務，嗣後統由政府維持辦理，以救濟貧病。」碑側還有李基照片，可能是李基在香港公共場合的唯一照片，彌足珍貴。既反映李耀祥的孝思，也體現李耀祥服務基層民眾的熱心。（圖片 4.13、4.14）

圖片 4.13：李基紀念醫局內的碑文。

圖片 4.14：李基紀念醫局內的李基照片。

李耀祥在九龍城區街坊福利會監事會任內成立李基紀念醫局後，於 1952 年 8 月與林子豐一同功成身退，不再負責該會日常工作，而成為該會永遠榮譽會長。但是，李耀祥仍然繼續服務區內民眾。1954 年 4 月，該會成立籌建學校委員會，李耀祥擔任主席，向港府申請官地一幅、經費半數，這個模式，也就是籌建李基紀念醫局的模式。委員會最初申請李基紀念醫局南面的衙前塱道尾一幅官地，港府否決；委員會轉而申請沙埔道附近一幅官地，又遭港府否決。最終由港府工務局撥出農圃道 4 號（九龍 6759 號地段）一幅面積 12,000 餘平方呎的官地。同時，委員會密鑼緊鼓籌措經費，1952 年 4 月 26 日，舉行神功戲，公演新馬劇團一晝夜，籌得 9,800 餘元。三天後，4 月 29 日，李耀祥、許庇穀、莫京、禤偉靈、勞英群等五人向教育司署申請註冊為校董，7 月 5 日在旺角滙豐銀行設立建校賬戶，10 月 5 日印就捐款冊，向公眾募捐，合共籌得 21 餘萬元，教育司署也配對撥款，合共籌得 40 餘萬元，九龍城區街坊福利會小學遂於 1958 年 5 月 12 日成立，由港府民航署長馬璧連主持奠基禮，同年 10 月正式開學，分上下午班及夜校，招收學生合共 1,000 多人。[46] 1962 年 1 月 8 日，九龍城街區坊福利會循港府 1950 年頒佈的《公司條例》，註冊為有限公司，繼續服務社區。[47]

三、香港平民屋宇公司

樓價昂貴，住房困難，並非新事。「米價方貴，居亦弗易」，「安得廣廈千萬間，大庇天下寒士俱歡顏」，[48] 這些唐人詩文，對於生活在城市、飽受物價房價高企之苦的現代人來說，格外引起共鳴。1940 至 1950 年代的香港，蕭條貧困、百廢待興，大量內地人士因國共內戰，政權交替而湧入香港避難，香港人口暴增，不少人只好在空曠之地搭建簡陋住所，但求有立錐之地、遮頭之瓦而已，一時之間，這類被稱為「木屋」的臨時住宅區，成了當日香港的一大景觀，而衛生惡劣、治安不靖、消防隱患等問題也隨即出現。

46.〈廿五年會務摘要〉第三點第一小點，載《九龍城區街坊福利會銀禧紀念特刊》，無頁數。

47. 見該會之有限公司牌照，載九龍城區街坊福利會：《九龍城區街坊福利會銀禧紀念特刊》（香港：該會，1975 年 4 月 17 日），無頁數。

48. 後者為杜甫著名詩作〈茅屋為秋風所破歌〉句子。前者是顧況用白居易名字開玩笑調侃白居易的話，見張固：《幽閒鼓吹》，收入失名等撰：《大唐傳載．優選鼓吹．中朝故事》（中國文學參考資料叢書，北京：中華書局，1958），頁 27。

1950年初，英國政府殖民地部計劃出版叢書，逐一介紹當時英國各殖民地。有關香港的這一本，就委託予英國的東非、中東殖民地前官員兼作家哈羅德·殷格蘭姆（Harold Ingrams），他奉命寫一本有關香港的、大約十萬字的書，介紹香港地理、歷史、經濟、政治、社會條件與政府管治。為此，他於1950年3月3日飛離倫敦，經多番轉折後，於3月8日抵達香港，得到港府殷勤接待，接觸各階層人士，又進行多處實地探訪。兩個月後，5月8日，飛離香港。[49] 殷格蘭姆對於香港普通市民居住條件之惡劣，感觸尤深。當時香港的多層大廈（tenements）一般都是四層高，他描述自己參觀灣仔駱克道的這樣一座大廈，開場白居然是：「可以說，香港這座摩登而富裕的熱帶城市，其基礎設施在某程度上比1840年的英國更糟糕。」[50] 他發現，這座四層高大廈的一樓，有一單位容納白領家庭一家16口，有三房、露台，但房間都被再分割為小套間（cubicles），用今天的話來說就是「劏房」，露台也有一部分被非法間隔起來。此單位配備水廁，功能正常，衛生達標。可惜，殷格蘭姆參觀這座大廈後巷時發現，收集全大廈便溺的下水道已淤塞，便溺已漫入後巷。殷格蘭姆目睹衛生署派人清理淤塞的艱辛、恐怖過程，以英式幽默作結曰：「箇中情形，不提也罷。」[51] 這是白領家庭的居住條件，已經不算太差。在另一座大廈，一樓某個單位本應容納六人，實際上住了28人；地面單位是前店後舖式煤店，其後舖成了煤倉兼30名苦力的住所，光線不足，環境骯髒。一邊牆放着裝煤的提籃等工具，另一邊牆則排着六張三層床，30名苦力都是來自中國內地的單身漢，其中25人睡床，另外五人睡閣樓。殷格蘭姆寫道，參觀這煤店之後，每當看到船隻停靠碼頭補充燃煤時，就想起這煤店的苦力，彷彿看到「他們蒼白、衰竭的臉上寫着『T.B.』二字」。[52] 以上兩例尚屬市區大廈，至於木屋區則更等而下之。當時全港市區十分之一的人口、即大約20萬人，都住在木屋。港九各地山坡，只要尚不至於陡峭壁立者，都成了木屋區。殷格蘭姆參觀銅鑼灣一處木屋區，發現住宅之外，還有工廠、豬欄、鴉片館；在大埔道一處木屋區，大概有5,000間木屋，以一家五口估算，人口大約有25,000人，簡直就是一個小鎮，相當於當時直布羅陀或英國東南的坎特伯雷市的人口。暴雨和火災是威脅木屋區的兩大危機，尤以火災為甚。[53]

49. Harold Ingrams, *Hong Kong* (London: Her Majesty's Stationery Office, 1952), pp.1, 4, 7.
50. Ingrams, *Hong Kong*, p.69.
51. Ingrams, *Hong Kong*, p.70.
52. Ingrams, *Hong Kong*, p.71. 所謂T. B.，就是「肺結核病」的縮寫。
53. Ingrams, *Hong Kong*, pp.76-78.

港英政府一項公認的管治成就，就是在 1980 年代為讓全港四成的人口住進公共房屋，從而顯著改善基層市民生計，穩定社會秩序。[54] 但是，公屋計劃要到 1970 年代初港督麥理浩時代才大規模展開，[55] 並非一蹴即就，而有一段漫長和複雜的決策及執行過程。殷格蘭姆上述描寫，為 1940 年代末至 1950 年代香港的居住困難，留下了細膩而平實的見證。至於木屋區的宏觀情形，則可參考阿倫．施瑪特教授（Alan Smart）的研究，以一家五口保守估計，1950、1960 年代，香港平均每年的木屋區人口至少在 100 萬以上（表六、表七）。

施瑪特教授估計，在 1950 年代這十年間，木屋區居民因火災而痛失家園的人數至少為 190,047；至 1963 年，港府已把 53 萬多人安置到公共房屋內，但木屋區人口卻仍然維持在 51 萬多。[56] 十年前，1953 年 12 月 25 日石峽尾木屋區大火，令 50,000 人一夜之間無家可歸，既反映當時木屋區問題之嚴重，也反映當時木屋區人口之眾多。施瑪特教授認為，香港的公屋計劃並不是「社會出現問題－政府出手解決」如此簡單而美好的「神話」，而在一定程度上來說是冷戰的結果。港府最初對付木屋區的辦法就是簡單粗暴的清拆，而且沒有徙置措施（squatter clearance without settlement），因為港府假設木屋區人口主要來自內地，最終也會返回內地。但是，港府發現中共利用木屋區火災的機會，提供賑濟，搖動輿論，收買人心，港府感到事態嚴重，才開始逐漸為木屋區人口提供徙置，最後半推半就地建立龐大的公屋體系。[57] 科大衛教授（David Faure）也指出，二戰之後相當長一段時間內，英國執政黨的意識形態傾向於溫和社會主義，因此許多議員和官員對於包括香港在內的英國殖民地的貧富懸殊、社會不公，尤其是住房困難等現象，嘖有煩言，港府在倫敦中央的壓力下，不得不改善社會福利，舒緩住房困難。[58]

總之，在 1950 年代初，港府對於香港的住房危機，實在拿不出好辦法。既然無法阻止內地難民之大量湧入，也就無法阻止木屋區之迅速蔓延。對於木屋區，港府只能治標不治本，不提供產權及周邊配套設施的保障，除簡單粗暴地遷拆之外，

54. Manuel Castells, Lee. Goh and R.Yin-Wang Kwok, *The Shek Kip Mei Syndrome: Economic Development and Public Housing in Hong Kong and Singapore* (London: Pion Ltd., 1990).
55. 楊汝萬、王家英編：《香港公營房屋五十年》（香港：香港房屋委員會，2003），頁 8、21-23。
56. Alan Smart, *The Shek Kip Mei Myth: Squatters, Fires and Colonial Rule in Hong Kong, 1950-1963* (Hong Kong: Hong Kong University Press, 2006), pp.2, 56. 作者為加拿大人類學家，1950 年代到香港研究木屋問題，入住鑽石山木屋區，親身經歷木屋區居民生活，他租住的木屋被焚毀，他房東的母親亦死於火警，見頁 10。
57. Alan Smart, *The Shek Kip Mei Myth: Squatters, Fires and Colonial Rule in Hong Kong, 1950-1963* (Hong Kong: Hong Kong University Press, 2006)；有關港府在冷戰格局下為抵制中共而發展公屋計劃，見頁 3、13、15、94、187-190。
58. David Faure, *Colonialism and the Hong Kong Mentality* (Hong Kong: Centre of Asia Studies, Hong Kong University Press, 2003), pp.33-35.

表六、1950-1960 年代香港的木屋數量（間）

年份	木屋數量
1950	250,000
1953	300,000
1955	320,000
1956	265,000
1957	335,000
1958	280,000
1959	520,000
1961	650,000
1963	580,000
1964	603,000

表七、1950-1960 年代港府清拆木屋數量（間）

年份	港府清拆木屋數量
1955/56	3,000
1956/57	4,937
1957/58	4,648
1958/59	8,512
1959/60	9,667
1960/61	10,395
1961/62	10,558
1962/63	9,848

資料來源：Alan Smart, *The Shek Kip Mei Myth: Squatters, Fires and Colonial Rule in Hong Kong, 1950–1963* (Hong Kong: Hong Kong University Press, 2006), p.171, Table 10.1 and 10.2.

還是採用過往的管治策略，動員熱心公益人士，組建法定團體或自願機構，給予補助，提供服務，協助管治。港府這種管治策略，與明清時期中國政府的管治策略類似，即依靠士紳動員地方力量，協助解決社會問題。分別在於中國古代政府依賴的是擁有科舉功名的士紳，而港府依賴的是立法局、行政局非官守議員、太平紳士，或擁有英皇勳銜（香港俗稱「荷蘭水蓋」）的紳商、爵紳等。香港平民屋宇公司，就是由擁有「荷蘭水蓋」的兩局非官守議員周錫年為首的爵紳所創立，李耀祥也是該公司創辦人之一，而該公司從籌備到成立，港府都全程策劃指導。1952 年 5 月 19 日，市政局主席彭德（Kenneth Myer Arthur Barnett）向輔政司柏立基（Robert Black，他也是 1958 至 1964 年間的香港總督）提交一份長達 21 頁的機密備忘錄，詳細報告籌組香港平民屋宇公司的過程，極為生動精彩，正好用以介紹香港平民屋宇公司之來龍去脈。[59]

1952 年 2 月，彭德在九龍扶輪會演講，提出一個解決木屋區問題的方案：成立機構、建造廉價房屋、租予木屋被拆遷的人士。該方案分為三點：一、該機構必須有相當的規模與資金，能建造足夠的廉價房屋，以便租予那些無力購買或建造房屋的木屋區人士；二、該機構須為非牟利性質，須由有公信力的人士管理；該機構的財政須受公眾監督。[60] 在香港 1950 年代的政治制度脈絡下，這三點方案其實就意味着由港府提供部分資金，由港府信賴的紳商營運，由港府監督，可以說是有港英特色的「官督紳辦」。

為何如此曲折？為何港府不能自行興建廉價房屋，以便於拆遷木屋區後，租予或售予受影響的人士？彭德說，原因很簡單，成本太高，港府負擔不起。以當時市政局徙置 47,000 個木屋區家庭的目標為例，其中 40,000 家估計無力自置物業，必須租用港府提供的廉價房屋。即使以興建 40,000 個廉價房屋單位、每單位建造成本 1,000 元計算，港府就必須投入 400 萬元，連帶平整土地、提供基建等前期工作，興建 40,000 個廉價房屋單位的總成本將達 700 萬元公帑。既然港府無力負擔這筆龐大的開支，就只能動員熱心公益人士成立某種類似「建屋協會」（a "building society"）的組織來解決問題。[61] 彭德沒有解釋「四萬七千個木屋區家庭」這個數字的由來，當時香港的木屋區家庭數目應該遠遠不止此數，詳見本章表六、表七引述

59. K. M. A. Barnett, "Memorandum to Chief Secretary: Hong Kong Settlers Housing Corporation", 19th May, 1952, in "The Hong Kong Settlers Housing Corporation Ltd.", Hong Kong Public Record Office #HKRS115-1-76. 收錄彭德機密備忘錄的這份案卷，有港府各部門間有關香港平民屋宇公司問題的往來文件，起 1954 年 2 月 23 日，迄 1971 年 3 月 26 日。彭德這份機密備忘錄，長 21 頁，包括正文六頁，附錄六個。
60. Barnett, "Memorandum to Chief Secretary: Hong Kong Settlers Housing Corporation", p.3.
61. Barnett, "Memorandum to Chief Secretary: Hong Kong Settlers Housing Corporation", p.3.

的阿倫・施瑪特教授（Alan Smart）的研究，而且港府最終還是展開龐大的公屋計劃，受惠家庭的數目也遠超 40,000，但這是後話。

1952 年 2 月彭德提出這個方案後，迅速得到香港著名爵紳、兩局非官守議員周錫年的積極響應。兩個月內，開會五次，商討籌建非牟利機構建造廉價房屋予木屋區人士之道。每次都有正式會議記錄，且須得到下一次會議的確認。3 月 4 日下午，港府衛生處副處長、徙置事務官韋輝（James Tinker Wakefield），與周錫年等七位士紳開會，地點居然就是市政局主席彭德的辦公室。3 月 20 日，周錫年等八人在 To Yin Club 舉行第二次會議，其中一項決議，是成立「Hong Kong Workers Housing Corporation Ltd」來實現彭德方案，會議記錄上用括號預留空位，預備填寫中文名稱，姑且譯為「香港勞工屋宇公司」。4 月 16 日，周錫年等七人在 To Yin Club 舉行第三次會議。5 月 1 日、2 日，周錫年在他中環華人行的辦公室，舉行第四、第五次籌備會議，與會者除周等八位紳商之外，還有市政局主席彭德本人，這時，該公司名稱已經改為「Hong Kong Settlers Housing Corporation」即未來的「香港平民屋宇公司」。[62] 為何籌備事宜如此迅速和順利？原因是彭德在拋出其方案之前，就已經向港督匯報興建廉價房屋的困難，「然後，就得周錫年博士表示願意提供協助。」[63] 顯然，港督應該是事先與周錫年打了招呼，周錫年就召集包括李耀祥先生在內的一群紳商，在彭德方案公佈之後，迅速起而響應之。同時，還有「另外兩批人士」向徙置事務官韋輝提出協助徙置木屋區人口的幾個方案，韋輝拖延其籌備速度但並沒有完全否決之，原因是港府雖然覺得這些方案不如周錫年方案理想，但也不孤注一擲、完全依靠周錫年，萬一周錫年籌組失敗，港府還有轉圜餘地。[64] 有關籌組香港平民屋宇公司的決策過程的這些細節，充分反映出港府的管治風格：周密、務實、行政吸納政治。[65]

周錫年等紳商與港府官員開會五次，港府的立法局及有關行政部門也積極配合，香港平民屋宇公司的具體方案如下：

一、該公司建造的房屋，港府保證自落成日起，十年內不會干涉，若因公眾需要而清拆，也保證用公帑徙置受影響人士。

62. Barnett, "Memorandum to Chief Secretary: Hong Kong Settlers Housing Corporation", Annexures A, B, C, D, E and F.
63. Barnett, "Memorandum to Chief Secretary: Hong Kong Settlers Housing Corporation", p.2. 另外，1952 年 4 月 29 日，大坑西木屋區火災，嚴重的災情也加快了平民屋宇公司的籌備進程。見彭德該機密備忘錄頁 4。
64. Barnett, "Memorandum to Chief Secretary: Hong Kong Settlers Housing Corporation", p.3.
65.「行政吸納政治」，是由金耀基教授提出的概念，用以形容港府的管治策略，見 Ambrose Y. C. King, *The Administrative Absorption of Politics in Hong Kong, with Special Emphasis on the City District Officer Scheme* (Hong Kong: Social Research Centre, Chinese University of Hong Kong, 1973).

二、該公司原本要求自行處置兩成的平民屋宇，以便吸引投資者，港府否決之。但作為妥協，港府會把徙置區以外的某些地段，以特許或短期租約方式提供給該公司，並盡力解決這些地段的水、電、交通問題。[66]

三、立法局財政事務委員會批准港府貸款五十萬元予該公司，年息 3½ 厘，作為該公司之緊急啟動費，港府會提供其中的十萬元貸款，為該公司在滙豐銀行設立一往來賬戶。該公司將於九龍仔興建 1,200 間平民屋宇，每間建造成本為 1,400 元，預計總成本為 1,680,000 元。[67] 該公司每間房屋建造成本定為 1,400 元，是否合理？答案是肯定的，彭德指出，三年半前，即 1948 年，港府開始第一波的拆卸木屋行動時，許多人住在大廈天台上，或住在不久前因盟軍空襲日據香港而造成的頹垣敗瓦上。港府容許受影響的木屋區居民在市區外圍的指定地段、依照港府的建築指引，搭建臨時住所，條件是這些居民必須是香港永久居民（港府仍假設木屋區的內地人士會返回內地）。當時，木材價格尚低，一座質量達標的木屋連磚砌廚房，成本不到五百元，大部分木屋區居民都負擔得起。港府在京士柏、荔枝角等地設立了這樣的安置區，彭德認為是成功的。可是，到了 1951 年 9 月，同樣一座木屋連磚砌廚房，成本已上漲至二千元以上。[68] 可見，港府把平民屋宇的造價定為每間 1,400 元，正是希望解決木屋區人士的徙置困難。

四、該公司為非牟利機構，資本為一萬元，均分十股，該公司十名贊助人每人認購一股；該公司將發行以一百元為基數的債券，年息八厘，八年到期。

五、周錫年為該公司主席，李耀祥為副主席，李福樹為榮譽秘書兼司庫。[69]

香港平民屋宇公司的正式註冊成立日期是 1952 年 9 月 3 日，[70] 但早於 1952 年 5 月 3 日就由港府新聞處宣佈成立，創辦人為周錫年、李耀祥等十人。該公司立即宣佈，盡快在剛剛發生火災的九龍仔木屋區原址，興建廉價而款式簡單的磚石屋宇，以低於市場水平的價格，供災民租用或購買。該公司且於成立翌日即 5 月 4 日招商投標這項建築工程。至於融資問題，該公司則以發行債券來解決。[71] 有關該公司個人及機構成員資料，詳見表八。

66. Barnett, "Memorandum to Chief Secretary: Hong Kong Settlers Housing Corporation", Annexure E, p.2. 彭德反對兩成房屋由該公司控制的理由，詳見其寫給周錫年的信函，載 Annexure D, pp.1-2。
67. Barnett, "Memorandum to Chief Secretary: Hong Kong Settlers Housing Corporation", Annexure E, p.1.
68. Barnett, "Memorandum to Chief Secretary: Hong Kong Settlers Housing Corporation", p.1.
69. Barnett, "Memorandum to Chief Secretary: Hong Kong Settlers Housing Corporation", Annexure F, p.1.
70. 香港特區政府公司註冊處網上查冊中心 https://www.icris.cr.gov.hk/csci/，該公司現在仍然運作，註冊編號為 0003580。
71.《大公報》，1952 年 5 月 4 日，第 1 張第 4 版〈九龍塘村災區地皮，港府宣佈立即收回，周錫年等組織香港平民屋宇公司，在災區建屋說租給「霸王屋」居民〉。該報道是引述港府新聞處消息。

表八、香港平民屋宇有限公司永遠董事名單

	成員（個人及機構）	簡歷
永遠董事	周錫年（主席）	本港太平紳士，香港華人行，醫生
	李耀祥（副主席）	本港太平紳士，香港德輔道中 37 號，商人
	周耀年	香港中天行，測繪師
	馮秉芬	本港太平紳士，香港南灣道 14 號，銀行家
	郭贊	本港太平紳士，香港羅便臣道 101 號，銀行家
	林植豪	香港亞歷山打大廈 414 室，承建商
	李世華	香港宏興行 443 室，商人
	鄧律敦治	本港太平紳士，香港干德道 2 號，商人
	唐賓南	香港羅便臣道 84 號，商人
	李福樹（義務書記兼司庫）	香港亞歷山打大廈 610 室，會計師
核數師	陳乙明、黃秉章會計師	香港德輔道中 4 號 A
律師	羅文錦律師	香港雪廠街皇后行 3 樓
銀行	香港上海滙豐銀行	
	東亞銀行	

資料來源：《華僑日報》1953 年 4 月 3 日第 2 張第 1 頁，〈香港平民屋宇公司募債四百萬〉。

對於李耀祥來說，這些成員並不陌生，例如羅文錦就曾與李耀祥共事於東華三院（詳見本書第三章），周錫年、鄧律敦治又與李耀祥共事於香港防癆會，郭贊與李耀祥同屬華商總會，公務私誼均有所交集，可謂合作愉快。香港平民屋宇公司的五次籌備會議，李耀祥都全程參加，而且還於第五次籌備會議當天即 1952 年 5 月 2 日，視察木屋區火災現場。[72]

香港平民屋宇公司既然依靠公眾認購債券來融資，因此務必讓公眾明白該公司的宗旨與計劃，爭取公眾對該公司的信心。該公司隨即遍發公函予全港各大機構，呼籲公眾認購債券，茲抄錄如下：

戰後香港人口激增，而樓宇缺乏，九龍仔、何文田、東頭村各地連接發生火災，居民無家可歸甚眾，情形可憫。本公司同人有見及此，毅然組織香港平民屋宇有限公司，一可救濟火災居民，二可提高平民居住水準，本公司同人經已申請註冊，隨即發行一千萬元公債，興建平民屋七千幢至八千

72. Barnett, "Memorandum to Chief Secretary: Hong Kong Settlers Housing Corporation". 詳見四次籌備會議的出席者名單及 Annexure F, p.1。

幢，債券利息每週年八厘，八年後歸還。惟茲事體大，亟待社會人士支持，用特申函上達，請閣下促進福利，本互助互愛精神，對本公司債券踴躍認購云。

資料來源：《香港工商日報》，1952 年 6 月 26 日，第 5 頁，〈平民屋宇公司建屋八千幢〉。

從上述公開信可知，香港平民屋宇公司計劃發行一千萬元債券來融資，認購債券者每年可獲八厘利息，八年後可全數取回本金，等同於年息八厘的八年定期存款。該公司計劃利用這筆資金興建七千到八千幢房屋，舒緩香港的住房困難。這是目標，實際上，該公司融資規模及建屋數量均達不到原本目標，詳見下文，但這並不表示該公司無所作為。相反，該公司在 1950 年代初，的確為舒緩香港住房危機燃眉之急，作出貢獻。請看該公司具體的建屋業績。

至 1952 年 6 月底，香港平民屋宇公司就已在東頭村興建 168 個平民屋單位：「（該公司）已在……原日火災地區，興建平民屋一百六十八家，而希望在八月中旬，有五百家完成），專供大坑西村及東頭村災民租用。災民向社會局辦理登記後，即可租住。這類平民屋每間成本為 1,477 元，月租 35 元（港府可能另外徵收每月 5 元的管理費，即合共 40 元），租客住滿七年，即能擁有該住宅。[73] 在 1950 年代的香港，月租三、四十元之間，是個甚麼概念？1952 年 12 月，警務處招募女警長，每月底薪為 185 元，另有津貼。[74] 這是專業人士薪水了。據港府統計數據，1958 年，紡織業工人包括各種津貼和獎金在內的平均日薪為 6.60 元，不包括各種津貼和獎金在內的平均日薪為 5.58 元；製造業工人包括各種津貼和獎金在內的平均日薪為 5.96 元，不包括各種津貼和獎金在內的平均日薪為 5.19 元。[75] 換言之，平民屋宇公司的房屋月租三、四十元，大概相當於一名紡織業或製造業工人一週的薪水，或月薪的四分一，十分合理。事實上，當時香港的租金水平很高，低收入人士倍感吃力，例如，市政局主席彭德 1952 年 5 月寫給輔政司的備忘錄中提及，市政局一名苦力，月薪 143 元，租住半間木屋，租金竟然是 80 元，而當時木屋區的月租平均也接近一百元。[76] 因此，平民屋宇公司把租金定為每月三、四十元，是充分體諒民間疾苦的。

73.《香港工商日報》，1952 年 6 月 27 日，第 5 頁，〈平民屋宇公司計劃興建四層高平民屋〉。

74.《香港工商日報》，1952 年 12 月 9 日，第 5 頁，〈警務處招考女警長通告〉。

75. Census and Statistics Department, *Hong Kong Statistics 1947-1967* (Hong Kong: Census and Statistics Department, 1969), Table 4.6: Indexes of Average Daily Wages for Industrial Workers, 1958-67, pp.64-66.

76. Barnett, "Memorandum to Chief Secretary: Hong Kong Settlers Housing Corporation", p.1.

1952 年 8 月 25 日，該公司既已在九龍仔大坑西木屋區火災現場建好二百間平民屋，遂在災民代表及新聞記者注視下，李耀祥以該公司代主席身份，與董事馮秉芬、林植豪，及港府徙置官獵士康，為災民抽籤分派平民屋。「獵士康唱名，李耀祥抽簽，⋯⋯該公司所建屋宇，形式一律，每屋建有一六九方尺之房間及十八方尺之廚房，屋用磚建，瓦面則用防火石棉。中簽者可備□購買，一次過繳一千四百七十五元，並可分期繳款，以七年為期，按月繳交三十五元。」[77]（圖片 4.15、4.16）

華僑日報 WAH KIU YAT PO

中簽者名單

大坑西大火災民得優先安頓

獵士康唱名 李耀祥抽簽

圖片 4.15：李耀祥親自為大坑西木屋區火災災民抽籤，分派平民屋（資料來源：《華僑日報》，1952 年 8 月 26 日，第 2 張第 1 頁，〈中簽者名單〉）。

圖片 4.16：香港平民屋宇公司興建的東頭村平民屋（資料來源：《華僑日報》，1952 年 9 月 21 日，第 2 張第 1 頁）。

77.《華僑日報》，1952 年 8 月 26 日，第 2 張第 1 頁，〈中簽者名單〉。又據市政局主席彭德指出，港府早期安置木屋區火災災民時，有人心存僥倖，以三、四百元的價格收買災民的社會福利處登記卡，意圖得到港府的徙置房屋。港府則以社會福利處登記卡與火災災民登記卡互相查對，來杜絕舞弊，見 Barnett, "Memorandum to Chief Secretary: Hong Kong Settlers Housing Corporation", p.2.

香港平民屋宇公司能在九龍仔大坑西火災兩個多月後，即 1952 年 8 月 25 日，就在火災現場建好二百間平民屋，且抽籤分派完畢。然後再接再厲，於是年 9 月 19 日第二度抽籤分派二百間平民屋予東頭村木屋區火災災民，這二百間屋宇的地點分佈為：大坑西 31 間，樂山道 29 間，東頭村 140 間。主持抽籤者仍然是李耀祥 [78]（圖片 4.17）。是年 12 月 8 日，以周錫年為首，包括李耀祥在內的平民屋宇公司十名董事，巡視徙置區新建屋宇，此時，「在九龍仔、大坑西、東頭村及樂山道，已建成平民屋宇數百間。」[79]

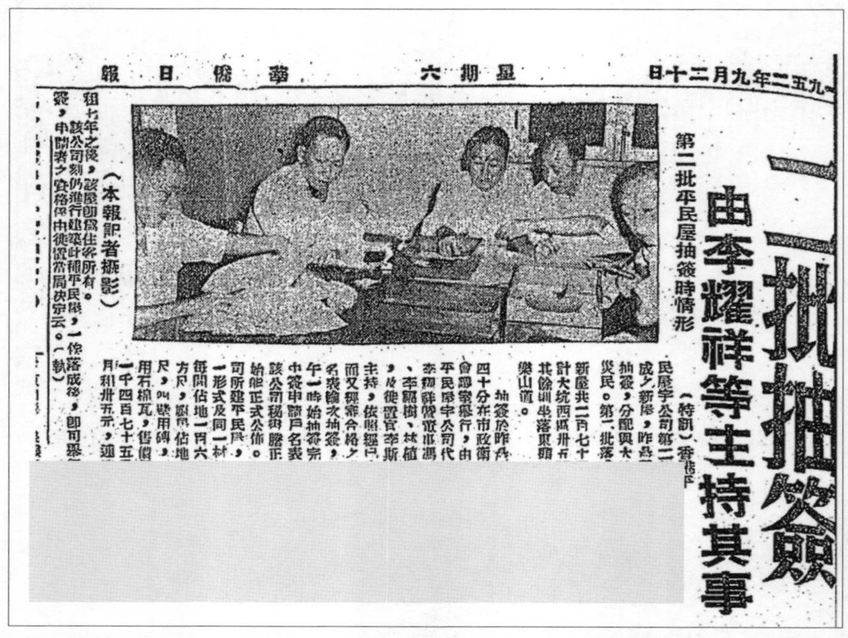
一九五二年九月二十日　星期六　華僑日報

二批抽簽
由李耀祥等主持其事

第二批平民屋抽簽時情形

（本報記者攝影）

圖片 4.17：李耀祥親自主持平民屋宇公司第二輪抽籤（資料來源：《華僑日報》，1952 年 9 月 20 日，第 2 張第 1 頁）。

至 1953 年 1 月，香港平民屋宇公司「落成或將完成者共七百一十六間」，詳見表九。為平民屋宇公司建造屋宇的承辦商東興泰建築公司，有甚多屋宇願意出售，但每間索價一千六百多元，超過平民屋宇公司每間平民屋售價一千四、五百元的預

78.《華僑日報》，1952 年 9 月 20 日，第 2 張第 1 頁，〈二批抽簽，由李耀祥等主持其事〉，是次抽籤地點為市政衛生局會議室，負責抽籤者除李耀祥之外，還有馮秉芬、李福樹、林植豪，及港府徙置官李斯康。又參見該報 1952 年 9 月 23 日，第 2 張第 1 頁，〈平民屋宇公司第二步，在港建屋〉。

79.《香港工商日報》，1952 年 12 月 9 日，第 5 頁，〈平民屋宇公司董事巡視徙置區新建成屋宇〉。

表九、香港平民屋宇公司 1953 年 1 月 3 日為止建成或即將建成的屋宇數目

地點	屋宇數量（間）
東頭村	160
九龍仔村	248
第二期 *	142
柴灣坳	72
樂山道	94
合共	716

* 原文如此。
資料來源：《香港工商日報》，1953 年 1 月 31 日，第 5 頁，〈香港平民屋宇公司發行公債二百萬建屋二千間〉。

算。平民屋宇公司遂決定從 1953 年 2 月開始，自行建造平民屋。[80] 這場小風波似乎沒有嚴重妨礙平民屋宇公司的建屋進度。是年 12 月 17 日，該公司又再抽籤分派 172 間位於東頭村等地的平民屋。[81] 截至是年 12 月中旬，該公司建成之平民屋，「前後已達六批，每批都達數十至百數十間。」該公司更得到港府撥出九龍半島京士柏山畔地皮，計劃興建第七期（即第七批）平民屋 280 間，總建造費用約為五十餘萬元，預計翌年中竣工。這批屋宇有寬敞之房間及廚房，分成若干幢，有空曠地相隔其間，可種植花卉樹木，環境清幽，「適宜中等階級家庭需要，⋯⋯此誠中產市民之福音。」[82] 可見，平民屋宇公司這第七批屋宇，目標是中產消費者。也許有人質疑，木屋區人口以低收入人士居多，而低收入人士比中產人士更為無助，更需要救濟，平民屋宇公司此舉，是否有顛倒緩急先後之嫌？筆者認為不必如此苛求。因為平民屋宇公司的屋宇本來就不是完全免費，因此，為中產消費者提供房屋，並不違反平民屋宇公司的宗旨即「救濟火災居民」及「提高平民居住水準」。[83] 在當時，任何增加房屋供應之舉，都有利於舒緩香港的住房危機。

80.《香港工商日報》，1953 年 1 月 31 日，第 5 頁，〈香港平民屋宇公司發行公債二百萬建屋二千間〉。
81.《華僑日報》，1953 年 12 月 18 日，第 2 張第 2 頁，〈平民屋宇公司進行建新屋二百八間，地在京士柏山畔，環境清幽似新村，百二十七間昨抽簽分配〉。（按：標題有誤，「百二十七間」為「百七十二間」之誤。）這 172 間平民屋的具體地點分佈為：大坑西：甲種屋 45 間、乙種屋 2 間；何文田：乙種屋 30 間；東頭村：甲種屋 95 間。這次負責抽籤的是港府徙置區官員李士琴，平民屋宇公司主席周錫年，董事馮秉芬、D · 律敦治，秘書李福樹等。
82.《華僑日報》，12 月 18 日，第 2 張第 2 頁，〈平民屋宇公司進行建新屋二百八間，地在京士柏山畔，環境清幽似新村，百二十七間昨抽簽分配〉，又見該報 1953 年 12 月 13 日，第 4 張第 1 頁，〈平民屋宇公司在京士柏將興建屋宇二百八十間〉。
83.《香港工商日報》，1952 年 6 月 26 日，第 5 頁，〈平民屋宇公司建屋八千幢〉。

由此可見，平民屋宇公司不是務虛的空殼，而交出實在的業績。為何能夠做到？原因有二：港府的支持、該公司董事的努力與奉獻。

港府對於香港平民屋宇公司的支持，不止於口惠和宣傳，而是從籌組到融資都全程協助，市政局彭德 1952 年寫給輔政司的機密備忘錄，已經交代得十分清楚，本章上文也大力引用。平民屋宇公司 1952 年 6 月在九龍仔大坑西村木屋區火災現場興建屋宇一事，港府立即提供了貸款，形同為該公司提供了啟動費。[84] 至於港府具體的財政支持，則為「以年息三厘半貸款五十萬元與該公司」。[85] 約兩個月後，1952 年 8 月，港府開始籌劃為該公司提供第二筆貸款。該公司發行債券融資一事，也得到港府批准。[86] 因此之故，該公司的債券才被稱為「公債」。另外，1952 年 10 月 4 日，港府輔政司致函該公司，表示凡該公司建成、出租或出售的房屋，港府保證十年內不予干涉，若因公眾利益必須清拆，港府亦「當出資在他處建屋補償」。[87] 1952 年 12 月 2 日，市政衛生局主席彭德答覆市政衛生議員貝納祺查詢時再度確認，香港平民屋宇公司建屋之地，若「為公眾利益計而須在十年期滿之前收回，則政府將負擔另行建屋以代被拆屋宇之費用。」換言之，港府為平民屋宇公司建屋之地提供為期十年的無償使用、有償徙置的保證，新聞報道遂大書平民屋宇公司用地港府「十年內不予收回」的標題，對於朝不保夕的木屋區居民來說，這個標題是極具吸引力的。[88]

其次，該公司董事不僅努力工作，而且自掏腰包。1952 年 7 月 16 日，華商總會設宴十席，慶祝會中四人榮獲公職、勳銜、獎狀，分別是：該會名譽顧問郭贊任立法局議員，常務監事李耀祥、理事余達之獲大英帝國官佐勳章（O. B. E.），理事趙聿修獲獎狀。李耀祥發言致謝，一番客套之後，立即匯報平民屋宇公司的工作進度，呼籲商界認購該公司債券，簡直就是把致謝詞變成平民屋宇公司的宣傳稿。（圖片 4.18）李耀祥介紹該公司的建屋計劃，強調該公司「完全無逐利企圖，純為港九平民設想」，然後指出，目前，該公司一千萬元債券中，已有逾一百萬元的債券得到認購，換言之，已完成一千萬元債券融資計劃的十分一。[89] 是誰認購這一百萬元債券？李耀祥沒有解釋清楚，應該是其宣傳策略而已。大半年後，1953 年 4

84.《香港工商日報》，1952 年 6 月 27 日，第 5 頁，〈平民屋宇公司計劃興建四層高平民屋〉。
85.《香港工商日報》，1953 年 4 月 3 日，第 5 頁，〈在徙置區以外地點大量建平民屋〉。
86.《香港工商日報》，1952 年 8 月 21 日，第 5 頁，〈平民屋宇公司繼續建平民屋〉。
87.《香港工商日報》，1953 年 4 月 3 日，第 5 頁，〈在徙置區以外地點大量建平民屋〉。
88.《華僑日報》，1952 年 12 月 3 日，第 2 張第 2 頁，〈平民屋宇有限公司奉准建屋之地十年內不予收回〉。
89.《香港工商日報》，1952 年 7 月 17 日，第 5 頁，〈平民屋宇公司債券認購已達百萬〉，《華僑日報》，同日第 2 張第 1 頁，〈李耀祥勸銷平民屋債券〉。

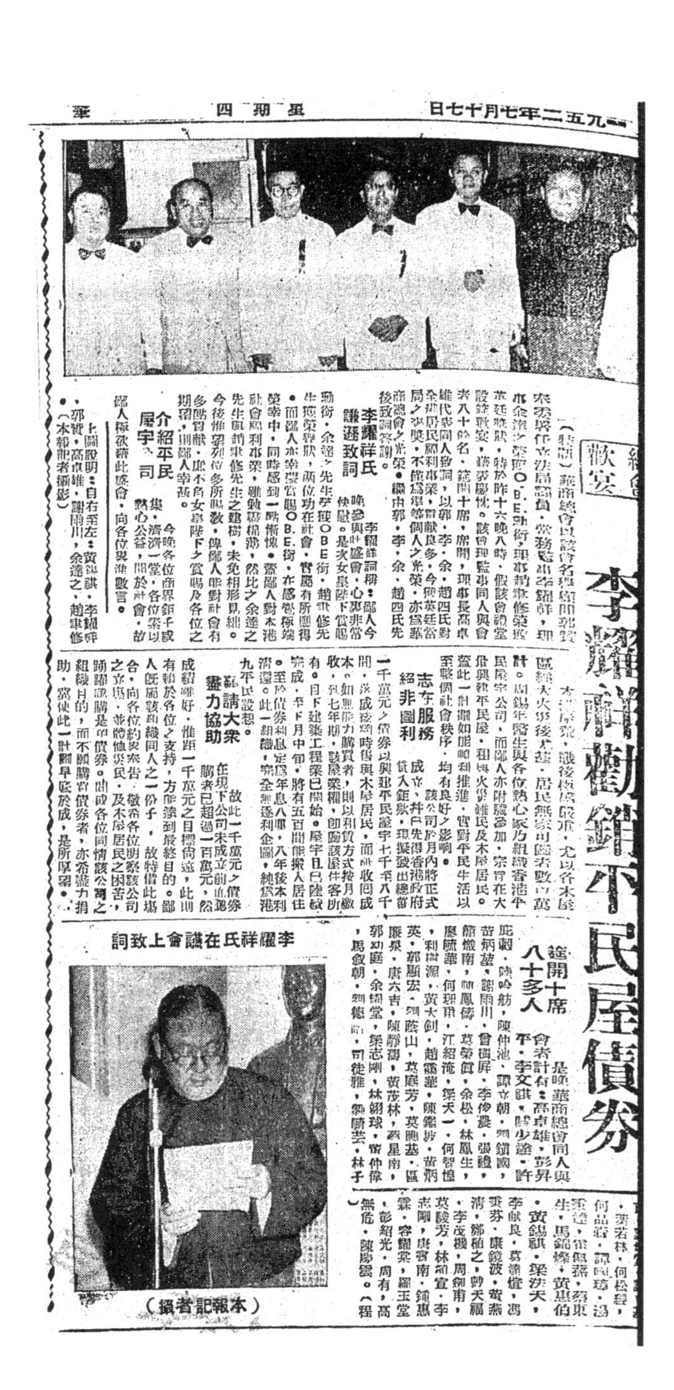

一九五二年七月十七日　星期四

李耀祥勸銷平民屋債券

歡宴

（特訊）華商總會以該會名譽顧問郭贊、[illegible]任立法局議員，常務監事李耀祥，理事余達之榮膺O.B.E.勳銜，理事趙聿修榮膺英廷勳獎，特於昨十六晚八時，假該會禮堂設筵歡宴，藉表慶忱。該會理監事同人與會者八十餘名，筵開十席，席間，理事長高卓雄代表同人致詞，以郭、李、余、趙四氏對於社會公益事業，貢獻良多，今荷英廷寵錫之褒獎，不僅為渠等個人之光榮，亦為華商總會之光榮。繼由郭、李、余、趙四氏先後致詞答謝。

李耀祥氏謙遜致詞

李耀祥詞稱：鄙人今晚參與此盛會，心裏非常愉慰。是次女皇陛下賞賜勳銜，余達之先生獲O.B.E.銜，趙聿修先生獲榮譽狀，兩位功在社會，實屬有所應得。而鄙人亦蒙賞賜O.B.E.銜，在感愧極端榮幸中，同時感到一點慚愧。蓋鄙人對本港社會福利事業，雖勉盡綿薄，然比之余達之先生與趙聿修先生之建樹，未免相形見絀。今後惟望列位多所賜教，俾鄙人能對社會有多點貢獻，庶不負女皇陛下之賞賜及各位之期望，則鄙人幸甚。

介紹平民屋宇公司

今晚各位商界鉅子咸集，濟濟一堂，各位素以熱心公益，關於社會，故鄙人極欲藉此盛會，向各位冒昧進數言。

本港[illegible]戰後，尤以各木屋區經大火災後尤甚，居民無家可歸者數以萬計。周錫年醫生與各位熱心家乃組織香港平民屋宇公司，而鄙人亦附驥參加，宗旨在大量興建平民屋，租與火災難民及木屋居民。蓋此一計劃如能順利推進，實對平民生活以至整個社會秩序，均有良好之影響。

志在服務　絕非圖利

該公司成立，并已先得香港政府貸入鉅款，現擬於月內將正式發出總額一千萬元之債券，以興建平民屋宇七千至八千間，落成後即時售與木屋居民，而所收回成本，如無能力購買者，則以租賃方式按月徵收。預料七年期，該屋業權，即歸該屋住客所有。目下建築工程業已開始，屋宇且已陸續完成，本年下月中旬，將有五百間能搬入居住。至於債券利息，定為年息八厘，八年後本利清還。此一組織，完全無涉利企圖，純為本港九平民設想。

懇請大衆盡力協助

故此一千萬元之債券，在現下公司未成立前，認購者已超過一百萬元，然成績雖好，惟距一千萬元之目標尚遠，此則有賴於各位之支持，方能達到最終目的。鄙人既屬該組織同人之一份子，故特借此場合，向各位約畧奉告，敬希各位明察該公司之立場，並體恤災民，及木屋居民之困苦，踴躍認購是項債券。如或各位同情該公司之組織目的，而不願購買債券者，亦希盡力捐助，實使此一計劃早底於成，是所厚望。

筵開十席　八十多人

是晚華商總會同人與會者計有：高卓雄、彭昇平、李文祺、許少達、劉鐵國、[illegible]庇觀、陳吟舫、陳仲池、譚立朝、黃炳堃、謝雨川、曾樹屏、李伯農、張禮、簡懺南、胡鳳儔、莫榮貞、余松、林鳳生、廖毓華、何理甫、江紹華、梁天一、何智愷、利樹源、黃大釗、趙霸華、陳鑑坡、黃炳英、郭顯宏、劉蔭山、莫庭芳、莫鵬基、區脈泉、唐六吉、陳靜濤、黃茂林、冼星南、郭幼庭、余錫堂、梁志剛、林翊球、雷仲偉、馬叙朝、劉德諮、司徒雅、劉蔚芸、林子[illegible]、葉若林、何松發、何品裕、譚國璋、湯秉達、徐與蒜、蔡東生、馬錦燦、黃惠伯、黃錫祺、梁洪天、李獻良、莫讓愷、馮秉芬、康鏡波、黃燕清、鄧植之、蔡天福、李茂機、周卿甫、莫駿芳、林祖宜、李志剛、唐寄南、鍾惠霖、容耀棠、羅玉堂、彭紹光、周有、高無危、陳陽雲。（程）

上圖說明：自右至左：黃錫祺、李耀祥、郭贊、高卓雄、謝雨川、余達之、趙聿修。（本報記者攝影）

李耀祥氏在議會上致詞

（本報記者攝）

圖片 4.18：1952 年 7 月 16 日，李耀祥在華商總會宴會上呼籲公眾購買平民屋宇債券（資料來源：《華僑日報》，1952 年 7 月 17 日，第 2 張第 1 頁）。

月 2 日，平民屋宇公司主席周錫年、副主席李耀祥、董事郭實、秘書李福樹等，在港府新聞處召開記者會，正式宣佈該公司財政狀況及融資方案：港府「以年息三厘半貸款五十萬元與該公司，……該公司又經與銀行貸得二十萬元。」[90] 除了這七十萬元營運經費外，該公司將發行八千股債券，每股五百元，總值四百萬元，年息八厘，1960 年 9 月 30 日到期。該公司十名董事，已各自「購買一萬元債券，皆不索取利息，」連同社會各界人士之認購，已有總值四十萬元的債券得到認購，達融資目標的十分一。[91] 可見，包括李耀祥在內的平民屋宇公司十名董事，除設計及執行建屋計劃之外，還合共認購該公司十萬元債券，且放棄利息，可謂出錢出力，任勞任怨（圖片 4.19）。

至 1953 年 1 月，香港平民屋宇公司已經建成六批屋宇，合共 716 間。[92] 誠然，在木屋數量達二三十萬間、木屋區人口達一百萬人以上的 1950 年代，平民屋宇公司的貢獻不得不說是「杯水車薪」。[93] 香港住房困難之解決，最終還是要歸功於港府的強力干預。從 1954 到 1973 年，港府合共建造 234,059 個徙置單位，安置居民逾一百萬人。1973 年港督麥理浩推出十年大建公屋計劃時，全港已有 36.4% 的人口居住於公營房屋，至 1982 年該計劃結束時，港府合共新建 22 萬個公屋單位，安置全港 40.3% 的人口。比起原本目標，只算「局部的成功」，原因是港府自身官僚架構重組，又遭逢石油危機所引發的全球經濟衰退，還碰上新一輪內地移民潮。[94] 即使如此，港府公共房屋的成就還是毋庸置疑的。不過，遠在港府立定決心以公共資源解決香港的住房問題之前，在百廢待興的 1950 年代，李耀祥有份參與的香港平民屋宇公司已努力舒緩香港的居住困難，正如李耀祥有份參與的香港防癆會努力對抗肺結核一樣，其服務規模及貢獻有限，雖謂「杯水車薪」，但也是「及時雨」。李耀祥等人之熱心公益、服務社會，同樣也是毋庸置疑的。

90.《香港工商日報》，1953 年 4 月 3 日，第 5 頁，〈在徙置區以外地點大量建平民屋〉。
91.《華僑日報》，1953 年 4 月 3 日，第 2 張第 1 頁，〈香港平民屋宇公司募債四百萬〉。
92.《香港工商日報》，1953 年 1 月 31 日，第 5 頁，〈香港平民屋宇公司發行公債二百萬建屋二千間〉。
93. 楊汝萬估計，1952 年，港府通過平民屋宇公司建造的平房達 1,500 幢，見楊汝萬、王家英編：《香港公營房屋五十年》，頁 20。
94. 楊汝萬、王家英編：《香港公營房屋五十年》，頁 21-23。

香港平民屋宇公司

以不牟利為目的

募債四百萬

建築更多廉價房屋，俾木屋居民及不能負租昂貴屋租之居民皆有屋居住。歡迎各界廣購債券，更歡迎熱心人士購債不索利息，共襄義舉。

發行八千股每股五百元

年息八厘不算低

一九六零年九月三十日歸還債本

圖片 4.19：1953 年 4 月 2 日，平民屋宇公司主席周錫年、副主席李耀祥等召開記者會，宣佈推出債券四百萬元（資料來源：《華僑日報》，1953 年 4 月 3 日，第 2 張第 1 頁）。

四、小結

本章介紹了李耀祥自香港重光後至1950年代初服務的三個慈善公益及社區組織，即成立於1948年的香港防癆會，成立於1950年4月1日的九龍城區街坊福利會，和1952年5月3日宣告成立、同年9月3日正式註冊的平民屋宇公司。這三個組織雖然各有其特定的服務對象和工作模式，但就李耀祥的角色而言，又能看出內在的邏輯聯繫。作為住在九龍城區內的熱心公益的紳商，李耀祥在九龍城區街坊福利會的最大貢獻是成立李基紀念醫局，這不僅和他在香港防癆會的工作類似，也可以追溯到他在東華三院的工作。可見他對於基層民眾的醫療問題長期關注，凡力所能及者，必有所貢獻。至於他在平民屋宇公司的工作，以救濟東頭村等處木屋區火災災民為起點，則又與他作為九龍城街坊福利會監事長的角色密切相關，而說到對於建造房屋的理解，以經營潔具工程而致富的李耀祥，可謂專家。可見李耀祥服務以上三個組織，既有歷史之偶然因素，也有他本人過往慈善工作經驗的基礎。總之，李耀祥對於基層民眾之關懷，對於社會慈善事業之貢獻，是毫無疑問的。

李耀祥為香港的慈善事業、公益機構、社區組織作出長期而傑出的貢獻，固然是因為他本人的熱忱，但同時也是因為香港政府的信任，二者相輔相成。1956年底，九龍、荃灣一帶發生「雙十暴動」，暴動平息之後，香港政府因應英國國會議員的質詢，於1957年1月29日成立「暴動補恤諮詢委員會」（Riot Compensation Advisory Board），秘書為布列德福（J. Bradford），成員三名，主席是法官高爾德（T. J. Gould），其餘二人，一是李耀祥，一是怡和洋行的高級秘書（F.C.I.S. Secretary）西得伯利（H. Sidbury）。至1957年8月3日，委員會遞交報告，期間開會35次，對865宗索償申請作出仲裁建議。[95] 此一事例，再次證明香港政府對於李耀祥的信任，也再次證明李耀祥服務社會的努力。

95. 見英國外交部檔案 FO371/127301 "The Kowloon and Tsun Wan Riot"，頁8、68、106、109。感謝南京大學歷史系孫揚教授提供相關訊息及原文電子圖檔。

第五章

李耀祥與龍圃

李耀祥經營實業手段靈活、成就非凡，服務社會則古道熱腸，以東華三院為主，兼及其他公益及社會組織，已見諸本書前幾章。同樣值得一提的，是他建造龍圃一事。

1950 年代的香港報紙，形容龍圃的位置，會說龍圃位於「新界青山道十三咪半」，即 13 1/2 Milestone 之意。龍圃是李耀祥聘請中國近代著名建築師朱彬設計的私人花園別墅，李耀祥本人親自監造，始建於 1948 年，完成於 1960 年代末，前後將近二十年，是迄今為止香港最大的私人花園別墅之一。[1] 2006 年 7 月 25 日，荃灣區議會通過動議，促請港府評估龍圃的文物價值，確立龍圃的文化財產地位，以便保存龍圃的文化設施及植物。[2] 港府古物古蹟辦事處遂委託香港中文大學建築學院何培斌教授對龍圃進行評估，何教授提交長達八十頁的報告。2006 年 9 月 25 日，古物古蹟辦事處將龍圃列為二級歷史建築。[3] 林中偉對於龍圃從私人花園轉變為歷史建築，及李氏後人處置龍圃的過程，作了一番梳理。[4] 茲不贅。

1. 有謂李耀祥祖先為明朝廣東風水大師李秩，李耀祥知道龍圃位置是風水寶地，刻意經營佈置。參見周樹佳：〈[龍圃]，明朝廣東風水大師李默齋後人秘密建墓青山公路〉，載氏著：《香港名穴掌故鈎沉》（香港：次文化堂，2001），頁 130-136。聊備一說，以為談助云。該文有關龍圃的風水傳說，本書存而不論，但該文對於龍圃建築及景色的描述，言簡意賅，值得參考，見頁 131-132。
2. 荃灣區議會第 17 次會議（2006 年 7 月 25 日）記錄，參見荃灣區議會網頁 https://www.districtcouncils.gov.hk/archive/tw_d/chinese/doc/minutes_17_25.07.06.doc。
3. 陳淑華、王嘉珩、楊國輝、龍圃慈善基金：《香港文物保育時間廊》（香港：該基金，2011 年 9 月），無頁數。
4. 林中偉：《建築保育與本土文化》（香港：中華書局（香港）有限公司，2015），頁 122-124。

李耀祥如何窮二十年之力經營建造龍圃這座私人花園別墅？龍圃有何特色？龍圃在李耀祥個人及家族歷史上、在香港社會中，扮演甚麼角色？在李耀祥哲嗣李韶贊助下，香港中文大學建築學院何培斌教授、歷史系梁元生教授等學者完成了一份詳盡的龍圃研究報告，於 2007 年發表，解答了以上疑難。本章內容，主要參考該報告，再配合李韶提供的資料、報紙報道等史料及相關研究論著。[5] 本章分為三節，第一節介紹龍圃興建過程，第二節介紹龍圃之建築格局及文物價值，第三節介紹李耀祥在龍圃進行的社會及慈善活動。

一、龍圃之興建

龍圃的幾座主要建築，由「基泰工程司」的朱彬設計。該公司是中國近代建築史上著名的由中國人開設的建築設計公司，其英文名稱「Kwan, Chu and Yang Architects and Engineers」，更能披露該公司的人物訊息。Kwan 即關頌聲（Kwan Sung Sing），Chu 即朱彬（Chu Pin），Yang 即楊廷寶（Yang Ting Pao），三人都留學美國，學成歸國，用今天的話來說就是「海歸」。關頌聲，祖籍廣東，落戶天津，畢業於美國麻省理工學院建築學系，1921 年回國，在天津租界開設建築設計公司。當時，天津租界工部局（即天津租界的管理當局）一般只發建築設計公司的經營牌照予西方人士，關頌聲由於畢業於美國，擁有美國建築學學位，得到天津租界工部局認可，成為首個在西方租界開設建築設計公司的中國人，堪稱創舉。朱彬、楊廷寶分別在 1924 年、1927 年畢業於美國賓夕凡尼亞大學，回國後加入關頌聲的基泰工程司。關頌聲留學美國時認宋子文、宋美齡兄妹，因此之故，他與國民黨關係頗為密切。1927 年蔣介石北伐成功，關頌聲將基泰工程司總部從天津遷往

5. Ho Puay-peng, Leung Yuen Sang, Kenward Consulting, Ken Nicolson et al, *Conservation Study of Dragon Garden at Tsing Lung Tau* (unpublished research report, Hong Kong: Chinese Heritage Architecture Unit, Department of Architecture, Chinese University of Hong Kong, 2007). 該報告篇幅達 425 頁，包括 305 張圖片、15 張表格，完成於 2007 年，版權屬於李韶。負責該項目的研究人員包括：香港中文大學建築學院何培斌教授及其歷史建築研究組（Chinese Heritage Architecture Unit）六名研究人員、歷史系梁元生教授、建築及規劃諮詢公司 Kenward Consulting 兩位成員、香港大學建築學院助理教授兼註冊園境師肯．尼高遜（Ken Nicolson）等。

南京。十年後抗戰軍興，關頌聲也追隨國府，於 1938 年將基泰工程司遷至重慶。[6]

基泰工程司成立之後，在相當長的一段時間內，是中國人開設的最大型的建築設計公司。1930 年落成之南京中央體育場田徑場、同年落成之京奉鐵路瀋陽總站、1933 年落成之南京中央醫院、1935 年落成之南京國民黨黨史陳列館、1936 年落成之上海大新公司、1938 年落成之成都四川大學圖書館，都是該公司手筆。關頌聲於 1941 年離開該公司，張鎛遂以該公司董事身份，在華北淪陷區繼續經營。1945 年日本投降，抗戰勝利，張鎛將基泰工程司於 1948 年遷至香港，朱彬也於 1949 年來港，負責該公司在港業務。[7]

朱彬是廣東南海人，1896 年生，1918 年畢業於清華大學，留學美國賓夕凡尼亞大學，1923 年取得建築學碩士學位。朱留學美國期間結識梁思成、關頌聲等，1924 年回國，娶關頌聲二妹為妻，也加入關頌聲的基泰工程司。朱彬早年的建築設計項目包括北京 1927 年落成之大陸銀行、天津 1928 年落成之中原公司等，工作態度嚴謹認真，建築設計風格以新古典主義和現代主義為主。朱彬 1949 年來港，同年取得香港建築師牌照，翌年成為中國建築師學會註冊會員，1965 年成為香港建築師學會註冊會員。朱彬在香港完成了四十多個建築設計項目，包括 1954 年落成之萬宜大廈，1958 年落成之德成大廈，1961 年落成之陸海通大廈、萬國殯儀館，1962 年落成之東亞銀行旺角大廈、英華書院、聖馬可中學、基督教深井靈光小學、赤柱聖士提反女校小學及幼稚園（當時稱為 Henrietta School），1963 年落成之先施保險大廈，1966 年落成之香港宣教會恩磐堂等等。他 1970 年退休，翌年逝世，享年 75 歲（圖片 5.01）。[8]

值得一提的是，朱彬經手的萬宜大廈、陸海通大廈、東亞銀行旺角大廈這三個建築設計項目，都由李耀祥的李耀記負責其潔具及管道工程。[9] 可見李耀祥與朱彬

6. Ho et al, *Conservation Study of Dragon Garden*, pp.49-50. 有關基泰工程司，可參考張鎛：《我的建築創作道路》（北京：中國建築工業出版社，1994），頁 12-62。張是近代中國第一個畢業於中國的建築設計師，1922 年，關頌聲為張鎛大哥在天津意大利租界設計建造兩棟四層高洋房，由於這種交情，就破格把張鎛招入基泰工程司，見該書頁 13、22；有關基泰工程司以外的著名中國建築設計公司，見該書頁 61-62。此書為作者回憶錄，頗多主觀成分，有關基泰工程司的更平實可靠詳盡的資料，應該是賴德霖主編，王浩娛、袁雪平、司春娟編：《近代哲匠錄：中國近代重要建築師、建築事務所名錄》（北京：中國水利水電出版社、知識產權出版社，2006），頁 234-238，〈附錄 6、中國近代著名建築事務所 · 基泰工程司〉。

7. Ho et al, *Conservation Study of Dragon Garden*, pp.50-51. 張鎛對於朱彬印象不佳，說朱彬主管基泰財務，「善於盤剝計算」，見《我的建築創作道路》，頁 12。聊備一說。

8. 賴德霖等編，《近代哲匠錄：中國近代重要建築師、建築事務所名錄》，頁 214、234-238，Ho et al, *Conservation Study of Dragon Garden*, pp.55-59, 63-68.

9. Ho et al, *Conservation Study of Dragon Garden*, pp.55-59, 63-65. 又據本書第二章，李耀記早於 1928 年就負責德輔道陸海通旅店的潔具工程，該德輔道陸海通旅店與陸海通大廈是否同一處，待考。

圖片 5.01：朱彬於 1920 年代的照片，龍圃的幾座主要建築，就是他設計的（資料來源：Ho et al, *Conservation Study of Dragon Garden*, Fig.54, p.56）。

頗有交往，這也不奇怪，因為李耀記負責建築物的潔具和管道工程，與建築師形成長期合作夥伴關係是很正常的。但李耀祥、朱彬兩位如何認識？據李耀記僱員余標回憶，李耀祥某年有北京之行，認識了朱彬，並委託基泰工程司負責龍圃的幾座建築的設計，可惜有關李耀祥和朱彬之間的交往，筆者找不到更多的資料。無論如何，朱彬在龍圃設計的建築有三座：逸亭、陵墓、金禧閣。[10] 這三座建築也是龍圃最重要的建築，因此，說龍圃是朱彬設計，並不為過。有關龍圃 1948 年以來的歷史演變，詳見下表。

二、龍圃之建築格局

龍圃位於今天香港新界西的青龍頭青山公路深井段 42 號，面積達三十多萬平方呎，相當於半個維多利亞公園。內有 49 棵高大的羅漢松，是香港最大的羅漢松林。由山腳而上，二十多座建築分佈於中軸線上。[11] 具體而言，龍圃的建築格局可

10. Ho et al, *Conservation Study of Dragon Garden*, pp.10, 58-59.
11. 陳天權：〈龍圃——隱藏於青龍頭的園林大宅〉，載氏著：《被遺忘的歷史建築》（香港：明報出版社，2014），頁 124-129。又參見香港文物保育組織「長春社」網站資料：「龍圃⋯⋯集合了宋、明、清三朝及儒、釋、道三教的特色。庭園內有過百種植物，當中包括超過三十棵、相信是全港最大的羅漢松（林）。」http://www.cahk.org.hk/show_works.php?type=sid&u=47，瀏覽日期：2018 年 8 月 24 日。

龍圃大事年表

年份	大事
1948	李耀祥購置龍圃所在的地段，開始興建龍圃。
1949	向港府提交圖則（俗稱「入則」或「入積」），申請興建更衣室。
1950	游泳池落成。
1954	員工宿舍建成，向港府提交圖則，申請興建逸亭。
1955	逸亭落成。
1957-58	噴泉、游泳池、更衣室、觀音洞、宋亭、正門落成。
1959	向港府提交圖則，申請興建墓園。
1961	向港府提交圖則，申請興建知樂亭。
1962	知樂亭落成。
1963	墓園的碑亭、牌樓、壽堂落成。
1968	金禧閣落成。
1970	碑亭內安放《李耀祥先生事畧》碑。
1971	向港府提交圖則，申請在墓園內興建一對小亭子。
1972	墓園內之一對小亭子落成。
1976	李耀祥逝世。
1999	颱風引發山泥傾瀉，破壞龍圃部分結構。
2004-05	龍圃沿青山公路的一部分因道路改善工程而拆去。
2006	李耀祥及夫人陳月瓊的遺骸由後人移走，圓拱形陵墓亦移平。龍圃被港府評為二級文物。

資料來源：Ho et al, *Conservation Study of Dragon Garden*, pp.43-44. 另參考李耀祥生平資料。

分成四區：

（1）最靠近南正門的游泳池及更衣室，位於龍圃的西南角。

（2）龍圃中央的金禧閣、逸亭。金禧閣是李耀祥為慶祝 1967 年與太太金婚紀念而建。

（3）龍圃最高處的墓園，包括牌樓、壽堂、碑亭、陵墓各一座，小亭子一對。

（4）散處龍圃四周的亭台樓閣。[12]

有關龍圃的四區建築格局（圖片 5.02），有關龍圃的地勢圖（圖片 5.03、5.04）。以下逐區介紹其建築及特色。

12. Ho et al, *Conservation Study of Dragon Garden*, p.140；陳天權：《被遺忘的歷史建築》（香港：明報出版社，2014），頁 127。

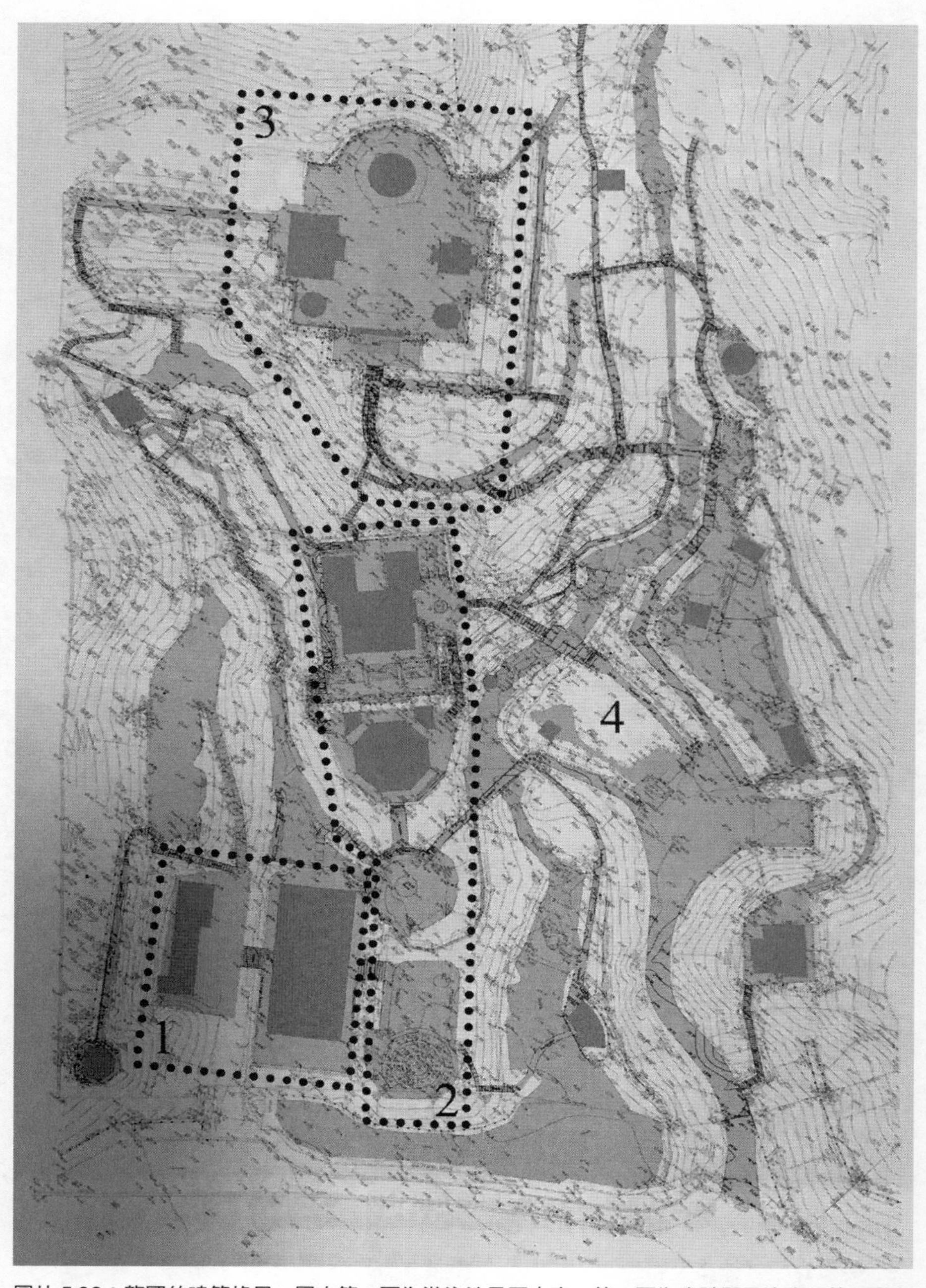

圖片 5.02：龍圃的建築格局。圖中第一區為游泳池及更衣室，第二區為金禧閣及逸亭，第三區為陵園，包括牌樓、壽堂、碑亭、陵墓、及一對小亭子；第四區為散處於綠蔭之各亭台樓閣（資料來源：Ho et al, *Conservation Study of Dragon Garden*, Fig. 147, p. 143）。

圖片 5.03：攝於 1972 年的龍圃全貌（資料來源：Ho et al, *Conservation Study of Dragon Garden*, Fig.143, p.139）。

圖片 5.04：攝於 2007 年的龍圃全貌（資料來源：Ho et al, *Conservation Study of Dragon Garden*, Fig.146, p.142）。

（一）游泳池及更衣室

從南面的正門進入龍圃，首先看見的建築就是游泳池與更衣室。游泳池四周分別有更衣室、觀音洞、龍圃中軸線上的台地、和匯集山上溪水的池塘。游泳池長

22.9 米，寬 10.7 米，靠近青山公路的一端較深，鋪上正方形及六角形的馬賽克瓦片。更衣室高一層，包括休憩室、廚房、員工室各一間，男女廁各兩間，更衣室右方還有一個儲物室。更衣室有寬敞的棚架（canopy），方便遮陰，而窗口特大，令室內光線充足。觀音洞的設計頗為巧妙，洞頂是龍圃中軸線的台地的一部分，連接逸亭。觀音洞由一對蟠龍紅柱支撐，正中為坐蓮觀音塑像，其右為善財童子塑像，其左為龍女塑像，座下有靈龜塑像，背後是山川風雲壁畫及人造竹林，但竹葉已大部分脫落（圖片 5.05、5.06）。[13]

圖片 5.05：龍圃的游泳池及周邊建築（資料來源：Ho et al, *Conservation Study of Dragon Garden*, Fig.149, p.145）。

圖片 5.06：龍圃游泳池旁的觀音洞（資料來源：Ho et al, *Conservation Study of Dragon Garden*, Fig.178, p.165）。

13. Ho et al, *Conservation Study of Dragon Garden*, pp.144-145, 157-166.

（二）金禧閣、逸亭、忠恕堂

金禧閣是龍圃最大的建築，高兩層，面積大約 15 x 18 米，為中式三間建築，閣頂為「重擔歇山」式，鋪上黃瓦。石階九級，由一幅雙龍戲珠的石雕分成平行的兩行。金禧閣相當於龍圃主人的生活區，下層有廚房、廁所、飯廳，上層有主人房，方內有露台，另外還有兩間臥室。金禧閣下方為逸亭，八角，有周壽臣乙未年（1955）題的「逸亭」二字匾額，還有羅文錦題的「正大光明」四字匾額，二人都是李耀祥認識的「香江大老」，他們為龍圃題字，可以說給足了李耀祥面子。金禧閣正式落成於 1968 年 1 月 18 日，從 1966 年 3 月到 1967 年 12 月 18 日，金禧閣建造費用達 241,313 元（圖片 5.07、5.08）。[14]

金禧閣上方是「忠恕堂」，其實是一塊橢圓形的露天台地，有一座模仿紫禁城天安門的華表，環繞華表的是香爐一座、仙鶴塑像一對、靈龜塑像一對。附近斜坡

圖片 5.07：金禧閣石階中的雙龍戲珠的石雕（資料來源：Ho et al, *Conservation Study of Dragon Garden*, Fig.193, p.178）。

14. Ho et al, *Conservation Study of Dragon Garden*, pp.12, 18, 145-147, 166-191.

圖片 5.08：龍圃的金禧閣及逸亭（資料來源：Ho et al, *Conservation Study of Dragon Garden*, Fig.150, p.146）。

圖片 5.09：龍圃的華表，位於金禧閣上方、墓園下方的忠恕堂台地（資料來源：Ho et al, *Conservation Study of Dragon Garden*, Fig.215, p.193）。

上的植被，裁剪出「忠恕堂」三字。據李耀祥家人表示，「忠恕」是李耀祥所屬的宗族房派名稱（圖片 5.09）。[15]

（三）墓園

墓園由牌樓、壽堂、碑亭、陵墓四部分組成，落成於 1963 年 5 月 7 日。牌樓相當於墓園的正式入口，四柱三間，上書篆體「陟岵」二字，表達對先人的思念。壽堂與金禧閣一樣，也是三間格局，壽堂頂作「歇山」式，類似清朝品官的家宅。室內天花佈滿「藻井」圖案，類似於故宮太和殿天花之設計。屋頂有蟠龍塑像，牆壁嵌上意大利彩色玻璃窗，但繪上中國仙鶴圖案，壽堂地板也用馬賽克瓷磚鑲成仙鶴圖案，堪稱中西合璧。壽堂可以說是李耀祥家族祠堂，內有鑲入鏡框的紅紙，上書「李門堂上歷代祖先」等字，相當於李耀祥歷代祖先的神主牌位，又有李耀祥祖母、父親及母親的照片三張。壽堂正中有木屏風五屏，正中一屏畫上「郭子儀祝壽」圖，左右兩屏則畫上「百壽圖」，最外兩屏是一副對聯。屏風前有一對供桌，上有一套祭祀器具，屏風背後則書寫李耀祥簡歷及《李忠恕堂族譜》。碑亭面積大

15. Ho et al, *Conservation Study of Dragon Garden*, pp.192-196. 陳天權：《被遺忘的歷史建築》，頁 126。

約 4.5 x 5.5 米，內有石碑，碑額書「螽斯衍慶」四字，碑文是岑維休撰寫的《李耀祥先生事畧》。陵墓圓拱形，原本安葬李耀祥及其夫人陳月瓊，2006 年，李氏後人將李氏伉儷遺骸移走，圓拱形陵墓也隨之拆平，成為一片草地（圖片 5.10、5.11、5.12、5.13、5.14、515）。[16]

圖片 5.10：墓園鳥瞰圖（資料來源：Ho et al, *Conservation Study of Dragon Garden*, Fig.153, p.149）。

圖片 5.11：2007 年的墓園全圖（資料來源：Ho et al, *Conservation Study of Dragon Garden*, Fig.234, p.205）。

16. Ho et al, *Conservation Study of Dragon Garden*, pp.18, 30, 196-202. 又參見李韶提供之資料，及陳天權：《被遺忘的歷史建築》，頁 128。「陟岵」意即「登上高山」，典出《詩經．魏風．陟岵》，謂孝子行役，登上高山，思念父母。後世以「陟岵」表達對父母或者祖先的思念。「螽斯衍慶」典出《詩經．周南．螽斯》，是祈求子孫繁衍之意。

圖片 5.12（左）：墓園入口的牌樓（資料來源：Ho et al, *Conservation Study of Dragon Garden*, Fig.223, p.197）。
圖片 5.13（右）：墓園內的壽堂（資料來源：李韶）。

圖片 5.14（左）：壽堂內的屏風、供桌、及地板的仙鶴圖案（資料來源：李韶）。
圖片 5.15（右）：碑亭內的岑維休《李耀祥先生事畧》碑，碑額書「螽斯衍慶」四字（資料來源：Ho et al, *Conservation Study of Dragon Garden*, Fig.25, p.24）。

（四）龍圃其他亭台樓閣

龍圃南面有六角亭曰「宋亭」，亭後有一幅用馬賽克瓷磚依山坡砌成的壁畫「老子騎鳳凰圖」，兩旁是著名文字學家董作賓以甲骨文書寫的對聯，上聯曰「水秀山明風光大好」，下聯曰「龍盤虎踞氣象之鴻」。董於 1956 至 1958 年任教於崇基學院及珠海書院，[17] 應該在這段期間結識李耀祥，應邀題字相贈。龍圃東南面靠近池塘之處，有一扇子形狀的「知樂亭」，前有六柱支撐，後有矮牆，與北京攝政王府內的「箑亭」，形制類似。[18] 從金禧閣出，向正東方向走，有一小徑引至「獅橋」，該橋由水泥建成，長 5 米，寬 2.4 米，橋面適合步行處寬 1.4 米。形制類似紫禁城內的金水橋。[19] 從金禧閣出，向西北走，會看見「流水花園」，這是利用龍圃西北溪水而建成的河道，內有巨龍塑像，是用啤酒瓶碎片製成的（圖片 5.16、5.17、5.18、5.19）。[20]

圖片 5.16：龍圃南面的宋亭（資料來源：Ho et al, *Conservation Study of Dragon Garden*, Fig.239, p.209）。

17. Ho et al, *Conservation Study of Dragon Garden*, pp.76, 208-209.
18. Ho et al, *Conservation Study of Dragon Garden*, p.212.
19. Ho et al, *Conservation Study of Dragon Garden*, pp.213-214.
20. Ho et al, *Conservation Study of Dragon Garden*, p.213. 又參考李韶提供之資料。

圖片 5.17：龍圃東南面的知樂亭（資料來源：Ho et al, *Conservation Study of Dragon Garden*, Fig.15, p.16）。

圖片 5.18：龍圃正東面的獅橋（資料來源：Ho et al, *Conservation Study of Dragon Garden*, Fig.244, p.214）。

圖片 5.19：龍圃西北面的流水花園及其中用啤酒瓶碎片砌成的巨龍（資料來源：Ho et al, *Conservation Study of Dragon Garden*, Fig.242, p.212）。

三、龍圃的社會史

李耀祥於 1948 年購置龍圃所在的地段，開始營建龍圃。龍圃除了是李耀祥及其家人的別墅之外，也是李耀祥的社交平台。李耀祥經常用龍圃作為其個人的社交活動場所，也出租予其他社會團體及商業機構，並且往往將租場費捐作慈善用途。

例如，1950 年 7 月 9 日下午 4 時至 6 時，李耀祥於龍圃別墅舉行茶會兼游泳會，受邀者為「本港名流士紳暨華商總會現任全體監事常務理事等」。這是個定期的社交活動，類似西方的下午茶會。[21] 李耀祥本人自 1930 年開始已經是華商總會的董事（圖片 5.20）。[22]

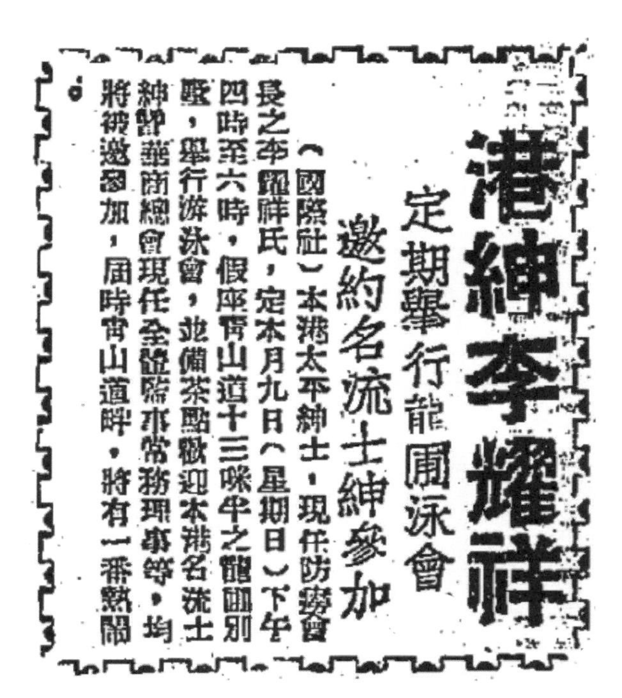

港紳李耀祥
定期舉行龍圃泳會
邀約名流士紳參加

（國際社）本港太平紳士，現任防癆會長之李耀祥氏，定本月九日（星期日）下午四時至六時，假座青山道十三咪半之龍圃別墅，舉行游泳會，並備茶點歡迎本港名流士紳暨華商總會現任全體監事常務理事等，均將被邀參加，屆時青山道畔，將有一番熱鬧

圖片 5.20：李耀祥邀請朋友到龍圃舉行茶會兼游泳會（資料來源：《華僑日報》，1950 年 7 月 3 日，第 2 張第 4 頁）。

21.《華僑日報》，1950 年 7 月 3 日，第 2 張第 4 頁，〈港紳李耀祥定期舉行龍圃泳會，邀約名流士紳參加〉。另參見《香港工商日報》，1950 年 7 月 3 日，第 6 頁，〈李耀祥舉行龍圃泳會〉。

22. 參見本書〈附錄一〉。

龍圃招呼過的各方名流貴賓之中，身份最高者是港督。1953 年 9 月 25 日，港督葛量洪伉儷，新界理民府長官戴斯德，及香港爵紳名流羅文錦、羅文惠、郭贊、周埈年、岑維休夫婦等，應李耀祥之邀，參觀其青龍別墅及龍圃花園，李耀祥伉儷盛情接待，賓主甚歡，《華僑日報》的相關報道還刊登一張港督、李耀祥、郭贊、岑維休四人茶話的照片（圖片 5.21）。[23] 正好一個月前，8 月 25 日，葛量洪巡視九龍地區三所醫療機構，最後一處就是李耀祥以其父親李基名義捐建之九龍城李基紀念醫局，葛量洪對李耀祥捐建醫局之舉，甚為嘉許。[24] 從葛量洪這兩次行程看來，李耀祥經營其社會網絡甚為成功，而葛量洪一月之內兩度探訪與李耀祥相關之地點，也算是給足面子予李耀祥了。

李耀祥祖籍廣東香山縣小欖鎮，因此，龍圃也成為李耀祥聯絡鄉誼之場所。1958 年元旦，李耀祥獲英女皇頒授 C.B.E. 勳銜，受到「僑港欖鎮同鄉會」仝人設宴慶賀。李耀祥作為「僑港欖鎮同鄉會監事長」，為表謝意，遂於是年 6 月 7 日在龍圃設茶會，邀請該會理監事等數十人。《華僑日報》相關報道曰：「龍圃別墅設備精緻，內有亭臺樓閣之勝，及有淡水大泳池，噴水金龍，地方幽雅，花木滿園，誠

總督伉儷暢遊青龍別墅及龍圃
周羅郭官紳名流參加李耀祥伉儷殷誠款待

圖片 5.21：港督葛量洪伉儷 1953 年 9 月 25 日參觀龍圃（資料來源：《華僑日報》，1953 年 9 月 26 日，第 2 張第 1 頁）。

23.《華僑日報》，1953 年 9 月 26 日，第 2 張第 1 頁，〈總督伉儷暢遊青龍別墅及龍圃〉。

24. 1953 年 8 月 25 日，港督葛量洪參觀李基紀念醫局（資料來源：《華僑日報》，1953 年 8 月 26 日，第 2 張第 1 頁，〈港督巡視九龍醫療機構，對各部門設施頗表滿意〉）。詳見本書第四章。

屬炎夏消遣不可多得之地。」嘉賓們遊覽花園，游泳，打球，至下午六時盡興離開。[25]

龍圃也成為中國著名學府的校友聯誼場所。這個可以舉出兩例。第一例，1956年8月25日，上海聖約翰大學香港同學會剛剛當選的會長蔡惠霖，舉辦一場可容納180人的校友聯歡活動，地點正是龍圃，下午3時開始，晚上7時結束，設有茶點、各種遊戲節目、還可以游泳。入場費每位四元，12歲以下小童減半，且有專車在尖沙咀接載參加者往返龍圃。有興趣參加之校友，可在21日下午5點之前，在蔡惠霖之大新公司等四處指定地點購票。[26] 第二例，1961年6月24日，西南聯合大學香港校友會在龍圃舉行郊遊聯歡會，下午2時開始，參加者自行安排交通，自備食物，但龍圃提供茶水及開放游泳池，且安排屈臣氏派員到場出售冷飲（圖片5.22、5.23）。[27]

李耀祥逝世之後，其熱心公益的精神為家人所秉承。1978年，李氏後人開放龍圃予市民參觀，門票一元，收益用諸慈善，此舉大受市民歡迎，參觀人數極多，李氏後人連續舉辦兩年之後，覺得難以應付，遂不再開放予公眾。[28] 雖然如此，香港私人花園別墅而曾經開放予公眾者，除虎豹別墅之外，就只有龍圃了。[29]

龍圃在香港電影史上也留下一段佳話。正如本書第二章指出，李耀祥早於1922年建立景星戲院，是年6月1日開張，翌年3月由英商明達公司（The Hong Kong Amusements Ltd）收購。換言之，李耀祥擁有景星戲院的時間不足九個月。雖然如此，李耀祥先生似乎一直與幻海星塵的電影圈有點緣分，他的龍圃花園，由於建築風格豪華，自然景色美麗，往往成為電影公司取景之對象，例如，1955年12月，著名影星芳艷芬飾演電影《月向那方圓》主角林佩麗，就曾在龍圃取景；[30] 1974年公映之占士邦系列電影《鐵金剛大戰金槍客》（*The Man with the Golden Gun*），曾在龍圃取景，逸亭門口的一對門神畫像，也進入電影鏡頭；李小龍主演之《龍爭虎鬥》，也曾在龍圃取景（圖片5.24、5.25）。[31] 而李耀祥急公好義，也往

25.《香港工商日報》，1974年5月11日，第6頁，〈欖鎮鄉宴賀李文褀李耀祥〉；《華僑日報》，1958年6月8日，第3張第1頁，〈李耀祥伉儷在龍圃別墅招待欖鎮同鄉〉。

26.《華僑日報》，1956年8月17日，第3張第3頁，〈聖約翰同學廿五日在龍圃舉行園遊會〉。

27.《華僑日報》，1961年6月21日，第4張第3頁，〈西南聯大校友會廿四日龍圃聯歡〉。

28. 陳天權：《被遺忘的歷史建築》，頁127。

29. Ho et al, *Conservation Study of Dragon Garden*, p. 125.

30.《華僑日報》，1955年12月13日，第5張第3頁，〈《月向那方圓》芳艷芬飾主角林佩麗〉。另外，據云，芳艷芬「曾是龍圃的鄰居」，見〈李曾超群夫家祖業，爭取保留成古蹟〉，《蘋果日報》，2006年7月5日，https://hk.news.appledaily.com/local/daily/article/20060705/6097030。

31. Ho et al, *Conservation Study of Dragon Garden*, p. 187; 王冠豪：《電影朝聖》（香港：紅投資，2011年10月），頁141；陳天權：《被遺忘的歷史建築》，頁127；林中偉：《建築保育與本土文化》，頁123。

聖約翰同學廿五日
在龍圃舉行園遊會

〔特訊〕上海聖約翰大學同學港會，本屆會長由[illegible]當選，全體執委積極推進會務。廿五下午三至七時，假青龍頭李耀祥氏之「龍圃」別墅舉行園遊聯歡，每位四元，十二歲以下小童減半。秩序豐富，有茶點招待。除各種遊戲外，並可游泳。限一百八十人。是午三時，專車由尖沙咀直開「龍圃」，七時由該地開返。購券處：（一）大新公司[illegible]、（二）眾人行四一九A李迪驥、（三）國民行一〇八宋貴詠、（四）半島酒店一〇鍾鄧端女士。廿一下午五時止售。（未）

，在英京酒家舉行聯歡，公宴顧問謝振有榮陞高級教育官；盧國洪、吳子芳兩同學榮陞官校校長；黃枕[illegible]、劉隨兩同學[illegible]俸榮休。遊藝節目有填字及數字遊戲，獎品由老師張及理監事報効。領席券，可用電話（七三九二〇）向該會總務黃子忠訂約。（松）

圖片 5.22：上海聖約翰大學香港同學會在龍圃舉行聯歡會（資料來源：《華僑日報》，1956 年 8 月 17 日，第 3 張第 3 頁）。

西南聯大校友會
廿四日龍圃聯歡
歡迎校友自行前往參加

（特訊）國立西南聯合大學香港校友會，訂於六月二十四日（星期六）借荃灣李耀祥氏別墅「龍圃」舉行郊遊聯歡會，「龍圃」位十三咪半、十六號巴士可直達，背山綠樹、泳池露台、曲徑迴廊，頗具園林盛景，際茲溽熱蟬鳴，雨破驚風，柳絮輕颺，幾紅未盡之時，宜乎結伴同遊，要亦及時樂之意。

辦法如下：

一、日期：六月二十四日下午二時起。

二、交通：以自行安排爲原則，乘坐巴士者，請在「龍圃」下車。

三、食物自備，茶水免費供應，冷飲由屈臣氏派員代售。

四、小孩游泳，請注意安全。（來）

圖片 5.23：西南聯合大學香港校友會在龍圃舉行郊遊聯歡會（資料來源：《華僑日報》，《華僑日報》，1961 年 6 月 21 日，第 4 張第 3 頁）。

往把電影公司租用龍圃的費用捐作慈善用途。例如，1966 年 10 月，一間名為中央影片公司（Central Cinema Corporation Film Kunst Berlin）的外國電影公司，租借龍圃花園半天作拍戲之用，為此，該公司大概在李耀祥建議下，捐港幣一千元予華僑日報的「救童助學」運動。李耀祥遂於是年 10 月 10 日將這筆錢交予華僑日報社。[32] 1974 年 1 月，美國「和路巴製片有限公司」，借用龍圃花園拍攝外景，大概也是在李耀祥安排之下，把租借費二萬四千元捐予東華三院。李耀祥以租借龍圃予電影公司的收益捐助東華三院，已非第一次。[33] 同年 5 月，英國「義安影片公司」，也借用龍圃拍攝電影，並且應該也是在李耀祥安排下，捐三萬元予東華三院作為建設費之用，捐三千元予荃灣仁濟醫院，捐六千元予華僑日報的「救童助學」運動。[34] 僅以上三例，李耀祥就把合共六萬四千元的龍圃收益捐作慈善用途，其中五萬四千元是捐給東華三院。為何李耀祥獨厚東華三院？原因很明顯，東華三院是他服務最長久、參與最深入的公共慈善組織，詳見本書第三章（圖片 5.26）。

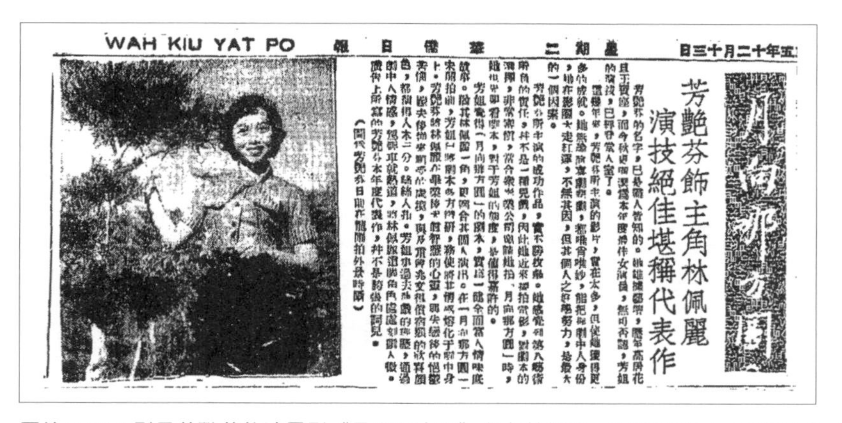

WAH KIU YAT PO 華僑日報 星期二 五年十二月十三日

芳艷芬飾主角林佩麗
演技絕佳堪稱代表作

（圖爲芳艷芬日前在龍圃拍外景時攝）

圖片 5.24：影星芳艷芬飾演電影《月向那方圓》主角林佩麗，在龍圃取景（資料來源：《華僑日報》，1955 年 12 月 13 日，第 5 張第 3 頁）。

32.《華僑日報》，1966 年 10 月 13 日，第 2 張第 3 頁，〈片商借龍圃別墅拍片，捐一千大元救童助學〉。

33.《華僑日報》，1974 年 1 月 16 日，第 3 張第 3 頁，〈李耀祥「龍圃花園」，美製片商借用拍片，捐款助東華三院〉；《香港工商日報》，1974 年 1 月 16 日，第 7 頁，〈借用李耀祥龍圃花園，美製片商捐二萬餘撥充東華三院善款〉。「和路巴製片有限公司」疑即 Warner Bros.，現通譯為「華納兄弟製片公司」。

34.《華僑日報》，1974 年 5 月 14 日，第 3 張第 3 頁，〈英製片商借用龍圃，捐三院建費三萬元〉；《香港工商日報》，1974 年 5 月 14 日，第 6 頁，〈英製片商借用龍圃，捐三院建費三萬元〉；《華僑日報》，1974 年 5 月 22 日，第 2 張第 3 頁，〈龍圃拍片酬移充善舉，李耀祥捐三千元助荃灣仁濟醫院〉；《華僑日報》，1974 年 5 月 23 日，第 2 張第 3 頁，〈龍圃拍片酬移充善舉，李耀祥捐六千助學〉。

圖片 5.25：李韶夫人與占士邦系列電影之《鐵金剛大戰金槍客》男主角羅傑・摩爾（Roger Moore，香港譯作「羅渣摩亞」）合照於龍圃（資料來源：李韶）。

英製片商借用龍圃
捐三院建費三萬元

【本報訊】英國義安影片公司，借用新界青山道十三咪半李耀祥博士之龍圃花園拍攝電影，特樂捐東華三院建設費三萬元。

李博士現為東華三院顧問局委員，早於一九四零年出任三院庚辰年主席，歷任三院醫務預算委員會主席，凡十餘年，奉委為非官守太平紳士，一九五八年獲C・B・E・勳銜，一九六九年又獲香港大學頒授榮譽法學博士學位。李氏秉性仁慈，熱心公益，對三院院務，尤多關懷。

圖片 5.26：在李耀祥安排下，英國製片公司把租用龍圃拍電影的租借費三萬元捐給東華三院（資料來源：《香港工商日報》，1974 年 5 月 14 日，第 6 頁）。

四、小結

龍圃是李耀祥窮二十年之力親手經營監造的私人花園別墅，其中建築形制、裝飾、格調，明顯是模仿紫禁城宮殿台閣。不少人都留意到這一點，因此產生了一些風水傳說。例如，香港演藝界資深工作者兼旅行家朱維德，曾蒙李耀祥批准，帶團遊覽龍圃多次，對於龍圃讚賞有加。但朱維德對於龍圃的解讀，恐怕有些詮釋過當。他用「香港的皇居」來形容龍圃，說李耀祥「生前渴望帝王的生活，着意為自己建一個近似帝王的陵園」，證據是龍圃以「龍」為名，內「有具體而微的昆明湖石舫，有縮水的天安門前的華表，更有一塊完整的萬里長城青磚，可見園主人如何嚮往故宮及皇城風物」，而且龍圃最高處的陵墓正對「馬灣的咸湯門」，有「雄偉瑰麗的牌坊」，彷彿「置身頤和園」。[35] 按，龍圃始建於 1948 年，距辛亥革命推翻帝制已經多年，紫禁城已成「故宮」，中國再無皇帝，作為文字和符號的「龍」也好，作為紫禁城標誌之一的華表也好，作為皇帝御用的頤和園昆明湖也好，也就無所謂「皇氣」可言。不錯，金禧閣閣頂的形制和顏色，閣前的石階，都類似紫禁城的保和殿；逸亭的「正大光明」四字匾額也見於紫禁城乾清宮內，「忠恕堂」的華表也模仿天安門的華表，可見龍圃的設計確實模仿清朝皇宮。但這並不意味着李耀祥想當皇帝，李耀祥先生一生樂善好施，熱心公益，經常把龍圃收益撥歸慈善用途，朱維德本人也正是因為李耀祥之慷慨批准而得以經常帶團參觀龍圃。事實上，龍圃東面，還有臨摹孫中山手書「天下為公」的石碑，[36] 可見龍圃的設計也許更反映李耀祥對中國文化的認同。林中偉也指出，龍圃這種「中國文藝復興式」花園大宅，早在戰前香港已經存在，例如何東花園、虎豹別墅、景賢里。[37] 可見龍圃如此設計佈局，並非李耀祥的獨創，而毋寧說李耀祥是順應當時香港的花園大宅的主流模式而設計龍圃。總之，與其說龍圃是「香港的皇居」，不如說「香港的樂土」。因為皇居不免拒人千里之外，而樂土卻是平易近人的。

另外，還值得一提的是，李耀祥設計龍圃時，雖模仿皇宮形制，但絕不追求奢華，反而力求簡樸、環保，例如用蒸餾水瓶改裝為凳子，用 1958 年拆卸的皇后行的麻石板作為墓園石板，用安樂汽水廠的「薑啤」陶瓶（李耀祥為該汽水廠董事，

35. 朱維德：〈香港的皇居——龍圃〉，載氏著：《舊貌新顏話香江》（香港：明報出版社，1998），頁 4-6。
36. 陳天權：《被遺忘的歷史建築》，頁 128。
37. 林中偉：《建築保育與本土文化》，頁 123。

詳見本書第二章）作為忠恕堂台地的籬笆裝飾物；流水花園的巨龍，由龍圃附近生力啤酒廠的一萬多塊玻璃瓶碎片所造。[38] 早在 1950、1960 年代，李耀祥就把環保意識和建築藝術相結合，可謂開風氣之先。

總之，龍圃是李耀祥窮二十年之力建造的私人花園別墅，建築風格模仿北京故宮殿閣，同時吸收西方建築元素。龍圃是李耀祥的重要社交平台，還是李耀祥先生社會服務和慈善活動的場所。因此，龍圃在香港現代建築史、社會史、電影史上，也有了一席之地。

38. 陳天權：《被遺忘的歷史建築》，頁 129。

結論

作為李耀祥博士的傳記，本書第一章回顧李耀祥的生平；第二章介紹他的商業經營，讓讀者明白他在香港都市衛生歷史上的重要角色；第三章探討李耀祥博士在東華三院的服務；第四章介紹李耀祥博士在防痨會、九龍城區街坊福利會、香港平民屋宇公司的貢獻；第五章介紹李耀祥博士營建龍圃的過程，探討龍圃的社會及慈善功能。限於篇幅，仍有許多值得探討的問題，未能進一步處理。

然而，無論如何，筆者相信，本書已經把李耀祥博士的生平事功大致交代清楚。李耀祥博士把青龍頭一片荒僻山坡營建成世外桃源、人間樂土，猶如辛勤的園丁，而他善於經營商業，勇於回饋社會，終身不懈，亦猶如辛勤的園丁。本書因此以「香港園丁」形容李耀祥博士，向他致敬。

附錄一

岑維休：《李耀祥先生事畧》

李耀祥先生，篤行醇懿，事業顯赫，與維休少年同學，長年共事，相知頗稔。爰記其事略。

先生為吾粵中山縣小欖鎮人。祖父仁榮公，經營棚業；叔祖英帶公，於太平天國動亂期間，以眾望所歸，地方人士，群邀出而維持桑梓。即由順德江尾回鎮小欖，後附從益眾，實行倒清，率師進攻省會。白河潭一役，不幸挫敗，遠走蒼梧，不知所終。仁榮公遂挈眷避居香港。祖母劉老太夫人諱寬，勤儉自持，漸且積資置業。九龍之有市廛屋宇，以油蔴地區為最早。劉老太夫人實經始之。老太夫人育三子，幼者培基公，亦即先生之尊人也，習建築師，於一八九六年創設李基號，經營建築材料，業務日見熾盛，根基亦從此奠矣。

母周太夫人諱五，治家勤篤，相夫有道。先生誕於一八九六年，童齡就讀育才書社，寓上環東街。鄰里多貧苦大眾，耳濡目睹，故熟諳貧民苦況。時當滿清末葉，國事日非。先生深受革命思想薰陶。一九一〇年，毅然離家，赴粵北之新興，糾集同志起義，備嘗艱苦，攻克縣城，為領隊入城之第一人，時年僅十四耳。其後，立志北伐，為家人探悉，促之歸港，勸令繼續求學。以天資聰穎，勤奮過人，獲劍橋大學香港區入學試合格，並得盧押獎學金。一九一三年攻讀香港大學，卓然具領袖材，在班中及宿舍皆被選為學生代表。一九一七年考獲香港大學工科榮譽學士銜，與前東華三院總理陳雲繡之第四女公子月瓊小姐締婚，然猶時懷學業深造之思也。斯時粵省頻年水災，人民備嘗痛苦，先生乃於一九一九年赴美國康奈爾大學研「治河學」專科，冀學成歸國，致其所用。不及一年而丁父艱，遵囑返港，繼承先人遺業。復應香港大學之聘，擔任水利工程科兼職教習，生平事業，亦於是乎始。一九二五年，香港發生罷工風潮，先生即出任威靈頓街及安慶臺自衛團團長，維持公眾治安，躬親其事。一九二六年，得坊眾舉為廣華醫院值理，連任二年。一九二八年，任東華醫院總理。一九二九年，任保良局總理，此局乃香港保護婦孺之最大組織。一九三〇年，任中華總商會會董。

一九四〇年，中日戰事頻仍，難民逃港日眾，東華醫院經費劇增，入不敷出。舊任總理在困難中勉強維持數年，新人無願繼任者。行政局局紳遂促請先生出組東華醫院新任董事局。東華醫院機構，乃香港最大之慈善組織，當時已具七十餘年歷史，設有慈善、醫療、及教育三大部門。慈善部乃救濟貧民、難民、與天然災禍之受害者，如風災、水災、火災等。醫療部當時有三院，計免費病床一千二百張，門診部每年贈診者逾一百萬人。教育部開設數間免費學校，貧童之就學者已逾五千人。先生被舉為主席，接任以後，銳意革新，舉凡院務、醫藥、嘗業、學務、財政、義莊等，莫不悉心擘畫，至今猶為時賢樂道不置。香港學校有空前未有之兩部制，即上下午班，亦由是年東華醫院義校所始創也。同年，先生又任東華醫院醫務委員會、華人慈善會、難民營委員會、華人廟宇委員會、西貢及大嶼山發展委員會委員、香港仔工業學校校董。一九四一年，港督委為太平紳士、香港團防局局紳。是年中日戰爭日亟，香港防務，頓覺吃緊。政府決定將中區德輔道至海旁之一部居民計六萬七千五百人，疏散九龍安置，以便正面防衛，並委派先生為安置委員會主席。其後太平洋戰事爆發，先生於炮火轟炸中，不避艱危，黽勉從事。基於是故，英皇於一九四九年頒賜大英帝國最優勳章第五等（M.B.E.）勛銜，以紀其勞。

香港淪陷，三年有奇。一九四五年光復後，先生又出任華人事務諮詢委員會、香港重光建設委員會、戰時澳門難民貸款委員會等委員，對於戰後撫輯綏靖工作，靡不竭力。復奉派前赴澳洲，購必需物品以資接濟。一九四六年，當局更徵求先生出任立法局議員，工商署長亦邀先生襄理政事，然先生皆婉辭不就，蓋祇欲展其餘緒，為民眾服務而已。其尤足欽佩者，厥為念切痌瘝，博施濟眾。同年，港督復委任為東華三院醫務委員會及東華三院永遠顧問，又被舉為香港防痨會執行委員、英國紅十字會臨時顧問，後再任租務法庭委員、九龍塘學校董事局主席。

一九四八年，任香港民防招募局局長、香港大學堂董事、中華總商會監事、中山僑商會及欖鎮同鄉會監事長、律敦治療養院管理委員年會、香港防痨會董事。一九四九年，任華南洋紙商會、華商貨倉聯會名譽顧問。一九五〇年，任聖約翰救傷委員、[1]九龍城街坊福利會監事長、緊急時期強迫服務委員會委員。

一九五二年，先生目睹九龍城地廣人稠，居民類多貧苦，慨然捐助建築費半數，與政府合作興建「李基紀念醫局」，一以誦念其先德，一以發抒其宏願，利溥群生，誠足稱矣。是年，先生以人口漸增，屋租昂貴，貧民艱於負荷，惻然憂之。因與同志組織香港平民屋宇公司，以不牟利為宗旨，建築廉價屋舍千五百餘幢，後又將一部份屋宇改為七至九層大樓，耗資千餘萬元，收容居民萬餘眾。杜甫廣廈庇寒之願，先生乃實踐之矣。先生之功業，既與歲月而俱增；先生之聲華，亦隨歲月而並茂。不獨南州冠冕，眾望所歸，而當軸層憲，亦深資依畀。一九五二年，以積功日偉，英皇頒賜大英帝國最優勳章第四等（O.B.E.）勛銜，是年又榮獲英女皇加冕紀念章。從一九五二年迄今，李先生任元朗博愛醫院名譽顧問。戰後一九四六年，香港大學復課時，祗復設土木工程系，而原有機器及電力工程系尚付缺如。據一九五二年香港大學調查報告書指出，土木工程系之學生，每年僅有兩名獲得出路，曾懷疑應否續辦，故於一九五四年，香港大學成立「工程教育委員會」，徹底研究此項問題。當時李先生被選舉為委員之一，如戰前焉。該三系成績，現已蒸蒸日上，至一九六六年，學生已逾二百名矣。

先生於一九五四年任九龍城街坊福利會名譽會長。一九五一至五四年，任香港政府內地稅評議委員。一九五五年，被選為中華總商會名譽顧問、香港租務法庭委員。先生雖公私駢集，而措置裕如，謂非有過人之智勇，安能臻此！

一九五五年，九龍城區街坊福利會因鑒於貧苦兒童日眾，學位缺乏，籌建義學，推舉先生為義校建築及籌款委員會主席。登高一呼，善款瞬集。迨義校於一九五八年建成，坊眾復推舉先生為九龍城街坊福利會義學董事會主席。一九五六年，任葛量洪醫院建築委員會委員。一九五七年，任羈留諮詢委員會及暴動補恤委員會等委員。以先生公爾忘私，數十年不懈如此，則紀績酬庸，事有必至矣。一九五八年，英女皇陛下頒賜大英帝國最優勳章第三等（C.B.E.）勛銜，重任香港大學校董。一九六一年，香港大學慶祝金禧紀念時，李先生曾捐永久助學金予工程系之無力繼讀第四年級者、或工程系畢業生無力深造者。同年，又被委為香港政府醫務諮詢委員會委員，舉凡香港重要醫務決策，皆由此會審核。

一九六三年，任社會救濟信託基金委員會委員（此會乃救濟香港居民一切天災橫禍之應予救濟者），香港大學同學會副會長，香港中文大學臨時校董會會董，籌備該大學一切成立事宜。迨大學正式成立後，又委為財政委員會委員。

1. 疑「救傷委員」為「救傷隊委員」之誤。

先生之任香港防癆會工作，早已卓著。如一九四六年被舉為該會執行委員，一九四八年被舉為董事，一九六二年被選為該會副主席。計先生任香港防癆會執行委員及董事，一九四六年至一九六三年凡十七年，對於香港防癆會、律敦治療養院、葛量洪醫院、及傅麗儀休養院之籌備管理及建築等工作，多所建樹。

又於一九二六年至一九六七年間，斷續參加東華三院，管理事務凡二十九年，或為值理，或為總理，或為董事局主席，或為永遠顧問，或為醫務委員會委員。在二十二年間（一九四〇年及一九四六年至一九六七年），李先生任醫學委員會委員，並被選為該會預算小組委員會主席。此小組委員會之工作，乃審核過往一年之成績，而策劃來年之興革事宜，篇纂[2]決算書，衡量當年收支概況。不敷之數，如經醫務委員會通過後，呈請政府補助。計不敷之數，已由一九四〇年度之三十九萬九千元，增至一九六七年至六八年度幾達二千八百萬元。

在一九四〇年時，東華三院每年經費僅七十萬元，惟在一九六七至六八年度，已增逾三千萬元。在一九四〇年至四一年時，東華三院衹有病床一千二百張，迨一九六七至六八年度，東華已擴展至五院，共計病床三千五百張矣。由此觀之，醫院業務之蓬勃，概可想見。

至於在商業上，李先生為下列商號之創辦人及獨資經營者：[3]

李耀記建築用品行
耀興洋紙行
耀中機器廠
耀昌出入口行（廣州）
耀華運輸公司
耀民染紙廠
世界洋行出入口行（香港）
世界置業有限公司（投資）
耀中置業有限公司（物業）
青龍置業有限公司（地產）
景星電影院

李耀記及耀昌行，在廣州、佛山、汕頭、昆明各地皆設有分店。至於合資經營、而李先生兼任董事或董事局主席者，則有下列各行：

2. 原文作「篇纂」，當為「編纂」之誤。
3. 以下商號名單，個別有重複者。

大豐工業原料有限公司

新樂風有限公司（唱片）

香港娛樂有限公司（在香港及中國之電影院）

高陞戲院（舞台劇）

西院（電影院）

迄今一九七六年，李先生任職於下列各行，計：

任總理及董事局主席者：

世界洋行有限公司

世界置業有限公司

安樂汽水有限公司

任董事局主席者：

李耀記有限公司

裕泰針織有限公司

裕南紗業有限公司

青龍置業有限公司

耀中置業有限公司

任董事者：

華僑日報

麒麟有限公司（船務）

淺水灣興業有限公司

任副主席者：

香港平民屋宇有限公司（非牟利組織）

先生既有聲於時，仍不憚煩勞，凡於地方福利有所裨助者，皆樂任之，精神健旺，身心康泰，事業前途，正未有艾也。

夫人陳月瓊女士，溫良恭儉，持家有方，生五男二女。長公子寶，美國波士頓大學卒業，領有工商管理學士銜，戰時在美肄業，缺乏救濟，備嘗艱苦。一九四九年，曾任保良局總理，現任世界置業有限公司董事兼經理，世界洋行有限公司、李耀記有限公司、耀中置業有限公司、青龍置業有限公司、道亨銀行有限公司、永安銀行有限公司等董事。港督委為政府彩票委員會文員，又奉委為租務法庭委員。

次公子明，香港大學肄業，後轉美國麻省大學，於一九四三年獲工科學士銜，再入哈佛大學深造，於一九四四年獲工科碩士銜。又在伊連諾大學，初任土木工程系畢業生研究助理，後為第三學期生。研究完畢，於一九四七年獲工科博士銜，當留學美國時，曾被選為下列五所榮譽會社之會員：「適馬十一」、「特他奧米加」、「派嘉巴派」、「梅新」、及「派梅甲士倫」。回港後，於一九四八年，曾任香港大學「水力工程」講師，現任李耀記有限公司、耀中置業有限公司總經理，世界置業有限公司、世界洋行有限公司、青龍置業有限公司、租務法庭委員。於一九七六年，被委為建築工業訓練委員會委員。

三公子循，獲依連諾大學陶瓷工科學士銜，嘉林謨榮譽學會會員，現任世界洋行有限公司經理，獨資創設竟成陶瓷廠，及九龍礦務有限公司總經理。

四公子謙，獲美國波士頓大學商科學士銜，曾赴倫敦經濟大學深造，現任世界置業有限公司、世界洋行有限公司、李耀記有限公司、耀中置業有限公司、青龍置業有限公司董事。

五公子韶，獲美國加省大學工科學士銜。深造後，獲化學工程碩士銜，後在香港崇基書院，及美國北奧艾號大學化學系擔任教習數年，後復深造於耶魯大學，考得化學碩士。於一九六六年，又考得化學博士。現在美國 Du Pont De Nemours & Co. Inc. 研究系受職。

長女公子潔瑤，畢業於美國松廈學院，復在新英格倫音樂學院畢業，於一九六七至六八年度，被舉為保良局女局紳，適程君福 [金喜]。程君乃勞威爾工學院工科學士，現創辦裕泰針織廠有限公司、裕南紗業有限公司，任董事兼總經理，世界洋行有限公司董事，麒麟船務有限公司執行副主席。

次女公子潔琨，加省米路士大學學士，後轉哥林比亞大學深造，獲教育系碩士銜，適黃君榮越。黃君乃哥林比亞大學工科碩士，現在美國任工程師。

蘭玉滿階，箕裘克紹，且皆能各自樹立。此豈非所謂盛德福大，積厚流光者耶？其必享無窮之庥，可預卜矣。

一九六七年十一月一日

李耀祥先生略歷年表

學位

一九一三年　獲盧押學位。

教育

一九一七年　獲香港大學工科學士（榮銜）

一九一九年至二〇年　深造於美國康耐爾大學研究「治河學」及「潔淨工程」專科。

榮譽

一九四九年　榮獲英皇佐治六世陛下頒賜大英帝國最優勳章第五等（M.B.E.）勛銜。

一九五二年　榮獲英女皇伊利沙伯二世陛下頒賜加冕紀念章，同年又榮獲英女皇伊利沙伯二世陛下頒賜大英帝國最優勳章第四等（O.B.E.）勛銜。

一九五八年　榮獲英女皇伊利沙伯二世陛下頒賜大英帝國最優勳章第三等（C.B.E.）勛銜。

公共事業

一九二五年　任威靈頓街及安慶台自衛團團長

一九二六年及二七年　任廣華醫院總理

一九二八年　任東華醫院總理

一九二九年　任保良局總理

一九三〇年　任華商總會會董

一九四〇年　任東華三院董事會主席

東華三院醫務委員會委員

華人慈善基金委員會委員

難民營委員會委員

華人廟宇委員會委員

西貢及大嶼山發展委員會委員

香港仔工業學校校董

一九四一年　任太平紳士

香港團防局局紳

港九移民福利委員會主席

一九四五年　任香港重光建設委員會委員

任澳洲購置物資委員會委員

一九四六年　英國紅十字會臨時顧問

任東華三院永遠顧問

一九四六至五〇年　任租務法庭委員

一九四六年至今　復任東華三院醫務委員會委員

一九四七年　任九龍塘學校董事局主席

任中正中學管理委員會委員

香港防癆會執行委員

一九四八至六一年　香港大學堂董事

一九四八年　任中山僑商會監事長

律敦治療養院管理局委員

香港中華總商會監事會委員

鎮欖同鄉會監事長[4]

一九四八至六五年　香港防癆會董事

一九四八至六六年　香港政府民防部緊急召募處主任

一九四九至五二年　香港政府華人事務諮詢委員會委員

一九四九年　香港五金商業總會名譽顧問

華商貨倉聯合會名譽顧問

一九五〇年　聖約翰救傷隊委員

4. 疑為「欖鎮」。

樂善堂慈善委員會委員

軍事強迫服務委員會委員

一九五〇至六〇年　九龍城街坊福利會監事會主席

一九五一至五四年　香港政府內地稅評議會委員

一九五二年　香港平民屋宇公司副主席

一九五二年至今　任元朗博愛醫院名譽顧問

一九五三年　任李氏宗親會名譽會長

一九五四至五六年　任九龍城街坊會名譽會長

一九五四年　香港大學工程系教育委員會委員

一九五五年至今　任香港中華總商會名譽顧問

一九五六年　九龍城街坊福利會義校建築委員會及籌款委員會主席

葛量洪醫院建築委員會委員

一九五七至六〇年　任羈留諮詢委員會委員

一九五七年　任暴動補恤委員會委員

一九五八年　香港中文大學籌備委員會委員

復任香港大學董事

一九五八至六〇年　任九龍城街坊福利會諮詢委員會委員

一九六一年至今　任香港政府醫務諮詢委員會委員

香港大學永遠董事

一九六三年　任香港大學同學會副會長

一九六三年至今　任香港社會信託救濟基金委員會委員

一九六三年　任香港中文大學臨時校董會會董

一九六四至六六年　任香港中文大學財務委員會委員

一九六七年十一月一日記

附錄二

1941 年香港商業通覽《百年商業》對於李耀祥先生的記載

李先生耀祥，廣東中山縣人也，為已故港股商李公培基之公子。少年英俊，志抱不凡，且天資聰慧，故年方弱冠，即已考獲香港大學土木工程學士榮銜，再於一九一九年赴美康奈爾大學研究治河工程。於一九二一年返港，任香港大學實習水利學教習。先生於是本其所學，黽勉從事，盡量灌輸，由是栽成後進不鮮。致力社團公益，尤不稍懈。一九二五年出任威靈頓街自衛團團長；一九二六年至一九二七年，連任香港廣華醫院總理；一九二八年轉任東華醫院總理；一九二九年任保良局總理；一九四零年任東華醫院董事會主席及主任總理。其由港府之委任也，則有東華醫院醫務委員會委員、難民營委員會委員、華人慈善款委員會委員、廟宇委員會委員、及移民委員會市場組組長。此外先生獨資經營之商業，計其犖犖大者，則有耀興行洋紙號、世界入口洋行、耀中機器廠、耀民染紙場、李耀記洋磁五金號。其任商業董事也，則有天和央行、安樂汽水房、大豐工業原料公司。或兼總理、或任司庫，均能調度有方，億則屢中，為商界中之穩健份子。論者謂能不墜世業云。先生淑配陳姓，小字韻嫺，系出名門，能相夫訓子，現育子女七人，於教育各有深造。長子留學美洲，次子在香港大學習工科。其餘則尚在中小學教育中，即是亦足以見賢母訓子之有方也。

資料來源：陳大同、陳文元編輯：《百年商業》（香港：光明文化事業公司，1941），頁 22。

附錄三

我們記憶中的李耀祥
李韶博士、李韶夫人訪問錄

時間：2009年10月30日（星期五）下午4時30分至6時30分

地點：香港中環干諾道中62-63號21樓

按：2009年10月30日星期五黃昏，筆者拜訪了李韶博士及李韶夫人，在他們的辦公室談了約兩小時，請他們為筆者講述李耀祥博士的生平事功，期間李韶博士還數度落淚。以下這篇文字整理稿，大致按照時間順序展開，不刻意劃分章節，也不刻意區別哪段是李韶博士所說、哪段是李韶夫人所說。庶幾保留他們閒話家常、娓娓道來的口氣及神韻，也展現他們對於李耀祥博士的尊重與追思之情。

***

父親與母親1917年結婚，一共生了七個小孩，我排行第六。我記得家裏的傭工曾經有十一名之多，算是個大家庭。當時我們住在九龍太子道230號的一幢大宅，直到1960年才把這幢大宅賣掉。

我印象中的父親，是個很有威嚴的人，工作態度很認真，似乎總是站立着講話，好像一位紀律嚴明的軍人。母親很慈祥，照顧父親與兒女，不遺餘力。我記得凡是父親出行，母親總會為他收拾行李。至於為家人預備膳食，照顧生活，則更是

李韶博士及夫人。

不在話下。我記得我認識太太，開始拍拖之後，尚未結婚，有一次與她一同見父親，父親在我們面前大讚母親勤儉、持家有道，儼然有訓示媳婦的意思。結果亦沒有錯，我的這位女朋友也的確成了我的太太、我父親的媳婦。

父親由於工作忙碌，往往很晚才回家，因此一家吃晚飯的時間也比較晚，有時候晚上九時才正式開飯。記得有一次，我一邊等一邊打瞌睡，一不小心竟把飯碗碰跌到地板上了！我們吃飯時都是很安靜的，不敢發出聲音，這可說是父母親管教嚴格之一面。即使到了戰後，兒女都紛紛成家立室，大哥大嫂、二哥二嫂等往往於星期天回家吃飯時，大家仍然小心翼翼，媳婦們幾乎不吭一聲。

父親很少對我說他自己的事情，也許因為我年紀太小，不懂事。他雖然充滿威嚴，但對兒女及家人卻絕不苛刻，反而是充滿關愛的。我記得工人常常帶我到父親的辦公室探望父親，玩耍。有一次在汽車內等候父親，但父親大概遇上甚麼急事，無法立即動身，結果我等了整整一小時。

父親很重視兒女的教育，對中英文都很關注，若我們背誦課文正確，父親會賞我們幾個錢作為獎勵。我相信許多家長都注重兒女的語文教育。不過，父親對我們的數學科尤其注重，相對於其他家長來說，也許就有點不尋常了。記得他還親自教過我有關平方的知識。但話又說回來，父親重視的是我們是否真正掌握知識，對於我們的成績，他並不太在意。

***

1941 年 12 月，日軍攻佔香港，開始了三年零八個月的日據時代。我對這段歲月頗有印象。記得日軍侵略前夕，香港政府委派父親把港島區一部分人口轉移到九龍半島，但徒有指令，卻沒有提供任何資源。父親一力承擔，毫無怨言。母親勸阻也勸阻不來。戰事爆發，父母親開始部署走難，為每名兒女準備好一個筲箕，內裝有各種衣服、食物，並寫上兒女的名字，以資識別。氣氛凝重緊張，我年紀雖小，也感到害怕。父母親還把許多首飾沉入大宅花園內的水井，但戰後回來打撈，卻一件都找不到了。

對於日軍侵略香港戰役的爆發，我記得這樣一幕。有一天我們正在吃早飯，忽然聽見遠處傳來的連串爆炸聲音，街上行人四處亂跑。過了不久，我看到有人流着血經過我們大宅門口。大家於是意識到戰爭爆發了。至於遠處傳來的連串爆炸聲音，後來才知道是日軍空軍轟炸啟德機場。

日軍佔領香港之後，我們在太子道的大宅被日軍徵用，我還記得當時有一隊日本兵開進大宅，勒令我們搬走。這大宅成為了一位日本軍官的官邸，此人好像姓矢崎，軍銜好像是少將。日軍對於西裝很感興趣。他們徵用我們大宅時，最初把我們的衣櫃貼上封條，但翌日就老實不客氣撕下封條，自行把衣櫃內的西裝和衣服拿走了。

我們的大宅位於窩打老道和界限街交界。日軍徵用大宅，勒令我們搬走。我們一家大小人口頗多，行李也不少，當時戰事剛告結束，市面還很不安寧，在這個時候搬家，本來很令人頭疼。幸好我的姨媽就住在隔壁即太子道 232 號，因此暫時搬到姨媽家中。後來也許不想和日軍住得太近，等到市面稍為安寧時，就再搬到漢口道的親戚家中。

日軍為方便管治，鼓勵香港市民離開香港。當時不少人因此從香港遷移到廣州、澳門，或者廣東其他各地。父親幾經盤算，決定把家人搬到廣州，自己則留在香港。蓋當時父親在廣州和香港兩地都有店舖，早在二次大戰爆發前，父親就經常往返廣州。我們也曾經一度從廣州搬到澳門，在澳門租了房子居住。在這種動盪不安的局勢中，我自己雖然繼續讀書，不至於荒廢學業，但學校倒也換過幾間。我記得是在培正讀高一，在澳門的嶺南學院讀高二，並在廣州的嶺南學院讀高三。直到 1952 年，才搬回香港。

***

踏入 1950 年代，這時日本早已投降，二次大戰已經結束，中國內戰也剛剛結束，中華人民共和國剛剛成立。香港經濟逐漸恢復，父親的事業也有進一步發展。不僅從事原有的業務，也擴展新業務，例如參與 78RPM 唱片之開發等等。

我記得大概就是從 1948 年開始，父親展開了他的龍圃經營計劃，至 1967 年龍圃內的金禧閣落成為止，前後花了二十年的光陰。龍圃的佈局及主要建築物的設計，是朱彬先生的手筆。朱彬先生是著名建築設計師，留學美國賓夕凡尼亞州，北京故宮的修復，就是他的功勞。父親延請朱彬先生設計龍圃，足見父親對於龍圃的重視。父親經營龍圃之舉，實非心血來潮，他一直很喜歡花園，也許因為戰爭結束，局勢平穩，再加上自己事業有成，所以就開始實現自己生平的理想樂園。在相當長的一段時間裏，父親平日則早出晚歸工作，週五在家中吃完晚飯後，就由司機開車送到龍圃，在現場策劃指揮龍圃工程，禮拜天下午才回家。翌日一早，又如常上班。龍圃修建成一定規模後，父親也常帶我到龍圃遊玩。

父親經營龍圃，不遺餘力，花園內一草一木、一磚一瓦都可以說凝聚了他的熱情和藝術才華。例如，他用彩色玻璃瓶的碎片來裝飾花園內小徑兩旁的階砌，這並不豪華，但卻別出心裁。龍圃內也留下一些名人翰墨，例如周壽臣於 1955 年為龍圃題上「逸亭」二字，送給父親，今尚存於龍圃。父親還把孫中山先生書寫的「天下為公」四字刻在龍圃內，以示對於孫中山先生的尊敬。

龍圃由於依山而建，地形變化甚大，又順着原有的天然溪流建造池塘，種植荷花，亭台樓閣，穿插其間，既充分體現傳統中國園林和日本園林的設計原則，也可以說符合今天的環保概念，裏面還種有不少羅漢松。所以龍圃成了一時名勝。父親往往於週末在龍圃舉行宴會，招呼各方親友，期間提供的糕點，是從半島酒店直接遞送過來的。記得當時負責遞送糕點的那位小夥子，後來成了著名餐廳的經理。另外，著名電影占士邦系列的其中一部 *The Man with the Golden Gun* (香港譯為《鐵金剛大戰金槍客》)，也在龍圃取景，我太太也與這部電影主角的男羅渣 • 摩亞（Roger Moore）一同在龍圃拍照留念。這與父親經營電影業也有一定關係。

父親非常珍惜龍圃。記得我們女兒四歲生日，我太太請求父親准許我們在龍圃招呼親友、開個生日會。父親考慮了兩週才答應。我們感到非常高興和榮幸，特意拍下生日會照片以資紀念。父母親也常到龍圃遊玩休憩，我們還保留了一張二老在龍圃的合照。

父親雖然非常珍惜龍圃，但熱心公益是他一向的本色。龍圃於 1968 年全面竣工後，父親嘗試把龍圃開放給公眾。其中一步，是把龍圃內 25 尺長的游泳池借給附近學校，以便學生游泳，鍛煉身體。前任民政事務局局長何志平先生，就表示自己曾經在這個游泳池游泳。可見，父親並不把龍圃視為所謂「私人重地」，心中還是時時想到公眾利益。

***

說到公眾，父親在社會服務、公益慈善方面的努力與貢獻，最令我欽佩不已。早於二十年代省港大罷工期間，父親就已經擔任威靈頓街及安慶台自衛團的領袖。日軍侵略香港前夕，又臨危受命，協助防衛香港，已如前述。戰後，香港政府經常邀請他參加各種公益事業，他從不推卻。我記得他曾經出席香港政府的「星期五俱樂部」，這是香港政府逢星期五舉行的午餐例會，官員通過這個場合，與香港各界代表會面，掌握輿論民情，瞭解社會問題。五、六十年代期間，香港市民生活相當困苦，許多人病了，看不起醫生，住不起醫院。因此東華三院的醫療服務，對於當時的基層市民來說，是極為寶貴而迫切的社會資源。戰後香港政府迅速增撥津貼予東華三院，例如，1967 年香港政府撥給東華三院的津貼金額，按名義金額計算，為 1940 年的 70 倍！因此，東華三院的組織與規模迅速擴大，工作之繁重，可想而知。父親也十分明白東華三院工作的重要性，因此對於東華三院醫務委員會的工作，全力以赴。

父親在東華三院參加醫務委員會擔任委員期間，事務繁多，他從不推卻。他花了很大力氣來糾正東華三院內的各種不正之風。例如，當時醫院看護往往向病人索取小費，病人也往往「自動自覺」送小費予看護；工作中的裙帶關係和人情色彩也非常濃烈。應該說，當時人對於這些現象見怪不怪，但父親卻提倡廉潔、反對貪污、講究效率。他明令醫院看護不得向病人索取小費，也盡量杜絕工作中的裙帶關係。父親並不徒托空言，他採用現代會計制度的「複式記錄」方法，認真盤查醫院資產，精確到連醫院擁有多少根雞毛掃、耗用多少斤柴火都查得一清二楚。至於病床的管理，例如收費、衛生、登記等等，父親尤其重視。

如果把戰前戰後父親在東華三院的服務時間合起來計算，則父親為東華三院效力，總共長達 29 年，充分實踐企業家的社會責任！有關父親因服務公益而獲得的各項獎狀、勳銜，岑維休先生撰寫的父親傳記內已經大致交代了。我要補充的有一項：父親於 1969 年獲得香港大學頒授榮譽法學博士學位（LLD）。這與父親是香港大學校董也有一定關係。

父親與香港中文大學也有一段緣分。五十年代末，香港政府有意成立中文大學，成立中文大學籌備委員會委員，委託一批社會賢達商榷具體方案，父親是委員之一。其中一項任務，是就大學的地點提出方案。為此，父親親自攀山涉水，到各處勘探地形，建議在馬料水一片山坡上建校。這也就是現在香港中文大學的校址。中文大學正式成立後，父親也成為校董之一，又擔任中大財務委員會委員。

***

綜觀父親一生，經歷了十九世紀末至二十世紀中國最動盪不安的歲月。二次大戰結束後，中國隨即爆發內戰，大量內地民眾為逃避戰亂，移居香港，1949 年前後湧入香港的內地民眾凡一百多萬，對於香港社會帶來巨大挑戰，也帶來大量人力資源。香港經歷五、六十年代的社會動亂後，逐漸培養出一種尊重法治、崇尚廉潔、講究效率的文化。無論就香港本身而言還是就中國社會而言，說這是移風易俗，並不誇張。香港的成功秘訣、「香港傳奇」的核心價值、香港民眾引以為榮的，也就是這種新文化。而父親從 1948 年開始經營龍圃，經之營之，不懈不怠，歷二十年而大功告成，把一片窮山惡水、荒巖野嶺改建為世外桃源、人間樂土，既與香港社會的發展同步，難道不也可以說是「香港傳奇」的一個隱喻嗎？今日重訪龍圃，不僅讓我們感受到父母親及他們那一代人所經歷的艱辛、所付出的努力、所取得的成就，也感受到中國歷史的巨大動力。

參考書目

凡例

1. 本參考書目依照台灣《漢學研究》格式編纂，但稍有更易。
2. 本書所有港英政府 1941 年以前公文，除特別註明外，均來自香港大學圖書館 Hong Kong Government Reports Online (1842-1941) http://sunzi.lib.hku.hk/hkgro/index.jsp
3. 本書所有報紙圖片，除特別註明外，均來自香港公共圖書館「香港舊報紙」電子文庫 https://mmis.hkpl.gov.hk/zh/old-hk-collection
4. 東華三院名稱，或作「東華三院」，或作「香港東華三院」，為易於檢索，在本書目內統一作「東華三院」。

中文史料及論著

丁新豹 2010《善與人同：與香港同步成長的東華三院（1870-1997）》，香港：三聯書店（香港）有限公司。

九龍各區街坊會聯合製麵廠編 1965《九龍各區街坊會聯合製麵廠特刊》。

九龍城區街坊福利會 1951 年 3 月 1 日《九龍城區街坊福利會第二屆徵求會員特刊》，香港：該會。

九龍城區街坊福利會 1975年4月17日《九龍城區街坊福利會銀禧紀念特刊》，香港：該會。

九龍城砦街坊福利事業促進委員會編 1967年5月1日《九龍城砦街坊福利事業促進委員會成立四週年紀念特刊》，香港：該會。

小林英夫、柴田善雅著，田泉、李璽、魏育芳譯 2016《日本軍政下的香港》，香港：商務印書館（香港）有限公司。

工商日報編輯部編 1934《香港華資工廠調查錄》，香港：工商日報營業部。

王子騫 1962〈辛亥廣州之役前黨人在日本購運軍火的經過〉，載中國人民政治協商會議全國委員會文史資料研究會編，《辛亥革命回憶錄》第一集，北京：中華書局。

王冠豪 2011《電影朝聖》，香港：紅投資。

失名等撰，《大唐傳載．優選鼓吹．中朝故事》，中國文學參考資料叢書，北京：中華書局，1958。

朱維德 1998《舊貌新顏話香江》，香港：明報出版社。

何佩然編著 2009《源與流：東華醫院的創立與演進》，東華三院檔案資料彙編系列之一，香港：三聯書店（香港）有限公司。

—— 2009《施與受：從濟急到定期服務》，東華三院檔案資料彙編系列之二，香港：三聯書店（香港）有限公司。

—— 2010《破與立：東華三院制度的演變》，東華三院檔案資料彙編系列之四，香港：三聯書店（香港）有限公司。

—— 2010《傳與承：慈善服務融入社區》，東華三院檔案資料彙編系列之五，香港：三聯書店（香港）有限公司。

余新忠 2014《清代江南的瘟疫與社會——一項醫療社會史的研究》，北京：北京師範大學出版社。

岑維休 1967年《李耀祥先生事畧》。

李金強 2002《自立與關懷：香港浸信教會百年史，1901-2001》，香港：商務印書館（香港）有限公司。

—— 2009《福源潮汕澤香江：基督潮人生命堂百年史述，1909-2009》，香港：商務印書館（香港）有限公司。

李樹芬、李樹培編纂，吳天墀記述 1926《肺痨防治大要》。

李耀祥等參訂 1940《備用藥方彙選》，香港：東華三院，藏香港中文大學圖書館。

邢福增 2002《願你的國降臨：戰後香港「基督教新村」的個案研究》，香港：建道神學院。
冼玉儀、劉潤和合編 2006《益善行道：東華三院135周年紀念專題文集》，香港：三聯書店（香港）有限公司。
周樹佳 2001《香港名穴掌故鈎沉》，香港：次文化堂。
東華三院 1941年6月4日《一千九百四十年歲次庚辰香港東華醫院廣華醫院東華東院院務報告書》，香港：東華三院，藏東華三院文物館。
東華三院 2000《東華三院一百三十年》，香港：東華三院。
東華三院百年史略編纂委員會編 1970《東華三院百年史略》，香港：東華三院庚戌年董事局。
東華三院發展史編纂委員會編 1961年2月《香港東華三院發展史》，香港：東華三院庚子年董事局。
東華三院檔案及歷史文化辦公室編 2016《胞與為懷：東華三院文物館牌匾對聯圖錄》，香港：中華書局（香港）有限公司。
林中偉 2015《建築保育與本土文化》，香港：中華書局（香港）有限公司。
香港房屋協會 2018《香港房屋協會70週年》，香港：香港房屋協會。
香港街坊英國訪問團 1971《香港街坊英國訪問團1971》，香港：該團。
香港街坊會首長星馬考察團訪問實錄，香港：該團，1979。
張慧真、孔強生 2005《從十一萬到三千：淪陷時期香港教育口述歷史》，香港：牛津大學出版社。
張鎛 1994《我的建築創作道路》，北京：中國建築工業出版社。
《第五屆街坊節特刊》，香港，1958年10月23日。
莊玉惜 2018《有廁出租——政商共謀的殖民都市管治（1860-1920）》，香港：商務印書館（香港）有限公司。
郭廷以 1987《近代中國史綱》，香港：中文大學出版社。
陳大同 1951《港九各區街坊福利會福利年鑒》，香港：中國新聞社。
陳大同、陳文元編 1941《百年商業》，香港：光明文化事業。
陳天權 2014《被遺忘的歷史建築》，香港：明報出版社。
陳淑華、王嘉珩、楊國輝、龍圃慈善基金 2011年9月《香港文物保育時間廊》，香港：該基金，2011年9月。
曾向榮 2003〈香港華人傑出信徒研究——林子豐（1892-1971）〉，香港浸會大學歷史學文學士（榮譽）學位課程畢業論文。http://libproject.hkbu.edu.hk/trsimage/hp/00003115.pdf。

港九二十八區街坊福利研究會 1971《街坊代表團英美訪問記》。

楊汝萬、王家英編 2003《香港公營房屋五十年》，香港：香港房屋委員會。

葉漢明編著 2009《東華義莊與寰球慈善網絡：檔案文獻資料的印證與啟示》，東華三院檔案資料彙編系列之三，香港：三聯書店（香港）有限公司。

劉智鵬、周家建 2009《吞聲忍語：日治時期香港人的集體回憶》，香港：中華書局（香港）有限公司。

鄭宏泰、周振威 2006《香港大老：周壽臣》，香港：三聯書店（香港）有限公司。

鄭宏泰、黃紹倫 2007《香港大老：何東》，香港：三聯書店（香港）有限公司。

—— 2008《香港將軍：何世禮》，香港：三聯書店（香港）有限公司。

—— 2010《何家女子：三代婦女傳奇》，香港：三聯書店（香港）有限公司。

—— 2011《一代煙王：利希慎》，香港：三聯書店（香港）有限公司。

—— 2012《香港赤子：利銘澤》，香港：三聯書店（香港）有限公司。

鄭寶鴻 2014《幾許風雨：香港早期社會影像，1911-1950》，香港：商務印書館（香港）有限公司。

賴德霖主編，王浩娛、袁雪平、司春娟編 2006《近代哲匠錄：中國近代重要建築師、建築事務所名錄》，北京：中國水利水電出版社、知識產權出版社。

鄺智文 2015《重光之路：日據香港與太平洋戰爭》，香港：天地圖書。

英文史料及研究論著

Castells, Manuel, Lee. Goh and R.Yin-Wang Kwok. 1990. *The Shek Kip Mei Syndrome: Economic Development and Public Housing in Hong Kong and Singapore*. London: Pion Ltd.

Chairman of Urban Council Barnett's Memorandum to Chief Secretary: Hong Kong Settlers Housing Corporation", 19th May, 1952, in "The Hong Kong Settlers Housing Corporation Ltd.", Hong Kong Public Record Office #HKRS115-1-76.

Chee, L. and MFE Seng (成美芬). 2017. "Dwelling in Asia: translations between dwelling, housing and domesticity ",*Journal of Architecture*, Vol. 22, No.6, pp.993-1000.

Crook, Tom. 2016. *Governing Systems: Modernity and the Making of Public Health in England, 1830–1910*. Berkeley Series in British Studies, Berkeley: University of California Press.

Endacott, G. B. 2005. *A Biographical Sketch-Book of Early Hong Kong.*Hong Kong: Hong Kong University Press (first published in 1962).

Faure, David. *Colonialism and the Hong Kong Mentality*. Hong Kong: Centre of Asia Studies, Hong Kong University Press.

Ho, Puay-peng, Leung Yuen Sang, Kenward Consulting, Ken Nicolson *et al.* 2007. *Conservation Study of Dragon Garden at Tsing Lung Tau* (unpublished research report, Hong Kong: Chinese Heritage Architecture Unit, Department of Architecture, Chinese University of Hong Kong.

Hong Kong Administrative Reports 1933, Appendix Q. "Report of the director of public works for the year 1933".

Hong Kong Administrative Reports 1934, Appendix Q. "Report of the director of public works for the year 1933".

Hong Kong Administrative Reports 1936, Appendix O. "Report of the Director of Education for the year 1936".

Hong Kong Statistics 1947-1967, Hong Kong: Census and Statistics Department, 1969.

Ingrams, Harold. 1952. *Hong Kong*. London: Her Majesty's Stationery Office.

King, Ambrose Y. C. 1973. *The Administrative Absorption of Politics in Hong Kong, with Special Emphasis on the City District Officer Scheme* (Hong Kong: Social Research Centre, Chinese University of Hong Kong, 1973).

"The Kowloon and Tsun Wan Riot", Foreign Office archives FO371/127301, The National Archives, Kew, United Kingdom.

Lam Chung Wai Tony 林中偉 2006 "From British Colonization to Japanese Invasion: The 100 years architects in Hong Kong 1841-1941", *HKIA Journal: the Official Journal of the Hong Kong Institute of Architects* (香港建築師學報) , no.45, pp.44-55.

Sanitary Reports by the Colonial Surgeon as included in Hong Kong Government *Administrative Report* 1879.

Seng, MFE (成美芬). 2017. "The City in a Building: a brief social history of urban Hong

Kong", *Studies in History and Theory of Architecture*, Vol.5, pp.81-98. http://hub.hku.hk/handle/10722/215022.

Sinn, Elizabeth. 1989. *Power and Charity: The Early History of the Tung Wah Hospital, Hong Kong*. Hong Kong: Oxford University Press.

——. 2003. *Power and Charity: A Chinese Merchant Elite in Colonial Hong* Kong. Hong Kong: Hong Kong University Press.

Smart, Alan. 2006. *The Shek Kip Mei Myth: Squatters, Fires and Colonial Rule in Hong Kong, 1950-1963*. Hong Kong: Hong Kong University Press.

Smith, Carl T. 1985. *Chinese Christians: Elites, Middlemen, and the Church in Hong Kong*. Hong Kong: Oxford University Press.

The HongKong Government Gazette, 1867, 1892, 1935, 1936, 1940, 1941.

報紙雜誌

《大公報》。

《工商晚報》。

《東方雜誌》。

《香港工商日報》。

《華字日報》。

《華僑日報》

《經濟導報》。

《蘋果日報》。

商業年鑒、行業雜誌

Business directory of Hong Kong, Canton and Macao 1939. Hong Kong: Far Eastern Corporation.

Hong Kong and Far East Builder.
Hong Kong Dollar Directory.

網頁資料

吳啟聰（香港註冊建築師），〈萬宜大廈（第一代）〉，載香港建築中心，《十築香港——我最愛的 · 香港百年建築》http://www.10mostlikedarchitecture.hk/page.php?71。

長春社網站 http://www.cahk.org.hk/show_works.php?type=sid&u=47。

香港防癆心臟及胸病協會（Hong Kong Tuberculosis, Chest and Heart Diseases Association）網站 http://www.antitb.org.hk/en/about_us.php?cid=1。

香港東華三院網頁 http://www.tungwah.org.hk/about/corporate-governance/board-of-directors/past-board/。

香港政府古物古蹟辦事處網站「香港法定古蹟」資料 http://www.amo.gov.hk/b5/monuments_45.php。

香港政府古物諮詢委員會網站「1444 幢歷史建築物及 1444 幢歷史建築物以外的新項目」，http://www.aab.gov.hk/b5/historicbuilding.ph。

香港特區政府公司註冊處網上查冊中心 https://www.icris.cr.gov.hk/csci/。

香港特區政府衞生署網站 https://www.chp.gov.hk/tc/statistics/data/10/26/43/6493.html。

荃灣區議會第 17 次會議（2006 年 7 月 25 日）記錄，載荃灣區議會網頁 https://www.districtcouncils.gov.hk/archive/tw_d/chinese/doc/minutes_17_25.07.06.doc。

張淑卿，中央研究院歷史語言研究所生命醫療史研究室「醫學史課程基本課程綱領」第五部，單元四，〈台灣結核病史〉http://www.ihp.sinica.edu.tw/~medicine/medical/2013/read_5-4.html。

聖德肋撒醫院網頁 http://www.sth.org.hk/background.asp?lang_code=zh。

澎湃新聞記者施覺 2015 年 11 月 18 日〈國際廁所日要到了，看看全球各地的廁所都是什麼水準？〉，澎湃新聞網 https://www.thepaper.cn/newsDetail_forward_1397981。

Daunton, Martin. 2014. "London's 'Great Stink' and Victorian Urban Planning", http://www.bbc.co.uk/history/trail/victorian_britain/social_conditions/victorian_urban_planning_04.shtml.

http://www.info.gov.hk/tb_chest/tb-chi/contents/c121.htm.

Leigh & Orange Architects, http://www.leighorange.com/about/history/.

Lo, York. "Lee Yat-Ngok, the Local Printing Press Company and the Development of the Hong Kong Printing Industry", in Huge Farmer, *The Industrial History of Hong Kong Group* https://industrialhistoryhk.org/lee-yat-ngok-the-local-printing-press-and-the-development-of-the-hong-kong-printing-industry/.

"Robert Koch", in Encyclopaedia Britannica https://www.britannica.com/biography/Robert-Koch.

Sarawakiana. 2009. http://sarawakiana.blogspot.com/2009/06/cheavins-water-filter.html.

責任編輯：胡卿旋
裝幀設計：張惠如
印　　務：劉漢舉

香港園丁—— 李耀祥傳

著者　梁元生、卜永堅

此書屬香港中文大學當代中國文化研究中心
「商業／文化／社區：香港企業家傳記系列」
研究計劃叢書系列之八

出版　中華書局（香港）有限公司
香港北角英皇道499號北角工業大廈一樓B
電話：（852）2137 2338 傳真：（852）2713 8202
電子郵件：info@chunghwabook.com.hk
網址：http://www.chunghwabook.com.hk

香港中文大學中國文化研究所
當代中國文化研究中心
沙田・香港中文大學
電話：（852）3943 7382 傳真：（852）2603 5202
電子郵件：rccc@cuk.edu.hk

發行　香港聯合書刊物流有限公司
香港新界大埔汀麗路36號
中華商務印刷大廈3字樓
電話：（852）2150 2100 傳真：（852）2407 3062
電子郵件：info@suplogistics.com.hk

印刷　美雅印刷製本有限公司
香港觀塘榮業街 6 號 海濱工業大廈 4 樓 A 室

版次　2019 年 6 月初版

規格　16 開（240 mm×170 mm）

ISBN：　978-988-8573-64-6